2023 年度省部级重点图书选题

节水灌溉稻田灌溉施肥一体化技术模式

徐俊增　刘笑吟　张　坚　杨士红　李亚威　周姣艳　戴宇斌　等著

黄河水利出版社
·郑州·

内 容 提 要

农业现代化需要更为高效的水肥一体化技术及装备。本书介绍了节水灌溉稻田水肥一体化技术的基本原理、应用的环境效应、施用装备开发及其应用,主要包括:节水灌溉水肥一体对水稻生长及水氮吸收利用、稻田氮素转化与归趋的影响,基于ORYZA v3模型的稻田水肥吸收利用模拟与高效水肥模式优化,稻田高效水肥一体化施肥系统的开发与田间应用效果。本书反映了当今国内外在稻田水肥一体化方面的最新研究成果和先进经验,可供农业工程、农业资源与环境、土壤学、农业生态学、环境科学等相关专业领域的科研人员、大专院校师生及农业技术推广人员参考。

图书在版编目(CIP)数据

节水灌溉稻田灌溉施肥一体化技术模式/徐俊增等著. —郑州:黄河水利出版社,2023.2

ISBN 978-7-5509-3517-4

Ⅰ.①节… Ⅱ.①徐… Ⅲ.①稻田-农田灌溉-节约用水 Ⅳ.①S275

中国国家版本图书馆CIP数据核字(2023)第027156号

策划编辑:杨雪 0371-66026324 E-mail:58508197@qq.com

责任编辑 王燕燕　　责任校对 杨雯惠
封面设计 黄瑞宁　　责任监制 常红昕
出版发行 黄河水利出版社
地址:河南省郑州市顺河路49号 邮政编码:450003
网址:www.yrcp.com E-mail:hhslcbs@126.com
发行部电话:0371-66020550
承印单位 广东虎彩云印刷有限公司
开　　本 787 mm×1 092 mm 1/16
印　　张 11.25
字　　数 260千字　　印　　数 1—1 000
版次印次 2023年2月第1版

定　　价 60.00元

前　言

提升种植业的水肥利用效率既是水资源紧缺条件下保障国家粮食安全的现实需求和必然选择,又是实现化肥减量、防控农业面源污染的重要举措,是新时期落实节水优先治水方略、支撑生态文明建设的重要途径。水稻是我国主要的粮食作物,也是耗水量最多、用肥量最多的作物。氮肥对水稻的生命活动及产量形成有着至关重要的作用。虽然施肥对水稻的增产功不可没,但是过量施肥、肥料利用率低以及由此导致的面源污染严重等问题,一直是困扰我国农业生产的突出问题。我国单个稻季平均施氮量为 180 kg/hm^2,比世界平均施氮水平高出 3/4,且氮肥的平均利用效率仅为 28.3%,远远低于世界平均水平。以我国太湖流域为例,该地区稻田过量施肥现象普遍,局部地区水稻平均施氮量(以纯氮计)高达 300 kg/hm^2,有的农田甚至达到 350 kg/hm^2 以上,然而氮肥的吸收利用率仅为 19.9%,显著低于全国平均水平。随着水资源危机的不断加剧和农田不合理施肥引发的环境问题日益严峻,加上粮食需求的日益增加,如何通过水肥高效利用模式实现农业生产的“节水、节肥、增产”三大目标已经成为农业领域内研究的重点内容之一。通过水肥精准调控实现水分养分供应与水稻植株群体生长需求一致,探索适合我国水稻高产、节水、节肥、控污、减排的稻田水氮管理模式,对我国水稻农业的可持续发展具有重要意义。

水溶肥由于具有水溶性好、肥料利用率高以及施用方便等特点,已经引起了广泛的关注。目前,水溶肥的应用主要结合水肥一体化技术,通过滴灌或微喷灌等节水灌溉设备实现灌溉和施肥的同步进行。与传统施肥方式相比,水溶肥的施用随灌溉同步进行,根据作物养分需求特点,可实现作物生育期内“少量多次”施肥,达到节水、节肥以及增产的目的。2016 年,农业农村部提出“推进水肥一体化实施方案”,随着水肥一体化技术推广加快,水溶肥将在未来农业发展中具有更广阔的前景,成为实现农业生产的“节水、节肥、增产”三大目标统一的重要技术手段。但此前已经开展的工作都集中在以滴灌为主的经济作物,应用于水稻大田灌溉的研究几乎没有。随着低压管道灌溉在水稻灌区的大面积推广应用、节水灌溉技术在水稻种植区推广面积不断增加,这些因素都为水溶肥在水稻灌区的应用推广提供了有利条件。因此,将水溶肥与节水控制灌溉技术结合,借鉴水肥一体化的理念,研究水溶肥对节水控制灌溉稻田氮素损失途径的影响,分析植株对氮素的吸收规律以及综合评估水溶肥产生的经济和环境影响,开发适合水田地面灌溉形式的灌溉施肥一体化装置,形成适合推广的大田高效液态肥水肥管理模式,对实现水资源高效利用、提高氮肥利用率、保障国家粮食安全、控制农业面源污染和改善环境问题等具有十分重要的价值。

河海大学农业科学与工程学院与昆山市水务局合作,依托国家农业科技示范园和昆山排灌试验基地,开展了为期四年的探索,从氨基酸液态肥追肥下的水稻生长响应、田间氮素迁移与损失行为出发,证明了采用氨基酸液态肥追肥结合少量多次施用模式,可以在降低追肥量的同时,实现水稻高产增产,降低氮素的淋失和氨挥发损失,提高了水氮利用效率。进一步开发了适合渠道和管道灌溉放水口的稻田灌溉施肥一体化装置,验证了其在实现时程均匀浓度肥水供给方面的可行性和稳定性,在多种施用剂量、田间状态情境下证明了其提升施肥分布均匀性方面的优势,并结合作物长势和产量监测,证明其可以在降低施肥量的前提下,保证更均匀的田间水稻长势、实现高产稳产。研究成果可以在太湖流域乃至长江中下游水稻种植区进行进一步的示范引用,为水稻种植区水肥高效利用与面源污染防控提供重要的技术途径。

本书由徐俊增、刘笑吟、张坚、杨士红、李亚威、周姣艳、戴宇斌撰写,此外,刘玮璇、刘博弈、高宁参与了第1章和第7章的撰写,卫琦、陈丽娜、刘博弈、刘玮璇和朱莉莉参与了第2章和第3章的撰写,梁浩和蔡少杰参与了第4章的撰写,王海渝、李帅和马创业参与了第5章的撰写,廖林仙、刘玮璇和贾怡瑄参与了全书的排版、编辑和校对工作,在此一并表示感谢。

限于研究时限和撰写时间,我们仅对一种水溶性有机肥开展了系统的研究,得到的结果和结论、开发的设备还有一定局限性,如有不妥之处,敬请读者批评指正。

作 者

2022年11月

目 录

第1章　绪　论

1.1　水稻高效水肥管理的重要性

我国水资源总量达29 638亿m^3,但人均水资源占有量较低,是全球人均水资源最为贫乏的13个国家之一。据统计,2019年全国总用水量为5 920.2亿m^3,其中农业用水所占比例依旧最大,占总用水量的61.56%。我国农业用水效率较低,粮食生产"靠天吃饭"总体格局没有显著变化。2030年我国粮食需求将达6.4亿t,为实现2030年的世界粮食需求目标,按现有用水效率计算,农业灌溉用水将增加36%(现有2 810 km^3),缺口达1 012 km^3。2021年,我国农田灌溉水利用系数提高到0.568,但与发达国家的0.7~0.8相比仍有不小差距,2030年有效灌溉面积要达到0.7亿hm^2,每年需要增加64.4亿m^3的灌溉用水,但现有的灌溉用水满足不了增加的部分。针对严峻的水资源现状,为了实现农业的可持续发展、保障国家粮食安全,提高农业水资源利用效率,发展节水农业是我国社会经济可持续发展的必然选择。

水稻是我国主要的粮食作物,也是耗水最多、用肥量最多的作物。氮肥对水稻的生命活动及产量形成有着至关重要的作用。虽然施肥对水稻的增产功不可没,但是过量施肥、较低的肥料利用率以及由此导致的严重面源污染问题一直是困扰我国农业生产的突出问题。我国单个稻季平均施氮量为180 kg/hm^2,与世界平均施氮水平相比高出3/4,且氮肥的平均利用效率仅为28.3%,远远低于世界平均水平。以过量施肥现象普遍的太湖流域为例,水稻平均施氮量局部地区高达300 kg/hm^2,有的农田甚至达到350 kg/hm^2以上,然而氮肥的吸收利用率仅为19.9%,显著低于全国平均水平。通过水肥精准调控实现水分养分供应与高产作物群体需求的一致,探索适合我国水稻生长、节约氮肥用量、提高氮素吸收利用率的稻田水氮管理模式具有重要意义。

水溶肥由于具有水溶性好、肥料利用率高以及施用方便等特点,已经引起了广泛的关注,其在作物增产、提高作物抗逆性、改善作物品质、改良土壤等方面具有积极作用。目前水溶肥的应用主要结合水肥一体化技术,通过滴灌或微喷灌等节水灌溉设备实现灌溉和施肥的同步进行。与传统施肥方式相比,水溶肥的施用随灌溉同步进行,根据作物养分需求特点,可实现作物生育期内"少量多次"施肥,达到节水、节肥以及增产的目的。2016年,农业农村部提出"推进水肥一体化实施方案",随着水肥一体化技术推广加快,水溶肥将在未来农业发展中具有更广阔的前景。

综上所述,随着水资源危机的不断加剧和农田不合理施肥引发的环境问题日益严峻,加上粮食需求的日益增加,如何通过水肥高效利用模式实现农业生产的"节水、节肥、增产"三大目标已经成为农业领域内研究的重点内容之一。虽然水溶肥的研究和应用已经引起广泛的关注,但是主要集中在经济作物,应用于水稻的研究较少,而且研究也仅关注水溶肥对作物生理生长和对产量的影响方面,其对农田氮素损失影响的研究鲜有涉及。随着低压管道灌溉在水稻灌区的大面积推广应用,加上节水灌溉技术在水稻种植区推广面积的不断增加,这些因素都为水溶肥在水稻灌区的应用推广提供了有利条件。因此,将水溶肥与控制灌溉技术结合,借鉴水肥一体化的理念,研究水溶肥对节水控制灌溉稻田氮素损失途径的影响,分析植株对氮素的吸收规律以及综合评估水溶肥产生的经济和环境影响,形成适合推广的大田高效水肥管理模式,对实现水资源高效利用、提高氮肥利用率、保障国家粮食安全、控制农业面源污染和改善环境问题等具有十分重要的价值。

1.2 水稻节水灌溉技术国内外研究进展

水稻是我国乃至世界的主要粮食作物,存在耗水量大的特点,属于高耗水作物,因此推行水稻节水灌溉技术是我国农业节水中的重中之重。

1.2.1 我国水稻节水灌溉技术

我国的水稻灌溉试验研究历史悠久,最早可追溯到20世纪50年代,即1955年广西建立的灌溉试验站,1957年水利部农田灌溉研究所研究人员开始在湖南开展对比试验,重点观测湿润灌溉和长期淹水灌溉下水稻的各项生理特征。发展到20世纪80年代,系统性的节水灌溉研究兴起,多个研究平台如科研院所、高等院校、灌溉试验站等开展合作,对水稻节水灌溉制度以及水稻水分胁迫等进行了大量试验,这一时期多种水稻节水灌溉模式被提出,并在全国各地相继推广应用。20世纪80年代至今,节水农业灌溉技术得到了迅猛发展,水稻节水灌溉模式更是层出不穷。随着水稻节水灌溉理论研究的不断深入和节水灌溉模式在各地的广泛应用,各地将改进水稻灌溉模式与栽培技术相结合,以此来控制稻田耗水强度,充分发挥水稻自身节水潜能,相继出现了湿润灌溉、浅水灌溉、“浅、湿、晒”灌溉、间歇灌溉、水稻控制灌溉、水稻叶龄模式灌溉、覆膜旱作及蓄雨型灌溉等多个节水灌溉研究成果,我国在水稻节水灌溉理论与技术研究方面一跃达到国际上的先进水平。节水技术得到大面积应用,以黑龙江省为例,在2004年引进水稻控制灌溉技术之后,10年间累计推广7 333.3万 hm^2,形成了稳定的应用,2022年度应用超过450万 hm^2。

控制灌溉模式即除在返青期建立水层外,其余时间不建立水层,以土壤水分为灌溉控制指标,每次灌水至土壤饱和含水率,控制灌溉技术已在黑龙江、宁夏、江苏等省(区)大面积推广应用。浅水灌溉根据水稻不同生育期对水分的要求,采取水层或深或浅,适当烤田等措施调节稻田温度和养分运动,适用于温度较低的地区。“浅、湿、晒”模式是我国推广应用地域面积最大、时间较长的节水灌溉模式,即在水稻返青以后保持“浅、湿、晒”交替进行,在分蘖后期晒田,包括广西推广的“薄、浅、湿、晒”模式,辽宁采用的浅湿灌溉等,均是“浅、湿、晒”模式在当地的创新与发展。间歇淹水模式为返青期有水层,分蘖末期晒田至水分下限,黄熟落干,其余时间则采用浅水层、干露相间的灌溉方式,湖北、安徽、浙江等省采用了这种模式并取得了成功。湿润灌溉指在水稻生长的大部分时间里,田面上不保持淹灌水层的灌溉方法。一般做法是:在水稻返青、分蘖、拔节孕穗期间,采用浅水勤灌,保持10~40 mm水层深度。之后,田面不建立水层,按根层土壤含水率确定灌水时间和灌水定额。叶龄灌溉是依据水稻不同叶龄期和抽穗期之后的生理耗水规律,以叶龄进程为主要时间点,产量形成为目标,在水稻不同生育期将土壤水分控制在高产所需的适宜范围,在不同的叶龄期所采用的灌溉方式各不相同,既有浅水灌溉,也有间歇灌溉、湿润灌溉。水稻覆膜旱作作为新兴的节水高效增产技术,是对水稻种植制度的补充和完善。覆膜能使土壤保水增温,减轻植株的水分胁迫,与不覆膜相比,此技术既能实现高产又能实现节水。蓄雨型节水灌溉模式通常结合其他节水灌溉方法,通过在田间多蓄雨水,用雨水代替其他灌溉水源以提高雨水利用率,同时不影响水稻高产。

1.2.2　国外水稻节水灌溉技术

国外关于水稻节水灌溉技术的研究主要集中在水稻种植面积较大的国家,例如美国、澳大利亚、日本、印度、印度尼西亚、菲律宾、泰国、斯里兰卡等。国际水稻研究所系统地对现有的水稻节水灌溉技术进行了归纳比较,认为在世界范围内主要包括水稻强化栽培节水技术体系 SRI(system of rice intensification)、水稻覆膜旱作 RFMC(rice film mulching cultivation)、干湿交替灌溉 AWD(alternate wetting and drying)、饱和土壤栽培 SSC(saturated soil culture)等。SRI 最早由马达加斯加的 Henride Laulanie 于 1983 年提出,是一种高产栽培技术体系,比较注重水稻的移栽时间和方法以及栽插的密度,整个生长期稻田不建立水层,但各地对于 SRI 技术是否增产存在争议。水稻覆膜旱作 RFMC 由我国从日本引进并大面积推广,因此与我国采用的技术相类似。干湿交替灌溉重点在于用足量的水灌溉维持稻田田面在 3~5 d 内有水层。水分全部下渗进入土壤后,再让稻田保持无水层一定时段,之后复水,进行干湿交替的灌溉,此模式的水分动态与国内浅湿模式基本相同。饱和土壤栽培 SSC 要求稻田灌溉后保留非常薄的水层,一般在 1 cm 左右,保持时间一般在 1 d 左右。一般 2 d 左右灌一次水,在需水旺盛的季节每天都需要灌水。由于劳动力投资大,基本停留在小面积的试验阶段。

1.2.3　水稻节水灌溉控制指标

科学灌溉的前提是掌握田间水分状况,并根据灌溉的调控指标阈值予以判断,判断是否需要灌溉的核心是确定节水灌溉的水分调控指标。水稻节水灌溉常用的是基于土壤水分状态(包括土壤表观现象、土水势、含水率、无水层天数)的调控指标和基于作物冠层温度数据的两大类方法。

1.2.3.1　**土壤表观现象**

土壤表观现象这一指标通常用于节水灌溉技术推广中,根据田间土壤颜色、田间土壤的软硬、土壤裂缝来判断土壤含水率,这是多个省份推广节水灌溉时经常采用的方法。黑龙江延寿县灌溉标准化示范区的控制灌溉也是以根层土壤含水率及土壤裂缝宽度来确定灌水时间、灌水次数和灌水定额的。早期的节水灌溉研究中也会运用到这一控制指标,金学泳等在研究寒地黑土稻的干湿交替灌溉时就是由田面微有裂纹来控制灌溉的。水稻各生育期对土壤水分要求不同,而土壤软硬是土壤水分状况的表观反映,故在水稻不同生育期要根据土壤软硬不同来灌水,这是我国农民在长期实践中积累起来的宝贵经验之一。陈家坊等结合陈永康的研究指出,水稻生长前期要求土壤软烂,而中期以后则需要土壤板硬,才能获得水稻高产丰收。河海大学对水稻控制灌溉进行了30多年的潜心试验研究,提出控制灌溉不同土壤水分下限对应的土壤表象特征,即:①土壤水分到达饱和含水率的90%时,田面湿润,陷脚、黏脚;②土壤水分到达饱和含水率的80%时,田面受踩踏有浅脚印;③土壤水分到达饱和含水率的70%时,田面出现细小裂缝;④土壤水分到达饱和含水率的60%时,田面出现较大裂缝。付久才、胡金忠等在研究寒地种稻叶龄模式灌溉技术时,总结出了当地的土壤表面脚印深度及裂缝宽度与土壤含水率的关系,见表1-1,值得注意的是,在相同的含水率条件下,不同质地的土壤对应的土壤表观现象存在差异。通过这些土壤表观现象可以粗略地估计土壤灌水时间与灌水量,对节水灌溉在农村的大规模推广具有重要意义。

表1-1 田面土壤含水率目测参考

控水程度	稻田状况		土壤含水率/%	占饱和含水率百分比/%
	脚印深度	土壤裂缝宽度/mm		
花达水	汪泥、塌水、陷脚脖	—	52	100
轻控	田泥、黏脚、稍沉实	1~3	47	90
中控	不黏手、不陷脚	3~8	36~42	70~80
重控	地板硬、轻开裂	8~15	26~31	50~60

1.2.3.2 土水势

土水势也称土壤吸力,与土壤含水率之间存在一定的函数关系,土壤的水分特征曲线或持水曲线反映了两者之间的关系。Childs最早在1940年就通过试验发现了这一关系,之后Richards和Weaver的研究更进一步提出土壤凋萎含水量对应的土壤基模势接近15 bar[❶] 杨建昌等研究水稻湿润育秧与旱秧的高产高效灌溉模式时,提出了土壤水势控制下限的节水灌溉技术:返青至有效分蘖临界叶龄期,湿润秧为-10~-15 kPa,旱秧为-15~-20 kPa;有效分蘖临界叶龄期至二次枝梗分化期,旱秧为-20~-40 kPa,湿润秧为-15~-25 kPa;二次枝梗分化期至出穗后20 d,旱秧为-15~-25 kPa,湿润秧为-10~-15 kPa;出穗后21 d至出穗后45 d,湿润秧为-20~-25 kPa,旱秧为-25~-35 kPa。各生育期达到上述指标后立即复水,其中,半矮秆粳稻、根系层浅水埋深低及砂土地等需取上限值;杂交稻、根系层浅水埋深高及黏土地等需取下限值。邱泽森等将土水势作为间歇灌溉指标,在江苏省的淮北及沿运地区进行大田验证,证明此种节水灌溉模式具有一定的适应性。多个试验表明,以土水势来控制灌溉也能达到节水增产的效果,以土水势为控制指标的间歇灌溉技术如图1-1所示。

1.2.3.3 田间水层

以田间水层为控制指标的主要是浅水灌溉模式,各生育期的田间水层深度指标为:返青期、分蘖期、拔节期、孕穗期、抽穗开花期和乳熟期依次对应30~50 mm、10~30 mm、10~50 mm、10~50 mm、10~40 mm、10~40 mm,黄熟期自然落干。“浅、湿、晒”模式中的“浅”即浅水灌溉,田间水层一般以5~20~40 mm为标准,其中5 mm为下限值,20 mm为灌水

---

❶ 1 bar=100 000 Pa,全书同。

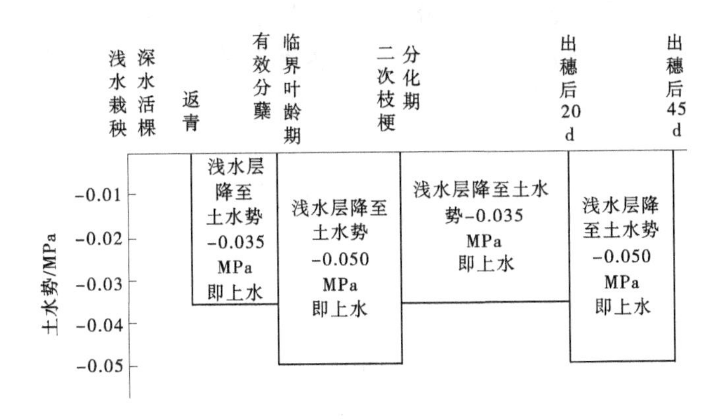

注:图中的土水势为7.5 cm深土层的水势。

图1-1 间歇灌溉模式土水势标准

上限值,40 mm为蓄雨上限值。此外,控制灌溉模式中要求秧苗移栽后田面保持5~25 mm的薄水层返青,匡迎春等尝试以田间水层深度作为自动灌溉控制指标,指导单季稻的控制灌溉,具有可行性。

1.2.3.4 根层土壤含水率

根层土壤含水率相比其他控制指标指导灌溉更精确,在实际应用时有两种:一是土壤含水率绝对值,二是土壤含水率占饱和含水率(或田间持水率)的百分比。王洁通过分析淮安市农田水利试验站的田间试验观测数据,研究了节水灌溉条件下的稻田土壤水分最适点:水稻生育期前期、中期和后期的最优含水率分别为18.03%、15.78%和18.17%。路晶在研究节水灌溉专家控制系统结构时,用土壤水分传感器来测量土壤的实际含水率,使得主机能通过节水灌溉专家系统的决策确定该地块是否需要灌水、何时灌水、灌多少水。以根层土壤含水率为控制指标时,比较常见的是占饱和含水率的百分比。湿润灌溉和控制灌溉在田面不建立水层时均以根层土壤含水率占饱和含水率的百分比来确定灌水时间和灌水定额。湿润灌溉的土壤含水率上限为饱和含水率,下限为饱和含水率的80%~90%,有时甚至可减少到饱和含水率的60%~70%;控制灌溉的土壤水分控制上限为土壤饱和含水率,下限值取饱和含水率的60%~80%。王友贞等通过研究水稻旱作覆膜条件下,不同生育期选取不同土壤水分控制指标对水稻生育性状及产量影响的试验,得出水稻分蘖期、拔节孕穗期、抽穗开花期、乳熟期的适宜灌水下限分别为田间持水率的70%、85%、80%、70%。安徽省推广的间歇淹水模式灌水下限也是用的田间持水率的百分比来控制。总而言之,灌溉模式中只要田面不需建立水层,均可用根层土壤含水率作为控制指标从而指导水稻灌溉。

1.2.3.5 无水层天数

水稻无水层天数与土壤表观现象类似,均是由多年试验研究与大田试验总结出来的,主要是以不同生育期的无水层天数来指导灌溉。它主要用于我国北方及安徽、湖北、浙江等地的间歇灌溉。其水分控制方式为:返青期保持20~60 mm水层,分蘖末期晒田,黄熟期落干,其余时间使田面处于浅水层、干露(无水层)相间的状态。不同的土壤质地、水稻生长生育阶段、根系层浅水埋深,重度间歇淹水和轻度间歇淹水可交替使用进行灌溉,根据当地实际生产种植情况而定。重度间歇淹水模式为每次灌水 50~70 mm,每 7~9 d 灌一次水,在稻田面形成 20~40 mm 水层,之后自然落干,保持田面有水层 4~5 d,无水层 3~4 d,反复交替,灌水前土壤含水率不得低于田间持水率的 85%~90%;轻度间歇淹水模式为每次灌水 30~50 mm,一般每 4~6 d 灌水一次,使田面形成 15~20 mm 水层,有水层 2~3 d,无水层 2~3 d,灌水前土壤含水率不得低于田间持水率的 90%~95%。以安徽省推广的间歇淹水模式为例,稻田无水层标准见表 1-2。

表 1-2 间歇灌溉模式稻田水分标准

生育阶段	返青期	分蘖前期	分蘖后期	拔节孕穗期	抽穗开花期	乳熟期	黄熟初期	黄熟中后期
灌前下限	θ_s	$0.85\theta_s$	$(0.65\sim0.7)\theta_s$	$0.9\theta_s$	$0.9\theta_s$	$0.85\theta_s$	$0.65\theta_s$	$0.5\theta_s$
灌后上限/mm	10~20	40	40	60	60	40	0	0
雨后极限/mm	30	50	60	100	100	50	10	0
间歇脱水天数/d	0	3~5	3~5	1~3	1~3	3~5	全期	全期

注:θ_s 为田间持水率。

目前存在的节水灌溉(技术的控制)指标比较见表 1-3。总的来说,以田面水层做控制指标时,由于田面始终有水层,相较于其他灌溉技术节水效果不明显。以土壤含水率作为控制指标时,主要通过监测土壤水分的仪器(如时域反射仪、中子仪、频射反射仪等)测量得出。土水势的观测需要较为昂贵的试验仪器,不易维护,且易受田间空间变异性影响等,阻碍了节水灌溉技术的广泛推广应用。用土壤表观现象及无水层天数来指导灌溉虽科学性略显不足,但便于农民掌握,在实际应用中效果较好。

表 1-3 节水灌溉技术的控制指标比较

控制指标	节水灌溉技术	确定方法	优点	缺点
土壤表观现象	控制灌溉、叶龄灌溉	经验总结	简单易行,便于推广	科学性不足
无水层天数	间歇灌溉	经验总结	简单易行,便于推广	科学性不足
土水势	间歇灌溉	田间试验	操作简单,可对原位土壤做长期观测	受温度和土壤水分空间变异性影响大,布点多,不能实现自动观测
田面水层	浅水灌溉、“浅、湿、晒”灌溉	田间试验	简单易行,便于推广	节水效果与其他灌溉技术相比不够明显
土壤含水率	控制灌溉、间歇灌溉、覆膜旱作、湿润灌溉、叶龄灌溉	田间试验	操作简单便捷,测量值准确性较高	测量仪器价格较昂贵、易受外界环境的影响,且需多点布置,难以监测瞬时的土壤水分状况,受土壤类型局限
根系层浅水埋深	浅湿灌溉、控制灌溉	试验与模型模拟相结合	监测精度高、成本低、空间连续性好	与土壤含水率的关系在不同地区的相关性有差异

1.3　稻田氮素损失与高效水肥管理

1.3.1　稻田氮素损失途径

氮肥施入稻田后,据统计有超过50%的氮肥流入环境中,引发了一系列环境问题,如土壤酸化、地下水污染以及河流湖泊富营养化,严重危害社会的可持续发展。因此,研究稻田氮素损失途径以及减少氮素损失的措施已经成为农业环境领域的热点之一。目前研究结果表明,稻田氮素损失途径主要包括氨挥发损失和淋失等。稻田氮循环与损失途径见图1-2。

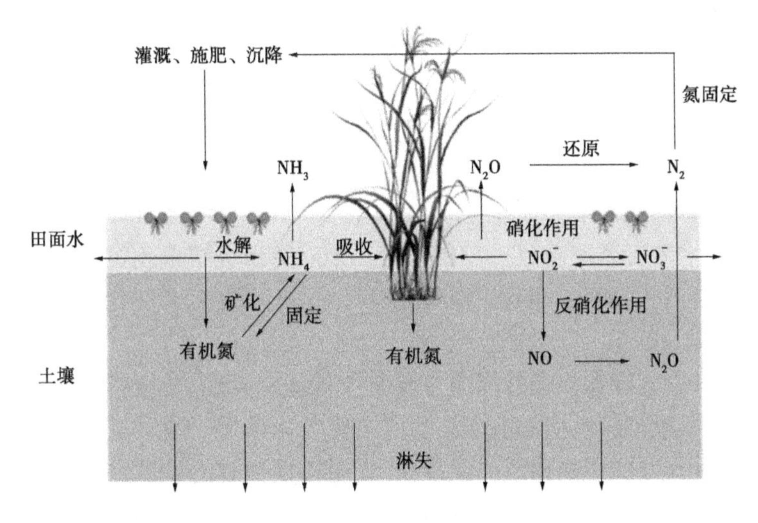

图1-2　稻田氮循环与损失途径

1.3.1.1　氨挥发

氨挥发损失是稻田氮素损失的主要途径之一,大量研究表明稻田氨挥发损失占施氮量的15%~40%。据统计,2000年我国氨排放量达到了13.6 Tg,其中由于施肥产生的氨排放约占50%。挥发到大气中的氨是形成空气二次颗粒物的主要反应物,造成大气污染,危害人体健康。同时,大气中的氨通过沉降作用造成土壤酸化,严重危害生物多样性。

氨挥发损失是指氨从土壤表面或者水面逸散至大气所造成的氮素损失。当土壤表面或者水面的氨分压大于大气的氨分压时,便产生氨挥发。目前,氨挥发的测定方法主要分为直接法和间接法。间接法主要利用氮素平衡,通过氮素输入与部分氮素输出的差值,计算出氨挥发损失。由于观测项目较多,并且不考虑反硝化过程,导致测定误差较大,现有的研究已经较少采用。直接法主要包括密闭室法、风洞法以及微气象法。风洞法和微气象学法观测面积大,虽然准确性高,但导致试验费用增多。密闭室法虽然操作方便、结构简单,但密闭状态下测定的氨挥发不同于自然状态。Wang等提出了一种适用于小区观测氨挥发的通气法,装置简单,精度高,且成本较低。氨挥发测定方法的研究极大地促进了国内外学者对稻田氨挥发的观测研究,针对稻田氨挥发的研究主要集中于探究氨挥发影响因素及减少氨挥发损失的措施。

影响稻田氨挥发损失的主要因素有施氮量、肥料类型、施肥方式以及气象因素(如温度、湿度、风速、降雨量),稻田田面水(表层土壤水)pH 以及其 NH_4^+ 浓度,水分管理等。不少研究表明,稻田氨挥发损失随着施氮量的增加而增大。试验观测结果表明,在相同的条件下,对比尿素、碳酸氢铵以及硫酸铵三种肥料施入土壤后氨挥发损失量,发现大小顺序为碳酸氢铵>尿素>硫酸铵。Zhang 等研究表明,有机肥配施合理施氮量的无机肥施肥后稻田氨挥发损失明显低于同等施氮量的无机氮肥。但 Shang 等研究结果表明,有机肥与无机肥施入稻田后氨挥发损失量增大。已有研究表明,合理的施肥方式引发的稻田氨挥发损失量更小,如 Liu 等的研究表明,根区施肥(将全生育期施肥一次性注入根区)的氨挥发损失量比常规施肥的小。Xu 等研究结果表明,涌流灌溉施肥(将追肥过程设置在两次灌溉之间)的稻田氨挥发损失量小于常规施肥的。气象因素也被视为影响稻田氨挥发的重要因子之一,已有研究表明,强光照、少雨、高温将促进施肥后稻田的氨挥发损失。稻田田面水(表层土壤水)pH 以及其 NH_4^+ 浓度与稻田氨挥发损失具有较好的正相关性,田面水 pH 越大,越有利于氨挥发损失。

对稻田而言,水分管理影响氨挥发损失量。余双等研究结果表明,间歇灌溉稻田氨挥发速率高于淹水灌溉稻田的。此外,稻田氨挥发损失还受土壤理化性质以及稻田藻类影响。

目前已知的减少氨挥发损失的措施主要有改进施肥管理、使用新型肥料、添加脲酶抑制剂以及使用表面分子膜等。改进施肥管理主要分为确定适宜的施氮量和优化施肥技术。氮肥的过量投入增加了稻田氨挥发损失,通过确定适宜的施氮量,在减少氨挥发损失的同时,保持水稻产量稳定。如太湖地区稻田推荐适宜施氮量为 218 kg/hm^2,在此施氮量下稻田氨挥发损量失较小。优化施肥技术主要通过减少停留在表层的氮肥,将肥料更多地带入深层土壤,从而降低氨挥发损失。邓美华等的研究表明,优化施肥通过"以水带氮"深施,促进水稻对氮肥的吸收,减少稻田氨挥发损失。Xue 等研究发现,采用实地氮肥管理技术后稻田氨挥发损失显著减少。新型肥料的养分释放特性能更好地满足作物需求,减少了田面水中的氮素浓度,使氨挥发损失降低。目前,针对新型肥料的研究主要集中于缓/控释肥以及包膜肥料等。大田试验结果表明,相同施氮量的条件下,施用控释肥显著降低了田面水中氮素浓度,降低了氨挥发损失。范会研究结果表明,施用硫包衣氮肥较施用尿素相比,稻田氨挥发损失量减少 26.03%。添加脲酶抑制剂是通过减缓尿素水解,降低田面水中氮素浓度,以减少氨挥发损失。田间试验结果表明,添加脲酶抑制剂较不添加脲酶抑制剂 10 d 内稻田氨挥发损失平均减少 57.5%。表面分子膜由于其表面活性剂同时具有亲水性和疏水性的特点,在田间水面形成分子膜,减少氨挥发损失。田间和盆钵的试验结果表明,使用表面分子膜可以降低田间以及盆钵的氨挥发损失量。

1.3.1.2 淋溶损失

氮素淋溶损失指土壤中的氮素随降雨或者灌溉水移动至根系活动层以下,导致不能被作物根系吸收所产生的氮素损失。淋溶损失的氮素形态主要是以硝氮(NO_3^--N)和铵氮(NH_4^+-N)为主的无机氮。地下水是我国居民饮用水来源之一,氮素淋溶损失容易造成地下水污染,严重危害人类健康。对苏州地区井水污染物调查结果表明,井水中 NO_3^- 含量超过 10 mg/L 的水井数量占全市水井总数量的 20%以上。有研究表明,太湖流域通过淋溶造成的氮素损失量每年大约为 10 kg/hm^2,占施氮量的 3%左右。由于土壤结构的不同以及观测方法的差异,当前关于氮素淋溶损失量以及氮素形态方面存在较大差异。大多数研究结果表明,稻田氮素淋失形态以 NO_3^--N 为主,NH_4^+-N 比例较小。例如,Tian 等研究表明,稻田 NO_3^--N 淋溶损失量平均占总氮(TN)淋溶损失量的 69%左右,而 NH_4^+-N 仅占 8%~30%。Cao 等通过对比稻田 NO_3^--N 及 NH_4^+-N 的损失量发现,NO_3^--N 损失量较 NH_4^+-N 增加 1.47 kg/hm^2。李娟对稻田土壤 60 cm 以下氮素淋溶损失量对比分析发现,NO_3^--N 淋溶损失量和 NH_4^+-N 淋溶损失量分别占 TN 淋溶损失量的 42.91%~67.61%和 10.11%~19.45%。但也有研究认为稻田氮素淋溶形态以 NH_4^+-N 为主,Ji 等研究发现,施用尿素后稻田 NH_4^+-N 淋溶损失量超过 NO_3^--N 淋溶损失量的 10 倍以上。Qiao 等研究发现,稻田施氮量在 0~405 kg/hm^2 时,NH_4^+-N 淋溶损失量较 NO_3^--N 增加 0.82~1.88 kg/hm^2。Tan 等对比高、中、低三种施氮量的施肥处理氮素淋溶损失量发现,NH_4^+-N 淋溶损失量是 NO_3^--N 的 3.7~7.9 倍。稻田氮素淋溶形态以 NH_4^+-N 为主的原因是大部分尿素随着灌溉水流入下层土壤,随着随水代入的有机氮以及下层土壤含有的有机氮缓慢分解,会使得稻田 NH_4^+-N 淋溶损失量较大。

目前,观测稻田氮素淋溶损失方法分为直接法和间接法。间接法指通过氮素平衡,利用差减法求得氮素淋溶损失量。直接法主要包括吸力杯测渗计法和排水采集器法。吸力杯测渗计法由于具有安装方便和对土壤干扰小等特点,经常被用于测定淋溶液中氮素浓度,淋溶体积则需要通过水量平衡计算,二者乘积即可得稻田氮素淋溶损失量。

影响稻田氮素淋溶损失的因素主要有施氮量、土壤特性、施肥方式、降雨量、灌溉水量等。目前,针对稻田氮素淋溶损失减少措施的研究有了一系列的成果:①减少施氮量,使用新型肥料,可在减少氮素高投入的情况下;保证养分的供应,减少淋溶损失量;②推行合理的耕作方式和节水灌溉技术;③添加硝化抑制剂等化学添加剂,减小硝氮浓度,减少氮素淋溶损失。Tan 等比较高、中、低三种梯度施氮量稻田氮素损失量大小,发现低施氮量稻田 TN 淋溶损失量分别较高施氮量和中施氮量稻田 TN 淋溶损失量降低了 87.97%和 54.43%。纪雄辉等研究发现,施用控释氮肥较尿素分两次施入稻田氮素淋溶损失量降低了 27.1%。Wang 等研究表明,在同等施氮量条件下,秸秆还田较无秸秆还田稻田氮素淋溶损失量减少 3.7%。李荣刚等研究发现,相同施氮量下节水灌溉稻田氮素淋溶损失量较淹水灌溉降低了 8.9 kg/hm^2。硝化抑制剂的应用显著降低了稻田渗漏水中 NO_3^--N 浓度,使氮素淋溶损失量降低。

1.3.1.3 径流流失

稻田氮素地表排水流失主要指由于过量施肥,加之降雨和不合理灌排引起的径流排水挟带大量农田氮磷等营养物质进入周边水体。溶解于径流中的矿质氮,或吸附于泥沙颗粒表面以无机态和有机质形式存在的氮随径流流失。径流流失的氮是造成地表水氮素富集的重要原因之一，其危害是造成水体面源污染使水体富营养化。

水稻作为我国主要的粮食作物之一，其具有播种面积大、氮肥施用水平高、灌溉用水量大的特点，农田排水造成的氮素损失已经成为南方地区农业面源污染的主要来源，因此研究稻田氮素径流流失具有重要意义。影响稻田氮素地表径流的主要原因包括降雨量、土壤类型、种植模式、栽培技术、施肥管理、水分管理等方面，其中降雨量和土壤类型对地表径流的影响最大。

目前，结合稻田氮素径流流失的主要因素，针对稻田氮素排水流失减少措施的研究有了一系列的成果。减少稻田氮素排水流失的主要措施有控制灌排和施肥管理。

（1）控制灌排。可以在不降低水稻产量的同时提高作物水分利用效率；控制排水可减少地面排水量和排水中氮磷浓度，尤其是降低径流中氮磷浓度，从而减少稻田氮磷损失；高焕芝等通过控制灌溉与控制排水技术联合应用，针对稻田控制灌排进行了研究，研究表明控制灌排相比常规灌排，排水总量减少约 54%，铵氮、硝氮的流失量分别减少 38.07%和 82.29%；另外，朱成立等研究表明，降雨初期农田和农沟水中氮磷的浓度较高，且衰减速度较快，控制稻田和农沟初期排水能有效降低农田氮流失量。

（2）施肥管理。包括施肥类型、施肥量以及分施次数等。研究表明，与单施化肥相比，有机肥替代和缓释肥替代显著降低了氮素损失量和损失率，并维持了较高的作物产量；鲁艳红等研究表明，施用控释氮肥能降低水稻生长前期稻田表面氮素浓度，减少了其降雨径流损失风险；化肥分施相比一次性施用也显著降低了氮素径流损失。

1.3.1.4 硝化、反硝化损失

土壤微生物驱动的硝化和反硝化作用是土壤氮素循环的重要环节，同时也是土壤中氮素损失的重要途径，可达投入氮肥量的 40%。硝化作用指异养微生物将氨化作用产生的氨，在硝化细菌、亚硝化细菌等氧化作用下生成亚硝酸产物再生成硝酸的过程。其中，氨氧化过程是反应的限速步骤，氨氧化古菌（AOA）和氨氧化细菌（AOB）是催化氨氧化过程的重要菌种。反硝化作用主要是由化能异养型反硝化细菌在厌氧状态下，微生物将硝酸盐和亚硝酸盐还原成气态氮化物和氮气的过程，其中，由亚硝酸盐转变为 NO 的过程是反硝化作用的关键步骤。土壤微生物好氧的硝化作用过程和厌氧的反硝化作用过程的驱动作用密切相关。在稻田土壤氮素转化过程中的硝化作用消耗了大量的铵，相应会减少氮素的氨挥发损失，但所形成的 NO_3^--N 移动性强，易发生氮素的深层淋失，污染地下水和地表水；土壤微生物反硝化作用可以降低土体 NO_3^--N 浓度，从而降低氮素的深层次淋失，但其中间产物 N_2O 的排放会造成大气温室气体的增加。

一般认为，水分管理、施肥管理等环境改变，将会对稻田硝化、反硝化过程造成影响。有研究表明，在烤田期和排水落干期水分条件适宜时，土壤硝化菌和反硝化菌的活性增强。由于反硝化相关的酶多是在低氧条件下才能被诱导合成并具有活性，因而水分和 O_2 含量是影响反硝化作用的重要因素，二者通过影响土壤氧化还原电位间接对反硝化过程产生影响。一般认为，土壤反硝化作用随着水分的增加而增加。许多研究发现，氮肥的施入对 N_2O 的释放和反硝化作用有明显的促进效应，尤其是当土壤水分含量很高时。秸秆还田使微生物可利用碳源增加，增强微生物活性，加快氧气消耗从而形成厌氧环境，有

利于进行反硝化作用。秸秆腐解过程产生的化感物质会影响土壤微生物活性,减少硝化、反硝化产物。同时,温度通过影响硝化细菌和反硝化细菌的活性,将加快反应速率。研究表明,调整氮、磷、钾肥比例以及施用缓释肥料和长效氮肥,如长效尿素的施用将对硝化、反硝化过程造成影响,有助于减少氮肥的施用量,提高氮肥的利用率。通过添加硝化抑制剂抑制或减缓土壤中铵的硝化作用,将尿素与不同硝化抑制剂混合发现,能有效减少氮素损失。N_2O 是重要的温室气体之一,作为硝化和反硝化过程的中间产物,在 NO_3^- 还原和 NH_4^+ 氧化过程均可产生。Skiba 等发现 N_2O 排放与表土 NH_4^+-N 和 NO_3^--N 浓度成正相关关系;增加土壤中的 NH_4^+-N 浓度,可以提高硝化作用对 N_2O 排放的贡献率,增加 NO_3^--N 含量会显著增加 N_2O 排放。

1.3.2 减少稻田氮素损失,提高氮肥利用率的途径

农田氮肥的大量损失直接影响了作物养分吸收,导致氮肥利用率降低,造成严重的环境污染问题。目前,国内外关于如何提高氮肥利用率、减少氮肥产生的环境成本进行了大量的研究,主要分为三类:①充分灌溉前提下优化施肥模式;②一定施肥前提下优化灌溉技术;③探索综合高效水肥利用模式。

1.3.2.1 优化肥料品种与施用模式

在充分灌溉前提下,专家学者重点研究肥的高效利用。优化施肥模式主要有确定适宜施氮量、采用适宜的施肥方式、动态施肥管理、合理选用肥料的类型、添加化学抑制剂等。适宜施氮量是指在综合评估经济效益和环境成本的基础上,得出的地区适宜施氮量。Ju 等比较太湖流域最佳施氮量(200 kg/hm^2)和习惯施氮量(300 kg/hm^2)的氮素损失量,发现习惯施氮量的稻田氮素损失量是最佳施氮量的 1.7 倍。Xia 等研究结果表明,考虑经济效益和环境成本,太湖流域稻田最佳施氮量为 202 kg/hm^2,产生的净效益为 3 123 元,较施氮量为 263 kg/hm^2 时的净效益(1 716 元)增长了 81.99%。

分多次施肥已被证明是减少氮肥损失、提高氮肥利用率的有效方法之一。Chen 等将传统的 2~3 次施肥改为 10 次施肥(每 7 d 施一次肥),尽管劳动力成本提高,但综合评估经济与环境效应,发现多次施肥的氮肥吸收利用率超过传统施肥方式的 81%。为了改变传统的固定集中施肥方式,科学家们提出了实时氮肥管理和实地氮肥管理技术,已有不少研究证明了动态氮肥管理技术的效果。何桂芳等研究发现,较传统施肥管理,实地氮肥管理和实时氮肥管理的稻田氮肥农学利用率增长均超过 200%。

合理选用肥料类型以及优化肥料结构能够满足作物养分需求、改善土壤理化性状。Ding 等总结了我国 2000—2016 年公开的 489 项有关优化肥料类型的研究,发现有机肥和无机肥配施能显著提高产量,控释肥的氮肥吸收利用率较农民习惯施肥提高 28.3%~41.8%。添加化学抑制剂旨在阻止或者减缓部分氮素迁移转化过程,减少氮素损失,提高氮肥利用率。例如,施用添加脲酶抑制剂的尿素稻田氨挥发损失量较普通尿素减少了 27%。

水溶性肥料作为新型肥料的一种,能够迅速完全溶于水,具有能够实现灌溉施肥同步进行以及利用率高等优点。随着水肥一体化进程的加快,水溶性肥料的需求逐渐增多。

氨基酸水溶肥作为一种新型功能性水溶肥,其生产加工通过无害的废弃物(如工业味精生产过程中尾水)发酵,进行加热、浓缩以及整合而成。

目前,有关氨基酸水溶肥的研究主要集中于施肥对经济作物生长和土壤肥力的影响,已有不少研究表明,施用氨基酸水溶肥在增强作物抗逆性、提高作物产量、改善果实品质、提高土壤肥力等方面均有不错的效果。沈建华通过对比施用氨基酸水溶肥与常规肥的小麦抗逆性发现,施用氨基酸水溶肥后小麦患白粉病、赤霉病均低于常规肥。贾娟等分析比较了施用氨基酸水溶肥与常规肥松花菜生物产量,发现施用氨基酸水溶肥松花菜生物产量提高了 17.62%。王兰天分析了施用氨基酸水溶肥后玉米和白菜产量的变化情况,试验结果表明,施用氨基酸水溶肥后玉米和白菜分别增产 5.3%和 6.5%。Zhu 等研究结果表明,氨基酸水溶肥促进番茄对养分的吸收利用,在最佳氨基酸水溶肥施用量下茎干重较常规施肥增加了 285.62%。许会会等研究施用氨基酸水溶肥对葡萄品质的影响后发现,较对照处理葡萄糖可溶性糖和糖酸比增加,葡萄品质得到改善。

近年来,不少学者开始将氨基酸水溶肥应用于稻田,取得了不少研究成果。石景通过统计施用氨基酸水溶肥的稻田产量发现,平均每亩可增产达 7.42%。田雁飞等研究表明,减氮 10%配施氨基酸水溶肥可增产 6.73%,节本增收效益显著。柯伟等比较不同水溶肥应用于水稻的效果,发现氨基酸水溶肥经济效益最好。氨基酸水溶肥能够提高水稻产量,其原因主要是叶片叶绿素含量增大,氮素主要向籽粒转移。已有研究表明,肥水灌溉稻田较撒施能增产 11.42%,肥料利用率提高 10.6%,但相关研究都是集中在淹水灌溉稻田方面,结合节水灌溉稻田的研究较少。此外,针对施用水溶性肥料或液体肥料稻田氮素损失的研究主要集中于施用沼液和畜禽养殖肥水产生的氮素损失方面,而关于施用氨基酸水溶肥的稻田氮素损失缺少定量的研究,并且尚未评估施用氨基酸水溶肥的经济效益以及环境成本,无法为氨基酸水溶肥在稻田的推广上提供基本依据。随着控制灌溉技术在我国的大面积推广,由控制灌溉与氨基酸水溶肥组合形成的水肥利用模式的适应效果有待进一步研究,提出适用于研究地区控制灌溉稻田的氨基酸水溶肥施用模式具有重要的现实意义和科学意义。

1.3.2.2 优化灌溉技术

在保持施肥管理方式不变的情况下,专家们通过优化灌溉技术,在减少肥料损失方面也取得了不错的效果。长期的淹灌条件下容易导致稻田的氧化还原电位和硝化作用的降低,还原性物质积累,从而降低水稻的氮素利用效率,不利于水稻的生长发育。经过长期的探索,优化灌溉技术,构建水稻理想生存环境、培育健康土壤环境是提高氮素利用率的关键。

合理利用节水灌溉技术可提高水稻水分生产率及氮肥利用率,并获得高产。大量试验研究表明适度的水分胁迫有利于提高水稻产量和稻米品质。Dong 等比较干湿交替灌溉和淹水灌溉的氮素损失发现,尽管采用干湿交替灌溉技术的稻田硝化、反硝化损失超过了淹水灌溉的 6 倍,但是植株吸氮量较淹水灌溉增加了 4.5%。姜萍等比较了淹水灌溉、间歇灌溉与湿润灌溉三种灌溉方式下稻田氮素淋溶损失与产量发现,间歇灌溉与湿润灌溉较淹水灌溉 TN 淋溶损失分别减少 15.88%和 42.06%,产量则分别增加 10.83%和 5.46%。曹小闯等通过对比常规淹灌和干湿交替灌溉的两种灌溉模式发现,干湿交替灌溉环境能有效改善稻田根际的氧环境,从而促进稻田氮素的转化过程和水稻氮素的吸收。

河海大学在对节水灌溉技术多年的研究中发现,控制灌溉技术能提高稻田水肥利用效率。庞桂斌等对比控制灌溉和淹水灌溉的氮肥利用率发现,控制灌溉稻田氮肥利用率较淹水灌溉增加5.2%~38.4%。刘明等研究发现与常规灌溉相比,节水灌溉在保证稳产的同时,减少稻田灌水量和耗水量55.32%和33.71%,植株对氮素的吸收增加3.13%,水肥利用效率分别提高47.23%和7.54%。杨士红等通过田间试验结果表明,控制灌溉和秸秆还田的组合使水稻产量增加了7.14%,灌溉水利用效率提高了1.34 kg/m^3。

1.3.2.3　采用水肥联合管理

水和肥是水稻发育过程中的重要因素,存在着明显的交互作用。目前,有关水肥联合管理的研究已经受到越来越多的关注。Yang等将不同施肥模式与灌溉技术相互组合,并且比较这些水肥模式后发现,控制灌溉技术与实地氮肥管理结合的稻田氮肥利用率提高15.1%~34.9%,并且维持了产量的稳定。Jiao等将不同施氮量与灌溉方式组合,发现控制灌溉与施氮量270 kg/hm^{2}组合的水肥管理产量最高,氮肥利用率较高。Aziz等研究结果表明,“薄、浅、湿、晒”灌溉方式与施氮量180 kg/hm^{2}组合的水肥管理产量最高,氮肥利用率较同等施氮量的淹水灌溉提高2.49%,灌溉水量减少17.49%。Islam等将不同施肥方式和灌溉方式组合,发现干湿交替灌溉与氮肥深施组合的稻田氮肥吸收利用率可达57%~66%,并且产量保持稳定。Cabangon等根据SPAD叶绿素测定仪测定结果指导施肥,发现其可以在干湿交替灌溉下使用,并且灌水量与肥料损失较传统水肥管理相比都明显减少。叶玉适组合了不同肥料类型与灌溉方式,发现干湿交替灌溉与树脂包膜尿素结合的水氮管理的稻田氮肥利用率高,有利于水稻增产。

综上,为了实现稻田“节水、稳产以及控污”目标,当前的研究主要集中于探索“节水灌溉+适用于节水灌溉的施肥模式”高效水肥利用模式,但这种模式将施肥与灌溉看做两个独立的过程,有关稻田灌溉施肥一体化的研究较少,并且其能否实现节水、稳产以及控污的目标还有待进一步研究。

1.3.3　稻田施肥设备与装备

施用氮肥是提高水稻产量的重要途径,而过量氮肥的施用是造成农业面源污染的主要原因之一。因此,提高水稻氮肥利用效率、减少氮肥投入成为水稻生产领域的研究热点之一。不同施肥技术对氮肥利用效率、氮素迁移转化及水稻生长、产量的影响不尽相同。有数据表明,因施肥技术选用不当造成的施肥损失占我国肥料损失总量的60%。因此,选择合理可靠的施肥技术,是实现节水节肥、提高氮肥利用效率的重要途径。

肥料表施是最为传统的稻田施肥技术,包含多种施肥途径,如撒施、冲施、水肥一体化等。撒施是最为常见、应用范围最广、应用历史最长的肥料表施方式,多采用人工或机械撒施,其缺点为劳动力需求大、施肥损失大,但目前撒施仍是大田作物的主要施肥方式。随水冲施是指将肥料直接投入灌溉渠道,随着灌溉水的流动,将肥料冲施入田内以实现灌溉施肥的目标。其特点为操作简单、人力消耗极少;缺点也极为明显,即施肥效果较差、肥料损失较大。水肥一体化技术又称肥水灌溉,通过使用液态肥料或将固体肥料溶于灌溉水后,实现灌溉与施肥的同步进行。其优点为节水节肥、人力消耗少,但由于相关施肥设备的开发多集中于微灌领域,目前在水稻灌区应用较少。

肥料深施是指将氮肥施入土壤内一定深度的一种施肥方法,近年来经过不断的发展,被广泛认为是一种促进水稻分蘖与生长、节约肥料和提高肥料利用效率的新型施肥技术。其优点是可以有效减少稻田氨挥发、提高氮肥利用效率、提高作物产量;缺点则是需要专门配有机械深施装置的插秧机才能完成施肥,无法进行后期追肥,同时对施肥设备的要求较高。该技术起源于 19 世纪 60 年代,目前日本水稻移栽机械化程度高,是肥料深施的主要应用国家之一。随着侧深施肥插秧机的研发与应用,侧深施肥技术的应用也愈加广泛。

稻田施肥装备与水稻种植模式关系密切。水稻种植模式主要分为两种:一种是以欧美国家为代表的直接播种方式,如美国、澳大利亚等,其稻田大部分集中于平原地区,有利于大型机械的开展应用,因此其化肥的施入形式与旱作物相似,进行土地平整后,通过翻地机械开沟进行基肥深施;另一种则是以亚洲国家为代表的育秧移栽方式,如中国、日本、东南亚地区国家等,先进行育秧,然后使用移栽机械进行插秧。不同的水稻种植模式使得施肥方式也有所区别,依据水稻生育阶段的不同,可将水稻施肥装备分为基肥施肥装备和追肥施肥装备。

基肥是指在水稻插秧或移栽之前,施入田内土壤的肥料。有研究表明,水稻采取播种前深施基肥,有助于水稻秧苗的早期生长与分蘖数增加,提高水稻生育前期的生长量。欧美国家广泛使用迪尔公司 2 510 L 型液态肥深施机,其施肥原理为先由开沟器进行开沟,而后在沟中注肥,其工作宽幅可自由调整,最远可达 18 m。与欧美国家不同,亚洲地区水稻播种方式以秧苗移栽为主,因此基肥的施用与移栽同步进行。目前日本是水稻移栽机械化水平最高的国家,水稻生产机械化水平高达 98%,世界上第一台水稻插秧施肥机便诞生于日本,其水稻基肥深施技术理论与施肥设备研究与应用更为先进。其中,应用较为广泛的插秧施肥机有久保田公司 2ZGQ-6D1 型插秧施肥机(见图 1-3)、井观农机株式会社 PZ60-AHDRTFL 型侧深施肥机(见图 1-4)、洋马公司 YR8D 型多功能机。

图 1-3　2ZGQ-6D1 型插秧施肥机

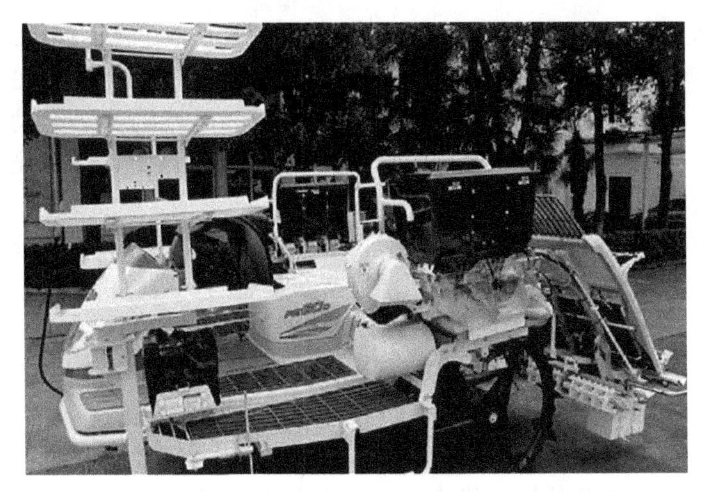

图1-4　PZ60-AHDRTFL型侧深施肥机

我国近年来也大力推进水稻插秧施肥机械设备的研究与应用，目前我国水稻插秧施肥机数量已达60万台以上。2ZF-6型水稻深施肥机（见图1-5）于2017年在黑龙江研制成功。该施肥机施肥深度为5 cm，工作效率为5~10亩/h，储肥箱容积为27 L，可安装至高速水稻插秧机上进行施肥。大田试验结果表明，该施肥机运行稳定可靠，可满足水稻生产需要。

图1-5　2ZF-6型水稻深施肥机使用现场

黑龙江省农垦科学院于2020年研制了SSF-14型水稻双层深施肥机，该深施肥机主要组成构件有驱动轮、传动系统、开沟圆盘刀与施肥管组等。施肥深度为3~5 cm、12~15 cm，施肥幅宽为2.1 m，前进速度为5~8 km/h，工作效率为15~24亩/h，动力系统最小功率为70 kW。其优点为双层施肥，可同时施用两种不同肥料，且能对双层肥料中间进行自动回土，进行分隔。

追肥是指在水稻生长过程中施肥，以满足水稻不同生长阶段对于养分的需求。目前稻田的追肥机械多以撒施为主，国内外目前已有多款离心式撒肥机投入使用。例如法国库恩公司AXIS 50.2W型离心撒肥机，其作业幅宽可达12~50 m，工作效率为8.33 kg/s；美国迪尔公司R4030自行式喷肥机，作业幅宽27~36 m，前进速度32 km/h，工作效率144亩/h；意大利Eurospand公司CRONO/ELETTRA-W型圆盘撒肥机，作业幅宽36 m。此类施肥机多用于施肥量较大的平原作业，与我国水稻生产现状差异较大。

我国学者也对水稻追肥撒肥机进行了广泛研究。黑龙江省水田机械化研究所于2017年研制了SF-100摆动式颗粒肥料撒肥机，该撒肥机撒布宽度为6~10 m，前进速度为4~8 km/h，工作效率为36~96亩/h。陈书法等于2011年研制出水田高地隙自走式变量撒肥机，该撒肥机前进速度为2~15 km/h，作业幅宽为12~14 m，储肥箱容积为600 L，整机采用高底盘四驱。该撒肥机特点为撒肥幅度宽，离地距离（0.7~1.0 m）较高，且有车载GPS，施肥精度可达到亚米级。施印炎等于2017年研制出离心匀罩式变量撒肥机，其作业幅宽24 m，前进速度2.9~5.8 km/h，撒肥效率为360~1 800 kg/h。其特点在于可自动获取水稻冠层归一化植被指数（NDVI）值，进而计算得到水稻实际需肥量，经由控制系统实现对实际施肥量的实时调节，实现精准变量施肥。

通过上述对水稻现有施肥技术和施肥装备的归纳分析可以看出，传统肥料表施技术的施肥效果差、肥料利用率不高、劳动力需求大，而肥料深施对施肥设备要求高，且难以多次追肥。因此，需要持续探索新的水稻施肥技术和装备，以满足我国水稻种植绿色可持续发展的迫切需求。

1.4 水肥一体化技术与装备

水肥一体化技术是一种新型节水灌溉技术。广义水肥一体化是指将肥料溶于水后施入田内完成灌溉施肥；狭义水肥一体化技术就是借助微灌技术将灌溉和施肥结合起来，精确地将肥液输送至作物根系区域，实现对农田水分、养分的综合管理，达到以水带肥、以肥调水的目标。其优点表现为：节水节肥、节约劳力和生产成本、提高肥料利用效率及减少施肥对田间土壤结构的破坏。

水肥一体化技术起源于国外温室作物栽培，经过多年发展，目前在农业生产领域已得到广泛的应用。以色列水肥一体化技术发展早、应用水平极为成熟，目前其国内90%以上的农田均采用水肥一体化技术，诞生了如滴灌技术发明者耐特菲姆公司（Netafim）之类的行业领军企业。美国是水肥一体化技术发展、应用规模较大的国家之一，其农田多位于平原地区，地形平坦广阔，有利于开展大型水肥一体化机械的应用，如大型横移灌溉施肥机、圆形喷灌机等。荷兰是水肥一体化技术应用成熟的国家之一，著名的普瑞瓦公司

(Priva)便诞生于该国,其水肥一体化技术产品如NuterFit、Nuterflex、Nuterjet三种灌溉施肥机,具有极大的市场占比。此外,日本、法国、意大利、南非等国家的水肥一体化技术发展与应用速度也相对较快。

相较于国外,我国水肥一体化技术起步较晚,总体应用规模较小,目前主要集中于新疆地区。我国于20世纪70年代从国外引进滴灌设备,经过多年研究与应用,于20世纪末开始推广大田滴灌技术。我国目前水肥一体化技术主要应用模式有:滴灌水肥一体化技术、微喷灌水肥一体化技术、膜下滴灌水肥一体化技术、压差式施肥罐等。国内诸多学者也对水肥一体化技术及其相关设备进行研究与优化。田莉等进行了水肥一体化变量吸肥系统的设计并验证其实际效果。李凤芝等研究发现水肥一体化技术能够有效提高水肥利用效率,使得冬小麦平均亩产增产11.1%、节肥30.8%、节水35%。孟一斌等研究了出肥口肥料浓度在不同施肥条件下的变化情况。严海军等开发了双杠柱塞式注肥泵,提高了撒肥机的精准度与均匀度。李红等提出了大田作物水肥一体化应用模式。汪小昆等结合可编程控制器与HMI触控系统,设计了一种温室无土栽培的灌溉施肥机。李锐等研究了基于单片机的灌溉控制系统,并通过模糊控制算法制定施肥决策。严海军等研制出分层分布式智能水肥灌溉系统,实现了全过程的自动控制。段益星等结合PLC控制技术,构建了一种拓展性强的智能水肥一体化灌溉施肥系统。郝明等研制了大田微喷灌移动式灌溉施肥一体机,并基于该设备提出了对应的作业模式,实现了对肥料母液的动态调控。

20世纪60年代以色列开始进行灌溉施肥一系列研究,据报道该国80%的灌溉土地均普及了计算机管理与自动化控制技术。国外设施农业发达国家(如美国、日本、荷兰、以色列等)在植物精密施肥所采用的自动施肥主要有泵注式、文丘里式、压差式、水驱动混合注入式,其中水驱动混合注入式应用越来越广泛。截至目前,美国60%的马铃薯、25%的玉米、33%的水果均使用了水肥一体化技术,加利福尼亚州目前已建立了完善的水肥一体化服务体系和设施;2006—2007年澳大利亚设立总额100亿澳元的国家水安全计划,用于发展水肥一体化技术,并建立了土壤墒情监测系统指导施肥。20世纪90年代中期,滴灌施肥技术理论及其应用日益受到重视,我国开始大量开展技术培训和研讨,新疆地区应用的棉花膜下滴灌施肥技术已达到国际领先水平,但是从整体上看,国内某些微灌设备产品尤其是首部配套设备的质量同国外同类先进产品相比仍存在较大差距。全国应用水肥一体化技术的覆盖面积所占比例还小,水肥一体化技术管理水平还是相对较低的。

我国是一个农业大国,发展高效智能农业将有助于推进农业产业化、工业化的进程,而灌溉、施肥作为农业生产过程中必不可少的环节,越来越被广大生产者所重视。灌溉施肥,就是通过灌溉系统实现水肥同施,目前比较流行的一种说法就是"水肥一体化灌溉系统"。良好的灌溉施肥系统将大大提高生产效率,提高产品品质,降低管理成本。沈林晨等研究表明,在太阳能、地下水资源都比较丰富,且通信网络基础建设比较好的广东丘陵地区,可以通过以太阳能为能源,以基于GPRS的无线远程控制实现的智能施肥灌溉系统,具有较好的地域适应性和实施便捷性。申兆亮等通过运用气动调节阀及变量泵,并结合.Net平台开发出变量灌溉管控软件,提出了一套变量施肥、变量施药综合系统解决方案,并通过了试验验证,为精准农业的发展提供了重要依据。

然而,为灌溉施肥系统开发的适合滴灌的设备并不适合灌溉稻田。根据我国国家统计局(2021 年)的数据,我国水田面积约 3 140 万 hm^2,占我国耕地面积的近 1/4。这些田地大多使用地表灌溉和人工施肥进行耕作。随着近期我国农业劳动力的急剧减少,地表灌溉系统迫切需要高效、低成本的施肥设备,因为已证明以较低劳动力投入实现的机械化和自动化可以提高农业生产力并降低生产成本。

综上可知,水肥一体化技术以其节水节肥、节约劳动力、提高肥料利用效率等优点得到了农业生产领域的广泛关注,同时相关的施肥装备研究也取得了长足的进步,但目前针对水稻灌区的水肥一体化施肥技术与施肥设备研究鲜有报道。为了提高稻田地表灌溉系统的施肥效率,急需设计一种以可变流量施用液体肥料的水肥一体化设备,从而实现水中肥料的均匀浓度,以及在整个稻田中的均匀分布。

1.5 有待开展的研究

综上所述,随着水稻控制灌溉技术以及低压管道灌溉技术的大面积推广应用,水肥一体化与控制灌溉技术联合调控下稻田的施肥均匀度、氮素损失途径、负荷及其影响因素,植株生理生长指标响应,环境成本的综合评估,氨基酸水溶肥推荐施用量有待进一步研究。可归纳为以下几点:

(1)水肥是影响作物生长、产量与品质的重要因素。不同的水肥处理会使水稻在代谢过程中呈现不同的生长规律和养分吸收、转化、转移特点,改变水稻和稻田的理化性质,最终影响水稻的品质。随着水稻节水灌溉技术不断发展,如何结合施肥进行优化,在为了减少稻田氮素损失和适应不同情景环境要求下,寻求与控制灌溉相匹配的最佳施肥模式是有待研究的内容。新型液态有机肥等新型肥料养分含量高,施肥方式灵活,易于被农作物直接吸收,是近年来用来改进施肥的新型热点肥料。新型液态有机肥结合灌水施入施用较为方便,它改变了原来 2~3 次追肥的模式,利用效率高且对环境负面影响小。探究合理的水氮施用阈值,对提高水稻水肥综合管理水平、减少稻田污染以及农业的可持续发展具有积极意义。

(2)水肥一体化与控制灌溉技术联合调控对水稻植株生理生长、稻田施肥均匀度、氮素损失途径及负荷的影响有待进行定量化研究。已有对水溶性肥料或者液体肥料施用的稻田氮素损失及负荷的研究大多针对沼液和畜禽养殖废水,并且也主要针对淹水灌溉稻田,较少涉及施用氨基酸水溶肥的控制灌溉稻田。

(3)试验研究对于确定最优水肥管理模式固然重要,但也存在耗时、处理多等困难,如果需要在更多的水文年型下开展相关研究,难度将更大、所需的时间更长。作物模型能够帮助研究人员找出作物生长、产量以及氮素损失量对灌溉施肥模式变化的响应规律,具有节约时间和人力的优势。众多水稻生长模型都可以模拟水稻在不同生育期内生长发育的过程,以及最终的产量,ORYZA v3 模型是当前该领域最新的水稻生长模拟模型,能否模拟在液态有机肥下节水灌溉水稻的响应,并基于情景模拟优化水肥管理模式值得探索。

(4)研究施用氨基酸水溶肥的环境成本,确定推荐适用于研究地区的适宜施用量。已有的对施肥的成本研究大多针对肥料成本,较少涉及环境成本。因此,应该综合评估控制灌溉稻田施用氨基酸水溶肥产生的环境成本,提出适用于研究地区的氨基酸水溶肥的适宜施用量。

(5)农业现代化背景下,开发水肥一体化灌溉施肥装置,是实现高效水肥管理技术应用的有效路径。目前尚无适用于稻田的水肥一体化施肥器。开发对应不同种植模式的施肥装备是水肥一体化技术应用与推广的前提条件,现有微灌领域的水肥一体化设备已极为成熟,但水稻大田领域的相关设备目前极少,因此开发适用于水稻大田的水肥一体化施肥设备是实现水稻生产节水节肥、稳产增产的重要途径。

(6)水肥一体化技术对稻田施肥均匀度、土壤氮素、稻田氨挥发、水稻生长生理、产量及其构成要素的影响还有待进一步研究。已有的研究与应用均针对于水肥一体化施肥技术的便捷与节约劳动力这一特点,其对施肥均匀度、稻田氨挥发、水稻生长生理及产量的影响均需要进一步的试验验证。

第2章　液态有机肥施用对节水灌溉水稻生长及水氮利用效率的影响

在引入新型液态有机肥开展稻田灌溉施肥水肥一体化研究时，首先需要明确使用液态有机肥能否满足水稻生长发育要求，明晰其对节水灌溉水稻生长和水氮利用效率的影响。因此本章开展了节水灌溉结合液态有机肥施用的水稻生长与水氮利用效率的水稻小区试验研究。

2.1　试验区基本情况

试验于2018年在河海大学水文水资源与水利工程科学国家重点实验室昆山市排灌试验基地(34°63′21″N，121°05′22″E)开展。试验区气候为亚热带季风气候，年平均气温15.5 ℃，年降水量1 097.1 mm，年蒸发量1 375.9 mm，日照时数2 085.9 h，平均无霜期234 d。当地采用稻麦轮作方式，土壤为潴育型黄泥土，耕层土壤为重壤土，土壤基本理化性质如下：土壤有机质含量为21.88 g/kg，全氮含量为1.08 g/kg，全磷含量为1.35 g/kg，全钾含量为20.86 g/kg，pH为7.4，0~30 cm土壤密度为1.32 g/cm^3。

2.2　试验设计

试验设置2种肥料类型：农民习惯施肥(记为FF)和氨基酸水溶肥(记为WSF)。其中，农民习惯施肥施氮量为278.88 kg/hm^2，而氨基酸水溶肥按稻季生育期全部施氮量设置高、中、低三种水平(244 kg/hm^2、214 kg/hm^2、184 kg/hm^2)，分别记为WSF_{244}、WSF_{214}、WSF_{184}。所有试验均采用控制灌溉，记为C，4个处理分别为CF(C和FF)、$CWSF_{244}$(C和WSF_{244})、$CWSF_{214}$(C和WSF_{214})和$CWSF_{184}$(C和WSF_{184})，其中CF设3个重复，而$CWSF_{244}$、$CWSF_{214}$与$CWSF_{184}$均设置3个田内重复，另外在控制灌溉方式下设置一个氮空白处理，各处理保持磷肥与钾肥施用量保持一致。每个小区面积为150 m^2(15 m×10 m)，各小区之间均采取防渗措施，防止小区之间水分交换。

农民习惯施肥(FF)是根据当地农民的习惯施肥方式和施肥量进行施肥。本研究采用的氨基酸水溶肥(WSF)，产品名称为施旺宝，是以味精母液进行深加工，经过发酵提取氨基酸，再通过加热、浓缩以及螯和而成。该肥料富含氨基酸和植物需要的各项微量元素，肥料氮、磷和钾含量分别为0.08 kg/L、0.07 kg/L和0.1 kg/L，氨基酸含量为0.1 kg/L，pH为6.5，产品由内蒙古阜丰生物科技有限公司提供。

控制灌溉技术指秧苗移栽后田面保留薄水层返青，返青期以后的各生育期均不保持水层，灌水通过根层的土壤水分控制，确定灌水时间和灌水量，各生育期的具体控制指标见表2-1。灌水时以尽量不出现水层或有薄水层为宜。

表2-1　水稻控制灌溉各生育期根层土壤水分控制指标

生育期	返青期	分蘖期			拔节孕穗期		抽穗开花期	乳熟期	黄熟期
		前期	中期	后期	前期	后期			
灌水上限	25 mm[a]	$100\%\theta_{s1}^{b}$	$100\%\theta_{s1}$	$100\%\theta_{s1}$	$100\%\theta_{s2}$	$100\%\theta_{s2}$	$100\%\theta_{s3}$	$100\%\theta_{s3}$	自然落干
灌水下限	5 mm	$70\%\theta_{s1}$	$65\%\theta_{s1}$	$60\%\theta_{s1}$	$70\%\theta_{s2}$	$75\%\theta_{s2}$	$80\%\theta_{s3}$	$70\%\theta_{s3}$	
根层观测深度/cm	—	0~20	0~20	0~20	0~30	0~30	0~40	0~40	

注：a. 返青期保持田间有一定的薄水层，用水层深度控制，mm。

b. θ_s 为根系观测深度土壤的体积饱和含水率，θ_{s1}、θ_{s2} 和 θ_{s3} 分别为0~20 cm、0~30 cm和0~40 cm根层观测深度土壤体积饱和含水率，其值分别为52.0%、50.1%和47.9%。

c. 施肥以及防治杂草和病虫等生产用水，应尽量与灌水同时进行，且水层淹没历时不宜超过5 d。

试验于2018年在昆山排灌试验基地进行。2018年水稻品种为单季晚粳嘉04-33，6月25日移栽，株距和行距均为25 cm，每穴定3苗，10月27日收割，生育期为124 d。农民习惯施肥CF处理于6月23日、6月30日、7月12日和8月5日分别施基肥、返青肥、分蘖肥和穗肥，施氮量（以纯氮计）分别为84 kg/hm^2、69.6 kg/hm^2、69.6 kg/hm^{2}和55.68 kg/hm^2，共278.88 kg/hm^2，2018年农民习惯施肥管理氮肥施用量（以纯氮计）及施用时间见表2-2；氨基酸水溶肥CWSF处理基肥的施氮量与施肥日期与CF处理相同，追肥的肥料类型采用氨基酸水溶肥。CWSF处理改变传统一次性施肥的方式，将追肥分多次施入。返青肥、分蘖肥和穗肥分别分2次、3次和2次施入，保持追肥的第一次施肥时间与CF处理一致，其余次数的施肥均与灌水同步进行，即当现场观测的根层土壤含水率达到灌水下限时，氨基酸水溶肥随着灌溉水冲施到田间，施入时间设置在灌水后半段，即灌水使田间保持薄水层后进行氨基酸水溶肥的施入。如遇大雨，随雨水进行施肥。当施肥次数达到设置的次数时，即完成所有施肥任务后，如需灌水则按照正常的灌水过程进行。除草以及防治病虫害等生产用水尽量与CF处理保持同步，2018年氨基酸水溶肥（以纯氮计）施用量及施用时间见表2-3。

表2-2　2018年农民习惯施肥管理氮肥施用量（以纯氮计）及施用时间

类别	施肥种类	施肥时间	施氮比例/%	氮肥施用量/（kg/hm^2）
基肥	复合肥[a]	6月23日	30.12	84
返青肥	尿素[b]	6月30日	24.96	69.6
分蘖肥	尿素	7月12日	24.96	69.6
穗肥	尿素	8月5日	19.96	55.68
合计			100	278.88

注：a. 复合肥中N、P_2O_5 和 K_2O 含量分别为16%、12%和17%。

b. 尿素中N含量为46.4%。

表 2-3 2018 年氨基酸水溶肥(以纯氮计)施用量及施用时间

类别	基肥	返青肥		分蘖肥			穗肥	
施肥次数	—	1	2	1	2	3	1	2
施肥时间	6 月 23 日	6 月 30 日	7 月 6 日	7 月 12 日	7 月 18 日	7 月 23 日	8 月 5 日	8 月 14 日
肥料种类	尿素[a]	氨基酸水溶肥		氨基酸水溶肥			氨基酸水溶肥	
$CWSF_{244}$	84[b]	34.8	34.8	17.35	34.8	17.35	10.4	10.4
$CWSF_{214}$	84	28.275	28.275	14.138	28.26	14.138	8.45	8.45
$CWSF_{184}$	84	21.75	21.75	10.875	21.75	10.875	6.5	6.5

注:a. 尿素中 N 含量为 46.4%。

b. 数据为肥料施氮量(折合为纯氮,单位为 kg/hm^2)。

2.3 观测项目及方法

2.3.1 土壤含水率和田面水层

试验小区内预埋竖尺和 TDR 探头,探头分别埋放在 0~20 cm、10~30 cm 和 20~40 cm 土层。每天上午 8 时观测水层或者不同土层土壤含水率,观测深度根据各生育期的土壤水分控制土层深度来确定。每次灌水后读取电磁流量计读数,确定灌水量。

2.3.2 气象因子

气象因子可利用试验基地安装的自动检测气象站(澳大利亚的 ICT 公司)的观测数据,数据采集间隔为 1 h,主要观测气象指标包括气温(最高气温、最低气温和平均气温)、相对湿度、降雨量、风速、风向以及太阳辐射等。

2.3.3 茎蘖株高

每个小区定点观测每穴苗数以及株高(每小区 15 穴),开始分蘖时每 5 d 测一次,直至茎蘖株高稳定。

2.3.4 水稻叶片叶绿素含量(SPAD)

采用 SPAD-502 叶绿素测定仪测定叶片叶绿素含量。每片测定上、中、下部 3 点,取平均值为该穴的 SPAD 值。每个小区每次测定 20 个叶片,取平均值为该小区的 SPAD 值。

2.3.5 干物质

每 10 d 选取各小区有代表性的植株 3 株(代表性植株即根据最近一次观测的茎蘖与株高进行选择),分别测定地上植株(茎、叶片、叶鞘、穗)、根系和总干物质量。

2.3.6 考种测产

水稻收割前5 d左右,在各小区考察有效穗数、穗长、每穗粒数、实粒数和千粒重,计算样方产量和理论产量。收割时在各小区1 m^2 计产,做好标签,晒干后测定重量。理论产量(kg/hm^2)=有效穗数(万穗/hm^2)×每穗粒数(粒/穗)×结实率(%)×千粒重(g)×10^{-2}。

2.4 数据统计与分析方法

文中数据统计分析采用Microsoft Excel 2016和SPSS 22.0完成,绘图采用Origin 2017软件绘制。使用Pearson相关分析方法分析变量之间的相关性(差异显著性水平 $P<0.05$),使用单因素方差分析,采用LSD法分析不同处理间的差异(差异显著性水平 $P<0.05$)。

2.5 不同施肥处理下水稻生理生长指标

2.5.1 水稻茎蘖株高动态

分析不同施肥处理水稻植株高度变化可以发现[见图2-1(a)],农民习惯施肥处理和氨基酸水溶肥处理水稻植株高度变化趋势基本一致,水稻进入分蘖期以后,植株高度增加迅速;水稻植株高度增长最迅速的时期是分蘖期至拔节孕穗期,并且在抽穗开花期植株高度趋于稳定。农民习惯施肥处理在分蘖前期和分蘖中期增长较快,在移栽后第23天,农民习惯施肥处理水稻株高为49.7 cm,而三个施氮量不同的氨基酸水溶肥处理 $CWSF_{244}$、$CWSF_{214}$ 和 $CWSF_{184}$ 水稻株高分别为43.4 cm、43.1 cm和42.9 cm,分别较农民习惯施肥处理降低了6.3 cm、6.6 cm和6.8 cm,降低幅度为12.68%、13.28%和13.68%。这可能是因为分蘖前期氨基酸水溶肥施氮量较低导致水稻株高受到一定程度的抑制。到了分蘖后期(移栽后第37天),氨基酸水溶肥处理水稻株高超过了农民习惯施肥处理,$CWSF_{244}$、$CWSF_{214}$ 和 $CWSF_{184}$ 水稻株高分别较农民习惯施肥处理的57.0 cm增加了1.7 cm、0.9 cm和0.2 cm,这可能是因为氨基酸水溶肥后两次分蘖肥均施用于分蘖中期,保持了水稻在分蘖后期的快速增长。到了拔节孕穗前期(移栽后第47天),水稻株高迅速加快,农民习惯施肥处理由于穗肥施氮量较高,水稻株高实现了高速增长,并再次反超氨基酸水溶肥处理。但随着氨基酸水溶肥第二次穗肥施入,高施氮量氨基酸水溶肥处理水稻株高逐渐在后期与农民习惯施肥处理持平,到了移栽后第87天,高施氮量氨基酸水溶肥处理 $CWSF_{244}$ 水稻株高较农民习惯施肥处理增加了0.6 cm,而中施氮量氨基酸水溶肥处理 $CWSF_{214}$ 和低施氮量氨基酸水溶肥处理 $CWSF_{184}$ 分别较农民习惯施肥处理降低了0.2 cm和0.4 cm,各施肥处理间差异并不显著。与农民习惯施肥处理相比,尽管氨基酸水溶肥处理全生育期内每次施肥的施氮量较低,但表现出了一定的反弹补偿能力,全生育期水稻株高增长速度与农民习惯施肥处理差异较小。

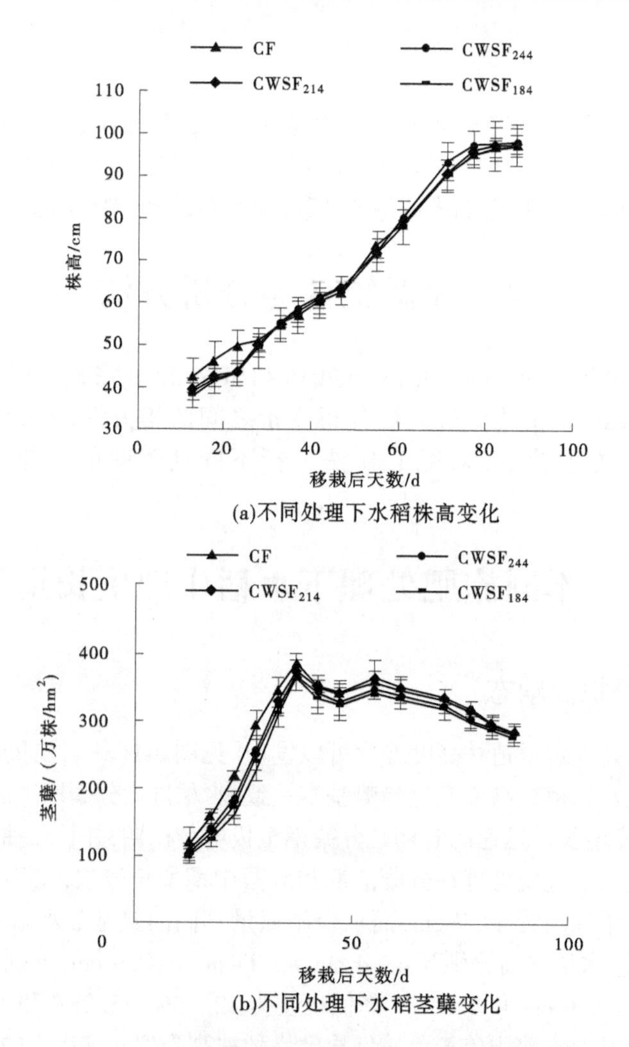

(a)不同处理下水稻株高变化

(b)不同处理下水稻茎蘖变化

图 2-1　不同施肥处理水稻茎蘖以及植株高度变化

分析不同施肥处理水稻茎蘖动态变化规律可以发现[见图 2-1(b)],农民习惯施肥处理和氨基酸水溶肥处理水稻茎蘖变化趋势一致。水稻进入分蘖期以后水稻茎蘖迅速增加,并在分蘖末期达到第一个峰值,随着穗肥的施入,水稻在移栽后 55 d 左右达到第二个峰值,此后随着时间推移茎蘖数减少并保持稳定。

农民习惯施肥处理和氨基酸水溶肥处理在分蘖前期水稻茎蘖数差异较小,由于农民习惯施肥处理一次施氮量高于氨基酸水溶肥处理,氨基酸水溶肥处理在分蘖前期水稻茎蘖数略低于农民习惯施肥处理。到了分蘖末期,$CWSF_{244}$ 水稻茎蘖数较农民习惯施肥处理降低了 10 万株/hm^2,降低幅度为 2.58%,增加并不显著。

随着穗肥施入,农民习惯施肥处理由于较高的施氮量,使得水稻茎蘖数在施肥后一段时间内增长速度较快,到了生育后期,农民习惯施肥处理水稻茎蘖下降速度快于高施氮量的氨基酸水溶肥处理 $CWSF_{244}$,最终农民习惯施肥处理与氨基酸水溶肥处理的有效分蘖数接近,氨基酸水溶肥处理 $CWSF_{244}$ 水稻有效分蘖率为 76.16%,较农民习惯施肥处理的

73. 55%提高了 2. 61%。

2.5.2　水稻干物质积累

分析不同施肥处理水稻干物质积累变化(见图 2-2)可以看出,随着生育阶段的推进,农民习惯施肥处理和氨基酸水溶肥处理水稻干物质量增长速度按生育阶段大小顺序为:生育中期>生育后期>生育前期。水稻在分蘖前期植株幼小,干物质增长较慢,到了拔节孕穗前期,随着水稻分蘖以及拔节,水稻干物质增长迅速,到了乳熟期干物质增长缓慢,并逐渐达到最大值。

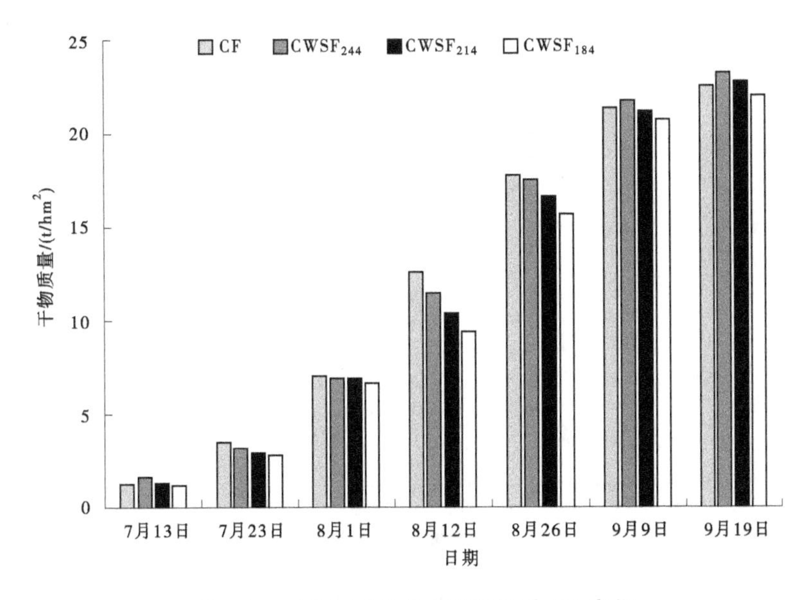

图 2-2　不同施肥处理水稻干物质积累变化

农民习惯施肥处理和氨基酸水溶肥处理在分蘖期干物质量差异不大,到了拔节孕穗前期(8 月 12 日),农民习惯施肥处理水稻干物质量达到 12. 57 t/hm^2,三个施氮量不同的氨基酸水溶肥处理 $CWSF_{244}$、$CWSF_{214}$ 和 $CWSF_{184}$ 水稻干物质量分别为 11. 47 t/hm^2、10. 36 t/hm^2 和 9. 39 t/hm^2,由于农民习惯施肥穗肥施氮量高于氨基酸水溶肥处理,施用穗肥后水稻分蘖和拔节速度快于氨基酸水溶肥处理,因此在拔节孕穗前期,氨基酸水溶肥处理水稻干物质量增长低于农民习惯施肥处理。至拔节孕穗后期(8 月 26 日),高施氮量的氨基酸水溶肥处理 $CWSF_{244}$ 较拔节孕穗前期水稻干物质量增加了 6. 03 t/hm^2,而较农民习惯施肥处理增加了 5. 18 t/hm^2,高施氮量的氨基酸水溶肥处理 $CWSF_{244}$ 水稻干物质量增长速率高于农民习惯施肥处理。至乳熟期(9 月 9 日),高施氮量的氨基酸水溶肥处理 $CWSF_{244}$ 水稻干物质量达到了 21. 77 t/hm^2,超过农民习惯施肥处理 0. 44 t/hm^2。这表明氨基酸水溶肥分多次施入一定程度上延缓了水稻植株的衰老,后期干物质积累表现出一定的补偿效应,有利于光合作用产物更多地向穗部转移。

2.5.3　水稻叶片 SPAD

分析不同施肥处理水稻叶片 SPAD 值全生育期变化(见图 2-3)可以发现,农民习惯施肥处理和氨基酸水溶肥处理水稻叶片 SPAD 值在全生育期变化趋势基本一致。农民习惯施肥处理水稻叶片在全生育期的 SPAD 平均值为 44.0，而三个施氮量不同的氨基酸水溶肥处理 $CWSF_{244}$、$CWSF_{214}$ 和 $CWSF_{184}$ 水稻叶片 SPAD 平均值分别为 43.7、43.3 和 43.1，较农民习惯施肥处理分别降低了 0.3、0.7 和 0.9，差异不显著。从分蘖末期到拔节孕穗前期，由于施用穗肥，各处理水稻叶片 SPAD 值明显升高，然后慢慢回落。农民习惯施肥处理由于穗肥施氮量高，水稻叶片 SPAD 值上升幅度较大，高施氮量氨基酸水溶肥处理 $CWSF_{244}$ 进入乳熟期后，水稻叶片 SPAD 值下降速度低于农民习惯施肥处理，这使得水稻后期衰老延缓，保证了水稻生育后期较高的叶片 SPAD 值，有利于光合产物的积累。

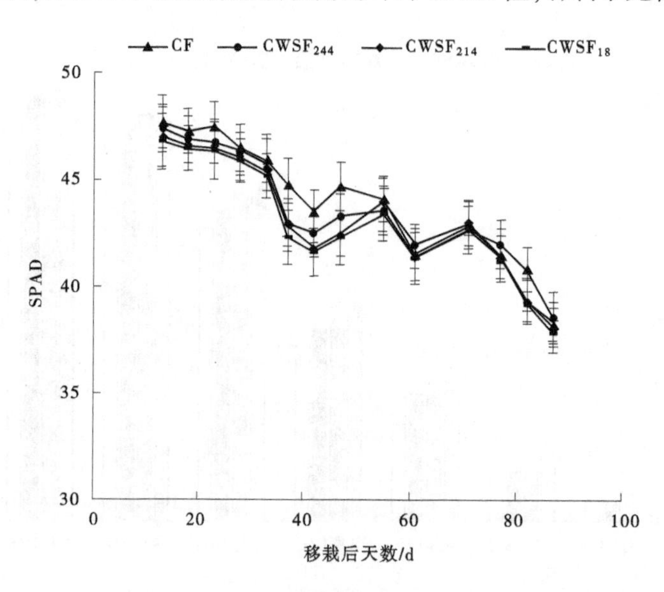

图 2-3　不同施肥处理水稻叶片 SPAD 值变化

2.6　不同施肥处理下水稻产量及其构成因素

不同施肥处理的水稻产量及其构成因素见表 2-4。高施氮量的氨基酸水溶肥处理 $CWSF_{244}$ 和中施氮量氨基酸水溶肥处理 $CWSF_{214}$ 的产量分别为 8 865.67 kg/hm² 和 8 655.55 kg/hm²，分别较农民习惯施肥处理的 8 542.07 kg/hm² 增加了 3.79%和 1.33%，但产量的增加并不显著。低施氮量氨基酸水溶肥处理 $CWSF_{184}$ 的产量为 8 468.07 kg/hm²，降低了 0.87%，差异不显著。分析构成产量的 4 个因素可以看出，3 个施氮量不同的氨基酸水溶肥处理 $CWSF_{244}$、$CWSF_{214}$ 和 $CWSF_{184}$，水稻的有效穗数较农民习惯施肥处理分别降低了 4.34 万穗/hm²、5.92 万穗/hm² 和 9.55 万穗/hm²。$CWSF_{244}$、$CWSF_{214}$ 和 $CWSF_{184}$ 水稻的结实率较农民习惯施肥处理分别增加了 3.50%、2.68%和 2.41%，千粒重分别增加了 0.39 g、0.35 g 和 0.25g。氨基酸水溶肥各处理穗粒数较农民习惯施肥处理有所降低，$CWSF_{244}$、$CWSF_{214}$ 和 $CWSF_{184}$ 分别较农民习惯施肥处理的 120.94 粒/穗分别降低了 3.72 粒/穗、4.04 粒/穗和 5.00 粒/穗，降低幅度为 3.08%、3.34%和 4.14%，差异并未达到显著水平。

表 2-4　不同施肥处理的水稻产量及其构成因素

处理	有效穗数/（万穗/hm^2）	穗粒数/（粒/穗）	结实率/%	千粒重/g	实际产量/（kg/hm^2）
CF	325.85a	120.94a	89.27a	25.50a	8 542.07a
$CWSF_{244}$	321.51a	117.22a	92.77a	25.89a	8 865.67a
$CWSF_{214}$	319.93a	116.90a	91.95a	25.85a	8 655.55a
$CWSF_{184}$	316.30a	115.94a	91.68a	25.75a	8 468.07a

注：同列不同英文小写字母表示在 $P<0.05$ 水平上的差异显著性，本试验各施肥处理产量及其构成因子均无显著差异。

分析不同施肥处理水稻产量构成因素的差异可以发现，氨基酸水溶肥处理水稻的结实率和千粒重较农民习惯施肥处理有一定的提高，提高幅度分别为 2.70%～3.92%和 0.98%～1.53%。施肥量较少的氨基酸水溶肥处理 $CWSF_{244}$ 和 $CWSF_{214}$ 较农民习惯施肥处理实现了一定的增产，而施氮量较低的氨基酸水溶肥处理 $CWSF_{184}$ 则出现轻微的减产，但差异并不显著，结果表明施用合理的氨基酸水溶肥用量能在减少氮素投入的前提下实现水稻的增产。

2.7　不同施肥处理下植株吸氮量及水肥利用效率

2.7.1　植株吸氮量及氮肥吸收利用率

表 2-5 给出了不同施肥处理成熟期水稻植株地上部分总吸氮量和各部位吸氮量。分析表 2-5 可以发现，农民习惯施肥处理与氨基酸水溶肥处理的植株地上部分总吸氮量差异不大，其中氨基酸水溶肥处理 $CWSF_{244}$ 植株地上部分总吸氮量最高，较农民习惯施肥处理 CF、$CWSF_{214}$ 和 $CWSF_{184}$ 分别显著增加了 2.60%、5.10%和 10.53%。农民习惯施肥处理 CF 植株秸秆吸氮量较氨基酸水溶肥处理 $CWSF_{244}$、$CWSF_{214}$ 和 $CWSF_{184}$ 分别显著增加了 16.93%、28.34%和 37.19%，氨基酸水溶肥 $CWSF_{244}$、$CWSF_{214}$ 和 $CWSF_{184}$ 籽粒吸氮量较农民习惯施肥处理 CF 分别增加了 15.08%、12.02%和 7.40%。

不同施氮量氨基酸水溶肥处理植株地上部分总吸氮量随着施肥量的增加而增加，低施氮量氨基酸水溶肥处理 $CWSF_{184}$ 虽然植株地上部分总吸氮量较低，但 $CWSF_{184}$ 籽粒吸氮量较农民习惯施肥处理略微增加，这表明氨基酸水溶肥处理 $CWSF_{184}$ 虽然由于低施氮量造成总吸氮量的降低，但促进了氮素更多地向穗部转移和吸收。比较农民习惯施肥处理和氨基酸水溶肥处理籽粒吸氮量占总吸氮量的比值发现，氨基酸水溶肥处理 $CWSF_{244}$、$CWSF_{214}$ 和 $CWSF_{184}$ 的比值分别较农民习惯施肥处理增加了 7.03 个百分比、8.53 个百分比和 9.07 个百分比。施用氨基酸水溶肥在减少施氮量的情况下，增加了籽粒吸氮量占总吸氮量的比例，提高了氮素的运转效率。

表 2-5　不同施肥处理成熟期水稻植株吸氮量

处理	总吸氮量/（kg/hm²）	秸秆吸氮量/（kg/hm²）	比值/%	籽粒吸氮量/（kg/hm²）	籽粒吸氮量占总吸氮量的比值/%
CF	164.44a	69.42a	42.22	95.02b	57.78
$CWSF_{244}$	168.72a	59.37b	35.19	109.35a	64.81
$CWSF_{214}$	160.53ab	54.09bc	33.69	106.44a	66.31
$CWSF_{184}$	152.65b	50.60c	33.15	102.05ab	66.85

注：同列不同英文小写字母表示在 $P<0.05$ 水平上的差异显著性。

目前，国内外学者通过氮肥利用率来衡量氮肥施用的效果，通用的氮肥利用率的指标主要包括氮肥吸收利用率（N recovery efficiency，NRE）和氮肥农学利用率（N agronomic efficiency，NAE）。本节研究采用氮肥吸收利用率（NRE）来分析不同施肥处理对稻田氮素利用率的影响，计算公式为

$$\text{NRE}(\%) = \frac{\text{施氮区植株地上部分吸氮量} - \text{氮空白区植株地上部分吸氮量}}{\text{总施氮量}}$$

分析不同施肥处理的氮肥吸收利用率（见表 2-6）可以发现，氨基酸水溶肥处理较农民习惯施肥处理的氮肥吸收利用率显著提高。氨基酸水溶肥处理 $CWSF_{244}$、$CWSF_{214}$ 和 $CWSF_{184}$ 的氮肥吸收利用率分别为 44.32%、46.71%和 50.04%，较农民习惯施肥处理的 37.24%分别显著增加了 7.08 个百分比、9.47 个百分比以及 12.80 个百分比。

表 2-6　不同施肥处理的氮肥吸收利用率

施肥处理	CF	$CWSF_{244}$	$CWSF_{214}$	$CWSF_{184}$
氮肥吸收利用率/%	37.24b	44.32a	46.71a	50.04a

注：同一行不同施肥处理氮肥吸收利用率后面的不同小写字母表示差异达 0.05 显著水平。

氮肥吸收利用率随着施氮量的降低而升高，氨基酸水溶肥处理 $CWSF_{184}$ 的施氮量最低，但其氮肥吸收利用率最高。而农民习惯施肥处理施氮量最高，但氮肥吸收利用率最低。这表明现阶段的农民习惯施肥的高投入导致更多的氮素经氨挥发和淋溶等途径进入环境中，造成环境污染，而氨基酸水溶肥处理分多次施肥促进了水稻对氮素的吸收，降低了氮素的损失，从而提高了肥料的利用率，保护了稻田周围环境。

2.7.2　稻田水分生产效率

表 2-7 给出了以耗水量和腾发量计算的田间水分生产效率，由于都采用相同的灌溉模式，农民习惯施肥处理和氨基酸水溶肥施肥处理的水分生产效率差异不大。农民习惯施肥处理以耗水量和腾发量计算的水分生产效率 $YWUE_{WU}$ 和 $YWUE_{ET}$ 分别为 1.09 kg/m³ 和 1.99 kg/m³，较氨基酸水溶肥处理 $CWSF_{184}$ 的相应值均增加 0.02 kg/m³。氨基酸水溶肥处理 $CWSF_{244}$ 的 $YWUE_{WU}$ 和 $YWUE_{ET}$ 分别为 1.12 kg/m³ 和 2.06 kg/m³，较农民习惯施肥处理的相应值分别增加了 0.03 kg/m³ 和 0.07 kg/m³，增加幅度分别为 2.75%和

3.52%。氨基酸水溶肥处理 $CWSF_{214}$ 的 $YWUE_{ET}$ 则较农民习惯施肥处理的相应值增加 0.03 kg/m^3,增加幅度为1.51%,差异不显著。氨基酸水溶肥处理与控制灌溉技术结合并未显著影响稻田水分生产效率,由于产量的提升,氨基酸水溶肥处理 $CWSF_{244}$ 和 $CWSF_{214}$ 的水分生产效率较农民习惯施肥处理略微提高,而由于氨基酸水溶肥 $CWSF_{184}$ 处理的产量较农民习惯施肥处理略微减少,水分生产效率略低于农民习惯施肥处理。

表2-7 不同施肥处理稻田的水分生产效率

处理	实际产量/(kg/hm^2)	灌水量/mm	耗水量/mm	腾发量/mm	$YWUE_{WU}$/(kg/m^3)	$YWUE_{ET}$/(kg/m^3)
CF	8 542.07a	445.53	784.58	429.53	1.09	1.99
$CWSF_{244}$	8 865.67a	465.40	794.51		1.12	2.06
$CWSF_{214}$	8 655.55a	453.10	794.51		1.09	2.02
$CWSF_{184}$	8 468.07a	450.30	794.51		1.07	1.97

注:数据后面的小写字母表示差异达0.05显著水平。

2.8 小 结

本章在分析不同施肥处理对水稻生理生长指标影响的基础上,比较了不同施肥处理对水稻产量及其构成因素的影响,研究了不同施肥处理对土壤氮素转化与水氮利用效率的影响,主要研究结论和结果如下:

(1)氨基酸水溶肥处理与农民习惯施肥处理水稻茎蘖株高和叶片SPAD值略有降低,但与农民习惯施肥处理差异并不显著,且氨基酸水溶肥处理 $CWSF_{244}$ 叶片SPAD值后期下降缓慢,延缓了植株的衰老,促进了穗部干物质的积累,干物质总量较农民习惯施肥处理增大。

(2)施用氨基酸水溶肥处理籽粒吸氮量占总吸氮量比值较农民习惯施肥提高了7.03个百分比~9.07个百分比,水稻结实率和千粒重较农民习惯施肥提高幅度分别为2.71%~3.92%和0.98%~1.53%,在降低施肥量10%($CWSF_{214}$ 处理)基础上实现产量增加1.3%。但相同灌水条件下施肥方式对水稻水分生产效率影响很小。

第 3 章　液态有机肥施用下节水灌溉稻田氮素转化与归趋

少量多次的氨基酸水溶肥施用方式能一定程度地减缓水稻植株的衰老,促进穗部干物质的积累,有利于提高水稻的干物质量和产量。施用氨基酸水溶肥提高了籽粒吸氮量占总吸氮量的比例,较农民习惯施肥提高了水稻的结实率和千粒重,显著提高了氮肥吸收利用率。水氮管理在满足作物生长需求的同时,会影响稻田的氮素迁移转化,进而影响氮素的环境归趋变化,对于防控面源污染、降低气态氮损失的大气环境污染影响方面具有积极的意义,本章将通过土壤、土壤溶液中氮素含量与形态变化、土壤-大气界面氨挥发通量变化等揭示液态有机肥施用下节水灌溉氮素转化与归趋的定量影响,为进一步优化节水灌溉与氨基酸水溶肥的组合模式提供依据。

3.1　试验设计与观测

本章试验设计同第 2 章,在第 2 章监测土壤水分、植物生长的同时,重点开展土壤溶液、土壤、植株样品采集与化验、氨挥发通量的监测以及渗漏通量的估算等。

3.1.1　土壤溶液的采集与分析

在各代表小区内设置陶土头,埋设深度分别为 0~10 cm、10~20 cm、20~40 cm 和 40~60 cm,其中 40~60 cm 土壤溶液即为稻田渗漏水。

取土壤溶液前 1 d 提前用真空泵将陶土头中水样抽干,次日取样,每个深度每次抽取约 100 mL 的土壤溶液,盛放到独立的塑料瓶中。取样频率为平时每 7 d 取样一次,施肥后加测。从施肥后第 1 天开始每隔 2 d 取样,取 2 次,然后每隔 4 d 取一次样,取 2 次,直至下次施肥。

所有水样在采集当天迅速送入实验室进行化验分析。在室内实验室测定其中的氨氮(NH_4^+-N)、硝氮(NO_3^--N)和总氮(TN)的含量。NH_4^+-N、NO_3^--N 和 TN 含量测定分别采用靛酚蓝比色法、紫外分光光度法和碱性过硫酸钾消解-紫外分光光度法。

3.1.2　土样采集与分析

插秧前和水稻收割后分别采集 0~20 cm、20~40 cm 和 40~60 cm 土样各一份。采集的土样带回基地实验室风干后测定其中的全氮含量以及速效氮含量。其中,全氮含量和速效氮含量的测定分别采用半微量开氏法和碱解扩散法。

3.1.3　氨挥发采集与测定

氨挥发采集装置采用聚氯乙烯塑料管(内径为 15 cm、高为 20 cm)制作。分别将两块厚度均为 2 cm、直径为 16 cm 的海绵用 15 mL 的磷酸甘油溶液浸湿,磷酸甘油溶液是由

50 mL 磷酸和 40 mL 丙三醇定容至 1 000 mL 配制而成的。将海绵放置于塑料管中,保持上层与管顶部平齐,下层海绵与上层海绵之间间隔 1 cm,整套装置嵌入土中 5 cm,下雨时需要将装置用堵头盖住。

每小区放置 1 个氨挥发收集装置,次日上午 9 时左右取样,取样时取出下层海绵,同时换上另一块刚用磷酸甘油浸湿的海绵。上层海绵根据其干湿情况每 3~7 d 更换 1 次。每次施肥后更改氨挥发收集装置的摆放位置,进行下一次施肥的氨挥发吸收。取样频率为施肥后第一周内连续每天取样,然后每隔 4 d 取一次样,取 2 次,之后取样间隔时间延长到 7 d,直至下次施肥或者氨挥发速率稳定时。

取样后,将下层海绵剪碎放入 500 mL 塑料瓶中,加入 300 mL 1 mol/L 的 KCl 溶液,保证海绵完全浸入,盖紧盖子振荡 1 h,浸取液中的氨态氮用靛酚蓝比色法测定,然后根据以下公式计算氨挥发通量:

$$R_{AV}=\frac{M}{(A\times D)}\times 10^{-2} \tag{3-1}$$

式中　M——每个装置平均每次测得的氨含量,mg;

A——氨挥发收集装置的横截面面积,m^2;

D——每次采集的间隔时间,d;

R_{AV}——氨挥发通量,$kg/(hm^2 \cdot d)$。

3.1.4　稻田渗漏量计算

作物蒸发蒸腾量 ET 数据来自相同灌溉方式下小型蒸渗仪的观测,稻田渗漏量根据水量平衡计算,计算公式如下:

$$S_t=W_{t-1}-W_t+IRR_t+P_t-D_t-ET_t \tag{3-2}$$

式中　S——稻田渗漏量,mm;

W——田间水层深度或者为无水层时土壤水分储存量,mm;

IRR——灌水量,mm;

P——降雨量,mm;

D——排水量,mm;

ET——作物蒸发蒸腾量,mm;

t——日序数。

3.1.5　植株取样与氮素测定

结合干物质观测,在稻季末各小区分别取 3 株有代表性的植株,测定地上植株(叶、茎鞘、穗)总吸氮量。植株样品经过浓 H_2SO_4-H_2O_2 消煮后,全氮含量采用半微量开氏法测定。

3.2　稻田土壤溶液氮素动态变化

3.2.1　氨氮浓度动态变化

图 3-1 给出了不同施肥处理控制灌溉稻田不同深度土壤溶液中氨氮浓度变化。分析

图 3-1 可以发现,农民习惯施肥处理与氨基酸水溶肥处理不同深度土壤溶液氨氮浓度变化规律基本一致,氨基酸水溶肥处理较农民习惯施肥处理显著降低了施肥后土壤溶液中氨氮的浓度峰值。

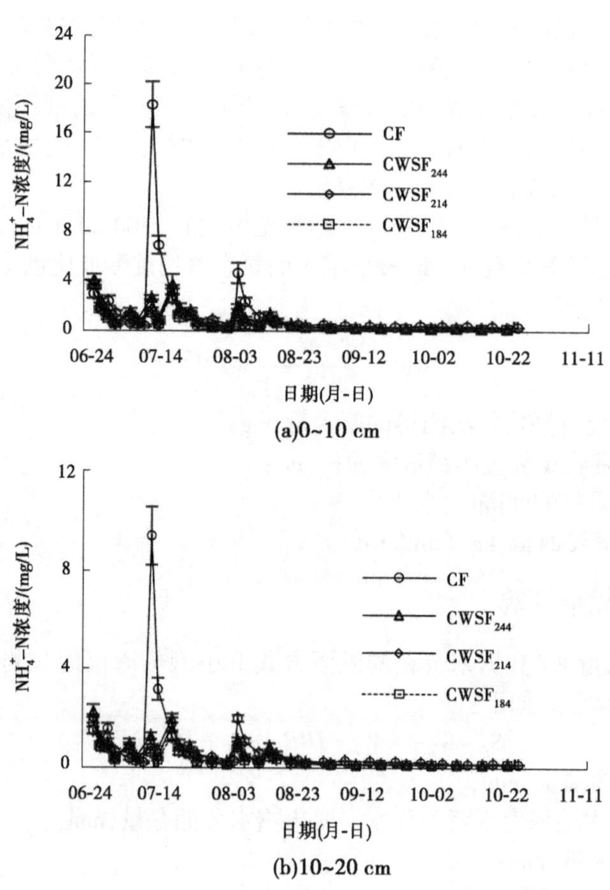

(a)0~10 cm

(b)10~20 cm

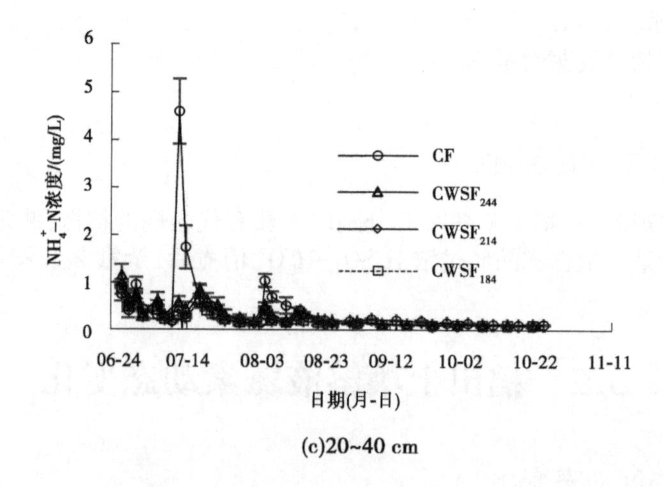

(c)20~40 cm

图 3-1 不同施肥处理控制灌溉稻田不同深度土壤溶液中铵氮浓度变化

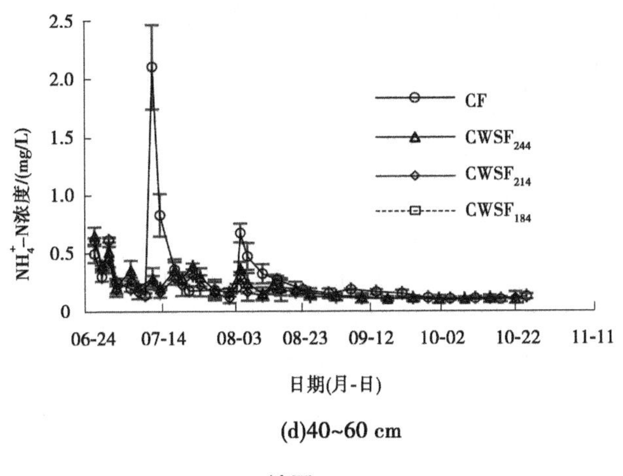

(d)40~60 cm

续图 3-1

分析图 3-1(a)可以发现,控制灌溉稻田 0~10 cm 土壤溶液中 NH_4^+-N 浓度容易受施肥影响,施肥后 0~10 cm 土壤溶液中 NH_4^+-N 浓度显著升高。由于基肥所选取的肥料类型不同,氨基酸水溶肥处理稻田 0~10 cm 土壤溶液中 NH_4^+-N 浓度在初始阶段要高于农民习惯施肥处理,移栽后第 2 天(6 月 27 日)不同施肥处理稻田 0~10 cm 土壤溶液 NH_4^+-N 浓度大小顺序为:$CWSF_{244}$(4.04 mg/L)>$CWSF_{214}$(3.88 mg/L)>$CWSF_{184}$(3.66 mg/L)>CF(2.89 mg/L)。施用返青肥后第 1 天(7 月 1 日),农民习惯施肥处理 0~10 cm 土壤溶液中 NH_4^+-N 浓度并未显著增加,而 3 个施氮量不同的氨基酸水溶肥处理 NH_4^+-N 浓度出现了一定的下降,农民习惯施肥处理,稻田 0~10 cm 土壤溶液中 NH_4^+-N 浓度较施用基肥后第 6 天(6 月 29 日)的相应值增加了 43.65%,而氨基酸水溶肥处理 $CWSF_{244}$、$CWSF_{214}$ 以及 $CWSF_{184}$ 分别降低了 41.56%、42.70%和 50.25%,原因可能是施用返青肥当天(6 月 30 日)的强降雨致使表层土壤水中 NH_4^+-N 浓度降低。施用分蘖肥后第 1 天(7 月 13 日),农民习惯施肥处理 0~10 cm 土壤溶液中 NH_4^+-N 浓度出现显著增加,而氨基酸水溶肥处理施肥后 NH_4^+-N 浓度显著低于农民习惯施肥处理。施用分蘖肥后第 1 天(7 月 13 日),氨基酸水溶肥处理 $CWSF_{244}$、$CWSF_{214}$ 和 $CWSF_{184}$ 分别较农民习惯施肥处理降低了 85.85%、90.73%和 92.47%。Ji 等认为有机氮代替部分无机氮施入稻田会导致氨氮浓度降低,原因是有效氮含量降低。氨基酸水溶肥分多次施肥,每次施氮量较农民习惯施肥处理施氮量减少,导致 NH_4^+-N 浓度较农民习惯施肥处理显著降低。农民习惯施肥处理和氨基酸水溶肥处理施穗肥后稻田 0~10 cm 土壤溶液中 NH_4^+-N 浓度峰值显著低于施用分蘖肥后出现的 NH_4^+-N 浓度峰值,这主要是由于各施肥处理穗肥施氮量低于分蘖肥。至生育期结束稻田 0~10 cm 土壤溶液 NH_4^+-N 浓度一直稳定在较低水平。

分析图 3-1(b)可以发现,农民习惯施肥处理和氨基酸水溶肥处理 NH_4^+-N 浓度变化规律基本一致,在水稻生育前期,由于施用返青肥和分蘖肥,各施肥处理稻田 10~20 cm 土壤溶液 NH_4^+-N 浓度较高。施用分蘖肥后第 1 天(7 月 13 日),农民习惯施肥处理稻田

10～20 cm 土壤溶液中 NH_4^+-N 浓度达到较大峰值。氨基酸水溶肥处理 $CWSF_{244}$、$CWSF_{214}$ 和 $CWSF_{184}$ 分别较农民习惯施肥处理 CF(9.40 mg/L)降低了 86.53%、91.17%和 93.39%。施用穗肥后第 1 天各处理稻田 10～20 cm 土壤溶液 NH_4^+-N 浓度达到峰值，之后至生育期结束一直维持较低水平。

分析图 3-1(c)可以发现，与稻田 0～10 cm、10～20 cm 土壤溶液中 NH_4^+-N 浓度变化规律类似，各处理稻田 20～40 cm 土壤溶液中 NH_4^+-N 浓度随施肥出现较大的峰值，氨基酸水溶肥处理 $CWSF_{244}$、$CWSF_{214}$ 和 $CWSF_{184}$ 施用分蘖肥一周内稻田 20～40 cm 土壤溶液中 NH_4^+-N 浓度平均值分别为 0.55 mg/L、0.43 mg/L 和 0.33 mg/L，较农民习惯施肥处理 CF 的 2.32 mg/L 分别降低了 76.29%、81.47%和 85.78%。对比施用相同施氮量分蘖肥的 CF 与 $CWSF_{244}$ 可以看出，氨基酸水溶肥处理多次施肥的方式不仅显著降低了稻田 20～40 cm 土壤溶液中 $NH_4{}^+$-N 浓度峰值，也降低了施肥一周内土壤溶液中 NH_4^+-N 的平均浓度。

分析图 3-1(d)可以发现，农民习惯施肥处理 CF 在施用返青肥后稻田 40～60 cm 土壤溶液中 NH_4^+-N 浓度与氨基酸水溶肥处理 $CWSF_{244}$、$CWSF_{214}$ 和 $CWSF_{184}$ 的相应值差别不大。比较农民习惯施肥处理 CF 施返青肥后第 1 天到第 11 天稻田 40～60 cm 土壤溶液中 NH_4^+-N 浓度平均值与同时期氨基酸水溶肥处理 $CWSF_{244}$ 的相应值发现，$CWSF_{244}$ 稻田 40～60 cm 土壤溶液中 NH_4^+-N 浓度平均值较农民习惯施肥处理 CF 的 0.30 mg/L 高出 0.02 mg/L，这可能由于 7 月初的连续强降雨导致氨基酸水溶肥更多地向深层移动，造成了 NH_4^+-N 浓度较高。施用穗肥后稻田 40～60 cm 土壤溶液中 NH_4^+-N 浓度出现峰值，至生育期结束维持稳定在较低水平。

3.2.2 硝氮浓度动态变化

分析不同施肥处理控制灌溉稻田不同深度土壤溶液硝氮浓度变化(见图 3-2)可以发现，农民习惯施肥处理和氨基酸水溶肥处理稻田不同深度土壤溶液中硝氮浓度全生育期内变化幅度不大，并且都表现为初始阶段不同深度土壤溶液中硝氮浓度较高，其余阶段均稳定在较低水平。

分析图 3-2(a)可以发现，农民习惯施肥处理和氨基酸水溶肥处理稻田 0～10 cm 土壤溶液中 NO_3^--N 浓度在移栽后第 2 天(6 月 27 日)较高，大小顺序表现为：$CWSF_{244}$(1.18 mg/L)>$CWSF_{214}$(1.12 mg/L)>$CWSF_{184}$(1.09 mg/L)>CF(1.06 mg/L)，虽然氨基酸水溶肥处理 NO_3^--N 浓度峰值略高于农民习惯施肥处理，但差异并不显著。此后在移栽后第 6 天(7 月 1 日)各施肥处理稻田 0～10 cm 土壤溶液 NO_3^--N 浓度出现一次较小的峰值，之后至生育期结束都维持较低水平。由于稻田水分管理模式导致土壤长期处于还原状态，施入稻田的肥料无法大量转化为 NO_3^--N 的形式，而且 NO_3^--N 由于带负电荷，导致表层的 NO_3^--N 极易被淋洗，因此从 7 月下旬到稻季末，稻田 0～10 cm 土壤溶液中 NO_3^--N 浓度一直维持较低水平。

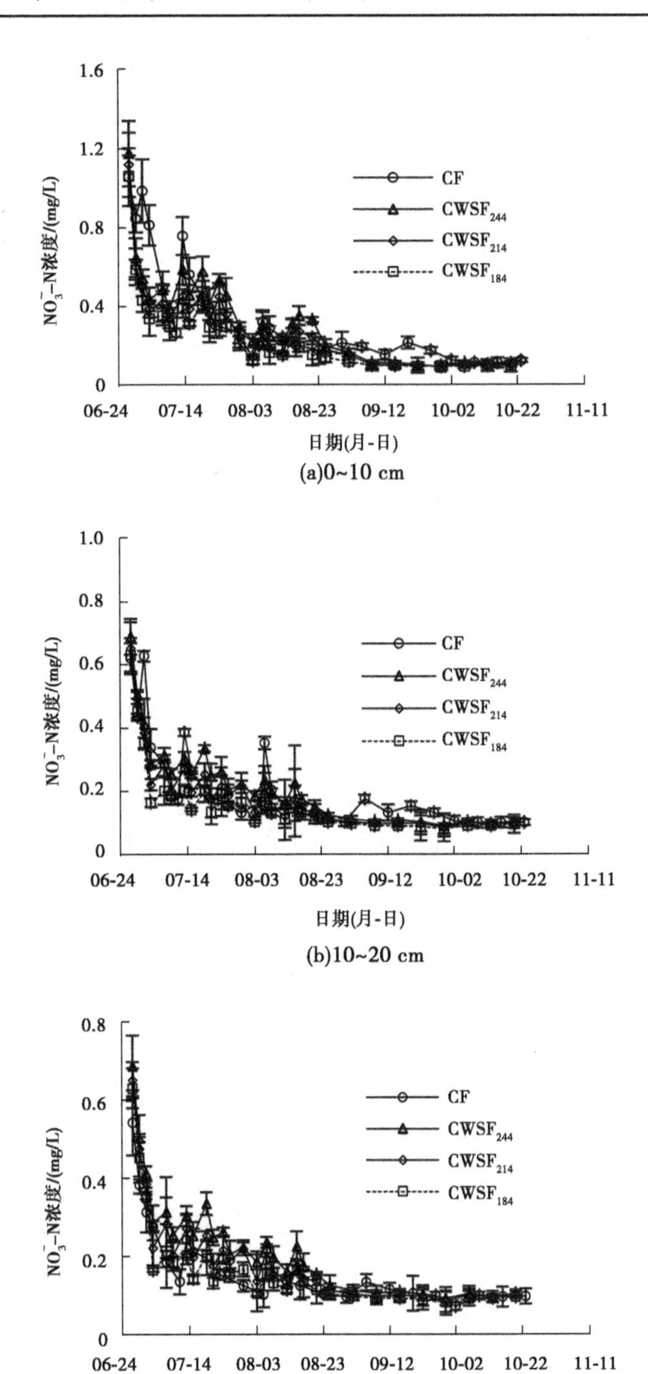

(a)0~10 cm

(b)10~20 cm

(c)20~40 cm

图3-2　不同施肥处理控制灌溉稻田不同深度土壤溶液硝氮浓度变化

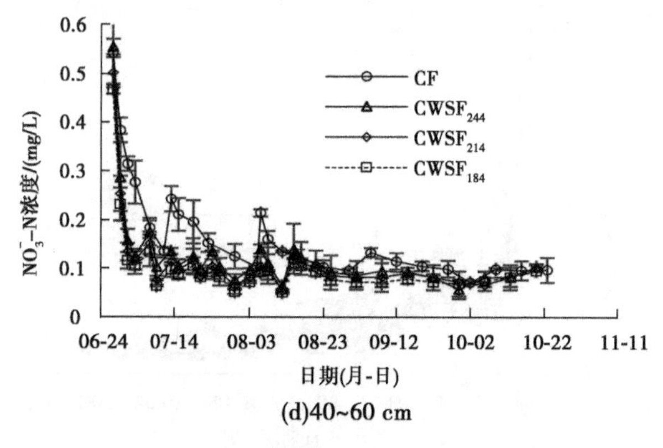

(d)40~60 cm

续图 3-2

分析图 3-2(b)可以发现,与稻田 0~10 cm 土壤溶液 NO_3^--N 浓度变化略有不同,农民习惯施肥处理稻田 10~20 cm 土壤溶液 NO_3^--N 浓度在全生育期内出现三次峰值,三次峰值分别发生在施返青肥后第 1 天(7 月 1 日)、施分蘖肥后第 1 天(7 月 13 日)和施穗肥后第 1 天(8 月 6 日),这主要可能是由于表层 NO_3^--N 淋洗和水稻进入分蘖期以后稻田含氧量增加促进土壤硝化作用,导致施肥后 NO_3^--N 浓度增加。氨基酸水溶肥处理稻田 10~20 cm 土壤溶液中 NO_3^--N 浓度在施肥后出现升高,但是升高幅度并不大。以穗肥为例,施用穗肥后第 1 天(8 月 6 日),农民习惯施肥处理稻田 10~20 cm 土壤溶液 NO_3^--N 浓度较施用穗肥前增加了 0. 18 mg/L,而氨基酸水溶肥处理 $CWSF_{244}$ 同时期仅增加了 0. 05 mg/L,这可能是与氨基酸水溶肥处理穗肥施氮量较少有关。三个不同施氮量水平的氨基酸水溶肥处理之间稻田 10~20 cm 土壤溶液中 NO_3^--N 浓度变化规律基本一致,但 NO_3^--N 浓度差异并不显著。

分析图 3-2(c)可以发现,农民习惯施肥处理和氨基酸水溶肥处理稻田土壤溶液 20~40 cm 中 NO_3^--N 浓度在移栽初期浓度较大,在其他阶段 NO_3^--N 浓度一直维持较低水平。

分析图 3-2(d)可以发现,不同施肥处理稻田土壤 40~60 cm 溶液中硝氮浓度变化与 20~40 cm 土壤溶液中 NO_3^--N 浓度变化基本一致。农民习惯施肥处理在水稻生育前期稻田土壤 40~60 cm 溶液 NO_3^--N 浓度较大,但在移栽后第 48 天至移栽后第 72 天这段期间浓度低于氨基酸水溶肥处理的相应值,这可能是因为在移栽后第 52 天(8 月 16 日)出现强降雨,而氨基酸水溶肥处理第二次施用穗肥位于移栽后第 50 天,强降雨将肥料产生的 NO_3^--N 淋洗至深层土壤,导致氨基酸水溶肥处理稻田 40~60 cm 土壤溶液中 NO_3^--N 浓度在这一时期略高于农民习惯施肥处理的相应值。

3. 2. 3　总氮浓度动态变化

图 3-3 给出了不同施肥处理控制灌溉稻田不同深度土壤溶液总氮浓度变化。分析图 3-3 可以发现,农民习惯施肥处理与氨基酸水溶肥处理稻田不同深度土壤溶液中总氮浓度变化主要受施肥影响,与稻田不同深度土壤溶液中氨氮浓度动态变化规律较为一致。主要表现为:施肥后迅速出现峰值,然后逐渐下降,水稻生育前期由于施用返青肥和分蘖肥,不同深度土壤溶液中总氮浓度较高,在水稻生育中、后期则维持较低水平。

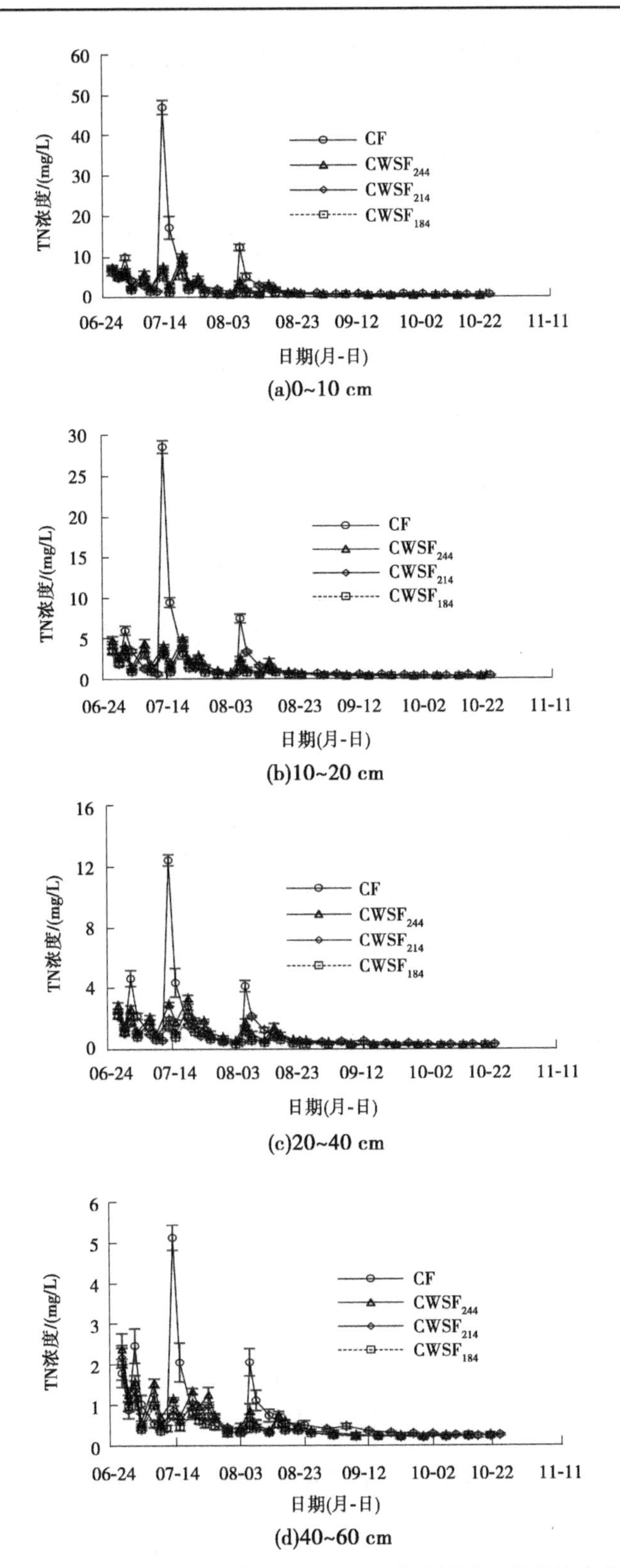

(a)0~10 cm

(b)10~20 cm

(c)20~40 cm

(d)40~60 cm

图 3-3　不同施肥处理控制灌溉稻田不同深度土壤溶液总氮浓度变化

分析图3-3(a)可以发现,农民习惯施肥处理和氨基酸水溶肥处理稻田0~10 cm土壤溶液TN浓度峰值出现在施肥后第1天,氨基酸水溶肥处理较农民习惯施肥处理显著降低了施肥后出现的TN浓度峰值。以分蘖肥和穗肥为例,3个施氮量不同的氨基酸水溶肥处理$CWSF_{244}$、$CWSF_{214}$和$CWSF_{184}$施用分蘖肥后出现的TN浓度峰值分别为7.52 mg/L、6.52 mg/L和4.97 mg/L,较农民习惯施肥处理CF的46.99 mg/L分别降低了84.00%、86.12%和89.42%。在施用分蘖肥后第1天(7月13日)到施用穗肥前1天(8月4日)这段时间内,氨基酸水溶肥处理$CWSF_{244}$、$CWSF_{214}$和$CWSF_{184}$稻田0~10 cm土壤溶液TN平均浓度分别为4.13 mg/L、3.32 mg/L和2.71 mg/L,较农民习惯施肥处理的12.59 mg/L分别降低了67.20%、73.63%和78.47%,由此可见氨基酸水溶肥处理较农民习惯施肥处理显著降低了施分蘖肥后稻田0~10 cm土壤溶液TN浓度平均值。各施肥处理施用穗肥后第1天(8月6日)稻田土壤溶液TN浓度达到峰值,氨基酸水溶肥处理$CWSF_{244}$、$CWSF_{214}$和$CWSF_{184}$施用分蘖肥后出现的TN浓度峰值分别为3.86 mg/L、2.66 mg/L和2.14 mg/L,较农民习惯施肥处理CF的12.35 mg/L分别降低了68.74%、78.46%和82.67%。氨基酸水溶肥处理通过减少每次施肥的施氮量,直接导致施肥后稻田0~10 cm土壤溶液TN峰值降低。

分析图3-3(b)可以发现,稻田10~20 cm土壤溶液TN浓度变化与0~10 cm土壤溶液的TN浓度变化规律基本一致,施肥后稻田10~20 cm土壤溶液TN浓度达到峰值,随着施肥后时间推移,TN浓度逐渐降低。氨基酸水溶肥处理较农民习惯施肥处理显著降低了施肥后10~20 cm土壤溶液TN浓度峰值。在移栽后第52天(8月16日)到移栽后第57天(8月21日)这段时间内,由于氨基酸水溶肥处理第2次穗肥的施入以及连续强降雨的影响,氨基酸水溶肥处理10~20 cm土壤溶液TN浓度较农民习惯施肥处理略微增大。

分析图3-3(c)和图3-3(d)可以发现,不同施肥处理稻田20~40 cm和40~60 cm土壤溶液TN浓度都受施肥的影响,但40~60 cm稻田土壤溶液TN浓度受施肥影响较小。施用氨基酸水溶肥的稻田40~60 cm土壤溶液中TN浓度峰值出现在移栽后第2天(6月27日),其余时间TN浓度维持较低水平,而农民习惯施肥处理稻田40~60 cm土壤溶液TN浓度受施肥影响较大,其浓度峰值均出现在各次施肥后第1天。

3.3　施肥后稻田土壤溶液氮素迁移规律

3.3.1　施用基肥后稻田土壤溶液氮素迁移规律

由3.2节内容分析可知,研究地区控制灌溉稻田土壤溶液硝氮在全生育期变化较小,因此本节主要选取氨氮和总氮分析不同施肥处理施肥后稻田土壤溶液氮素迁移规律。

分析不同施肥处理施用基肥后稻田不同深度土壤溶液氨氮浓度变化(见图 3-4)可以看出,农民习惯施肥处理和氨基酸水溶肥处理稻田 0~10 cm 土壤溶液 NH_4^+-N 浓度最大,然后随着时间推移浓度迅速降低。农民习惯施肥处理 CF 与 3 个施氮量水平不同的氨基酸水溶肥处理 $CWSF_{244}$、$CWSF_{214}$ 和 $CWSF_{184}$ 施肥后第 6 天稻田 0~10 cm 土壤溶液中 NH_4^+-N 浓度较施肥后第 4 天分别降低了 44.33%、35.33%、36.45%和 39.40%。NH_4^+-N 由于带有正电荷,较容易被带负电的土壤颗粒吸附,故 NH_4^+-N 在表层含量较高。而稻田 10~20 cm、20~40 cm 和 40~60 cm 土壤溶液中 NH_4^+-N 含量随深度依次下降。稻田 20~40 cm 和 40~60 cm 土壤溶液中 NH_4^+-N 浓度随着施肥后时间推移变化幅度小于稻田 0~10 cm 土壤溶液。以施肥后第 4 天和第 6 天稻田 40~60 cm 土壤溶液 NH_4^+-N 含量变化为例,农民习惯施肥处理 CF 和 3 个施氮量水平不同的氨基酸水溶肥处理 $CWSF_{244}$、$CWSF_{214}$ 和 $CWSF_{184}$ 施肥后第 6 天稻田 0~10 cm 土壤溶液中 NH_4^+-N 浓度较施肥后第 4 天分别降低了 39.40%、39.58%、36.06%和 37.85%。由于农民习惯施肥处理和氨基酸水溶肥处理基肥采用的肥料类型不同,各层土壤溶液 NH_4^+-N 浓度大小顺序表现为:氨基酸水溶肥处理>农民习惯施肥处理,但差异并不显著。

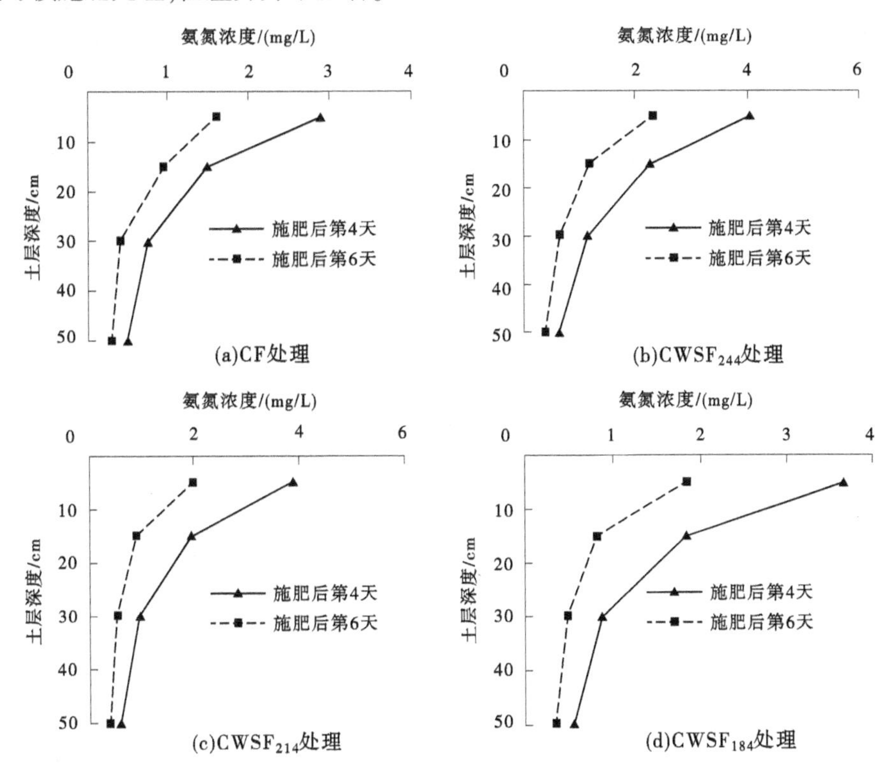

图 3-4　不同施肥处理施用基肥后稻田不同深度土壤溶液氨氮浓度变化

分析图 3-5 可以发现,不同施肥处理施用基肥后稻田不同深度土壤溶液总氮(TN)浓度变化规律与 NH_4^+-N 浓度变化规律基本一致。稻田 0~10 cm 土壤溶液中 TN 浓度最大,而稻田 20~40 cm 和 40~60 cm 土壤溶液中 TN 浓度含量差别不大,施肥后第 6 天较施肥后第 4 天不同深度土壤溶液中 TN 浓度均有一定程度的降低。农民习惯施肥处理 CF 和氨基酸水溶肥处理 $CWSF_{244}$、$CWSF_{214}$ 和 $CWSF_{184}$ 稻田 0~10 cm 土壤溶液中总氮浓度施肥后第 6 天较施肥第 4 天分别降低了 22.70%、20.30%、24.52%和 27.79%。0~10 cm 土壤溶液中总氮浓度随时间降低幅度低于稻田 40~60 cm 土壤溶液，由于施基肥后第 1 天(6 月 24 日)发生强降雨，导致部分肥料直接淋洗到深层土壤，导致深层土壤中有机氮所占比例较大，稻田 40~60 cm 土壤溶液有机氮含量降低幅度较大，这可能是导致稻田 40~60 cm 土壤溶液 TN 浓度随时间变化较大的主要原因。不同施肥处理 TN 浓度大小规律同 NH_4^+-N 一致，由于氨基酸水溶肥处理与农民习惯施肥处理基肥选取的肥料类型不同，氨基酸水溶肥处理施用基肥后各层土壤溶液中 TN 浓度均大于农民习惯施肥处理。

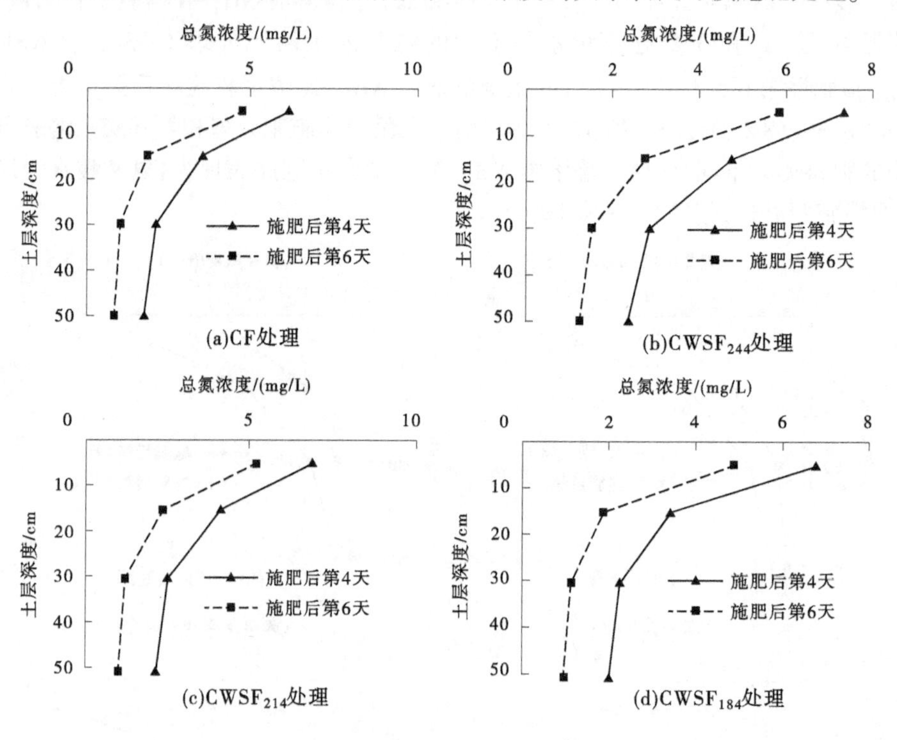

图 3-5　不同施肥处理施用基肥后稻田不同深度土壤溶液总氮浓度变化

3.3.2　施用返青肥后稻田土壤溶液氮素迁移规律

分析施用返青肥后稻田不同深度土壤溶液氨氮浓度变化(见图 3-6)可知，农民习惯施肥处理和氨基酸水溶肥处理稻田不同深度土壤溶液 NH_4^+-N 浓度随深度的增加而逐渐降低。农民习惯施肥处理施肥后第 3 天较施肥后第 1 天不同深度土壤溶液 NH_4^+-N 浓度下降幅度达 43.20%~58.73%，而施肥后第 7 天较施肥后第 3 天下降幅度为 21.66%~60.16%，施肥后第 11 天较施肥后第 7 天不同深度土壤溶液中 NH_4^+-N 浓度差异不大。农民习惯施肥处理施肥后第 11 天较施肥后第 1 天稻田 0~10 cm 土壤溶液中 NH_4^+-N 浓度下降幅度达 87.09%，这主要由水稻生长初期对 NH_4^+-N 吸收加快以及 NH_4^+-N 转化为 NH_3 导致。氨基酸水溶肥处理稻田两次施肥中施肥前与施肥后不同深度土壤溶液中

NH_4^+-N 浓度变化规律较为一致,即不同施氮量的氨基酸水溶肥处理施第一次返青肥后第 3 天较第一次施返青肥后第 1 天不同深度土壤溶液中 NH_4^+-N 浓度均大幅度降低。

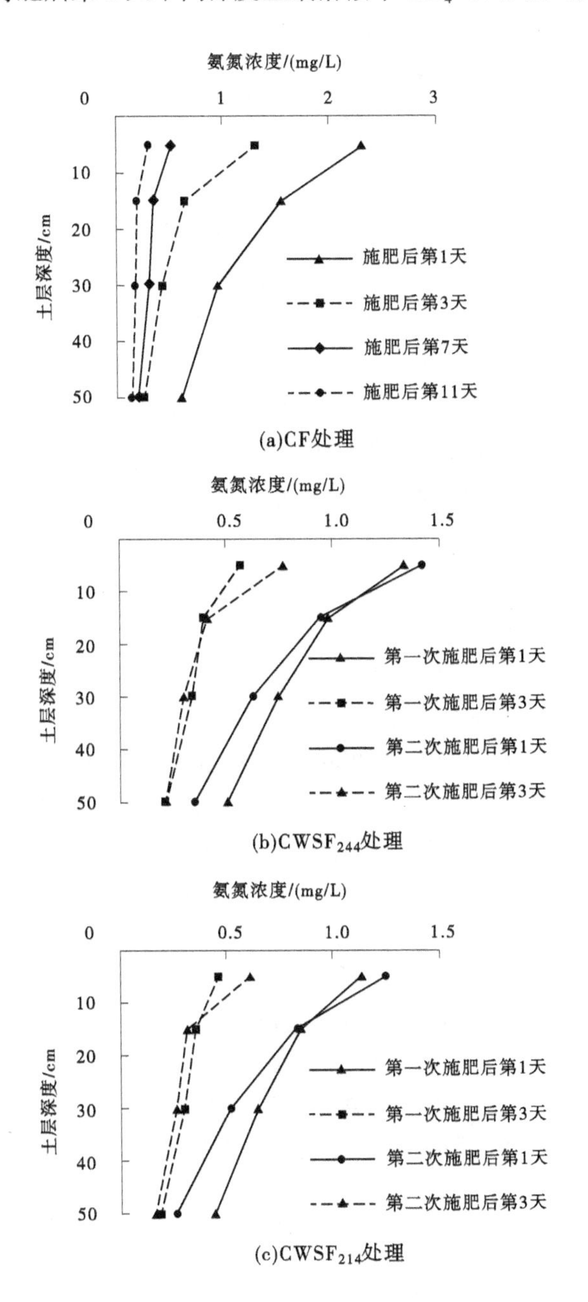

图 3-6　施用返青肥后稻田不同深度土壤溶液氨氮浓度变化

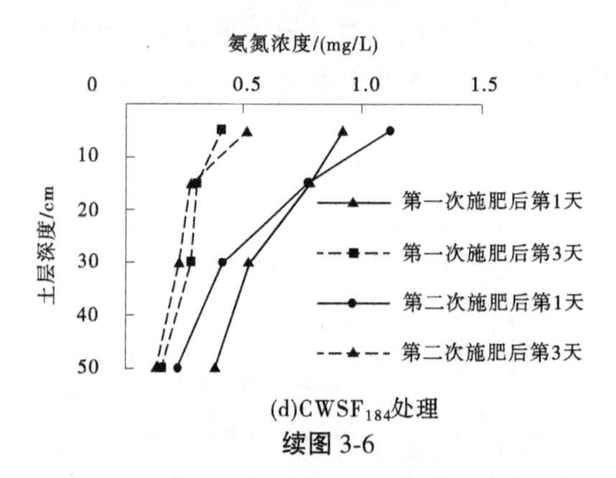

(d) $CWSF_{184}$ 处理

续图 3-6

虽然施用第二次返青肥后第 1 天不同深度土壤溶液中 NH_4^+-N 浓度较施肥前浓度增加，但氨基酸水溶肥处理所有返青肥施入完成后稻田 20~40 cm 和 40~60 cm 土壤溶液中 NH_4^+-N 浓度并没有增大，氨基酸水溶肥处理施第二次返青肥后第 3 天稻田土壤溶液中 NH_4^+-N 浓度较施第一次返青肥后第 1 天降低幅度达 58.56%~67.66%，这表明氨基酸水溶肥分多次施用不会导致深层土壤溶液 NH_4^+-N 浓度大幅度增加。

对比分析氨基酸水溶肥处理和农民习惯施肥处理施用返青肥后土壤溶液中 NH_4^+-N 迁移的差异可以发现，农民习惯施肥处理在施肥后第 1 天(7 月 1 日)到施肥后第 11 天(7 月 11 日)这段时间内，稻田 0~10 cm 土壤溶液 NH_4^+-N 浓度均值为 1.11 mg/L，较氨基酸水溶肥处理 $CWSF_{244}$ 第一次施肥后第 1 天(7 月 1 日)到第二次施肥后第 3 天(7 月 9 日)这段时间内的相应值增加了 7.77%，在相同时间内，农民习惯施肥处理稻田 40~60 cm 土壤溶液 NH_4^+-N 浓度均值为 0.30 mg/L，低于氨基酸水溶肥处理 $CWSF_{244}$ 的 0.32 mg/L。氨基酸水溶肥处理 $CWSF_{244}$ 施用返青肥后稻田 40~60 cm 土壤溶液中 NH_4^+-N 浓度略高于农民习惯施肥处理，这主要因为发生在 7 月初的强降雨促进了氨基酸水溶肥和施肥前不同深度土壤溶液的 NH_4^+-N 向下淋洗，导致 NH_4^+-N 浓度略有增大。

分析图 3-7 可以发现，不同施肥处理稻田土壤溶液中总氮(TN)浓度随深度的增加而降低，稻田 0~10 cm 土壤溶液 TN 浓度最高。分析图 3-7(a)可知，农民习惯施肥处理施返青肥后第 1 天稻田不同深度土壤溶液中 TN 浓度均较高，随着时间推移，各层土壤溶液 TN 浓度逐渐降低，施肥后第 11 天较施肥后第 1 天稻田土壤溶液中 TN 浓度降低达 82.83%~89.40%，主要由于 NH_4^+-N 浓度大幅度减小导致。分析图 3-7(b)、图 3-7(c)和图 3-7(d)可以看出，氨基酸水溶肥处理第二次施肥后稻田 20~40 cm 和 40~60 cm 土壤溶液中 TN 浓度增长幅度较小，这也表明分多次施氨基酸水溶肥并不会增加稻田深层土壤溶液中 TN 浓度。

比较不同施肥处理对施用返青肥后稻田土壤溶液中 TN 浓度迁移的影响可以发现，农民习惯施肥处理在施肥后第 1 天(7 月 1 日)到施肥后第 11 天(7 月 11 日)这段时间内，稻田 0~10 cm 土壤溶液 TN 浓度均值为 4.58 mg/L，较氨基酸水溶肥处理 $CWSF_{244}$ 第一次施肥后第 1 天(7 月 1 日)到第二次施肥后第 3 天(7 月 9 日)这段时间内相应值增加了 4.57%。在相同时间内，农民习惯施肥处理稻田 40~60 cm 土壤溶液 NH_4^+-N 浓度均值为 1.11 mg/L,高于氨基酸水溶肥处理 $CWSF_{244}$ 的 1.09 mg/L。这与 NH_4^+-N 规律不太一致,可能是尿素随着强降雨更多地被淋洗到深层土壤,导致农民习惯施肥处理稻田 40~60 cm 土壤溶液 TN 浓度升高。

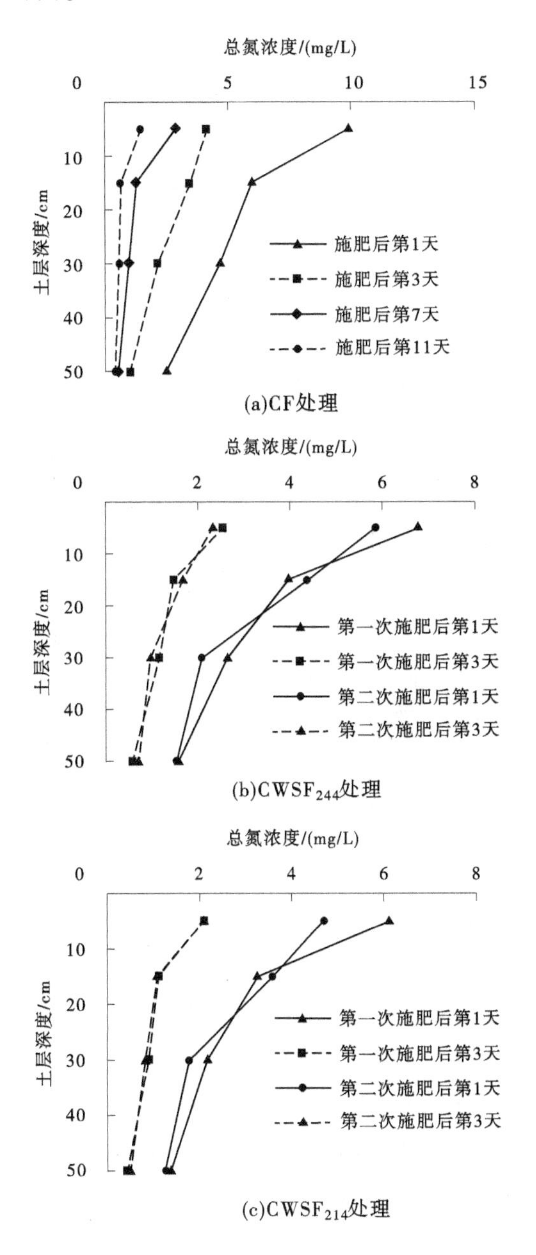

图 3-7　施用返青肥后稻田不同深度土壤溶液总氮浓度变化

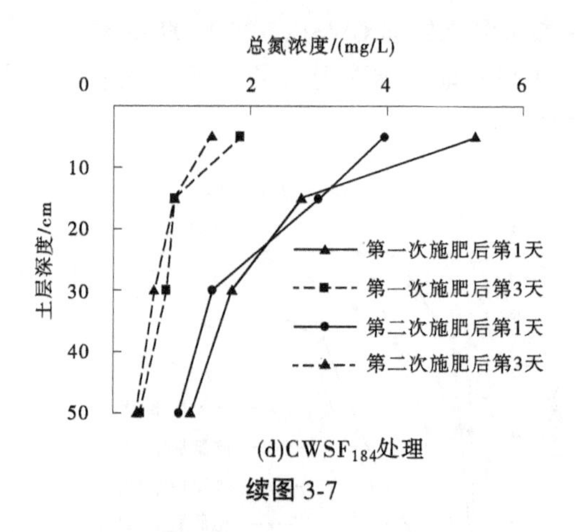

(d)$CWSF_{184}$处理

续图 3-7

3.3.3 施用分蘖肥后稻田土壤溶液氮素迁移规律

分析分蘖肥施用后不同施肥处理稻田不同深度土壤溶液氨氮浓度变化(见图 3-8)可以发现,不同施肥处理稻田土壤溶液 NH_4^+-N 浓度随着时间推移逐渐降低,农民习惯施肥处理施用分蘖肥后稻田 0~10 cm 土壤溶液 NH_4^+-N 浓度最高,NH_4^+-N 浓度随着深度增加依次降低。随着时间推移,不同深度土壤溶液 NH_4^+-N 浓度差异缩小。施肥后第 1 天稻田不同深度土壤溶液 NH_4^+-N 浓度达到峰值,随时间推移各层土壤溶液中 NH_4^+-N 浓度迅速下降。施肥后第 11 天稻田不同深度土壤溶液 NH_4^+-N 浓度较施肥后第 1 天降低幅度达 91.53%~93.97%,施肥后第 1 天稻田 0~10 cm 土壤溶液分别较 10~20 cm、20~40 cm 和 40~60 cm 土壤溶液中 NH_4^+-N 浓度高 8.89 mg/L、13.68 mg/L 和 16.18 mg/L,而到了施肥后第 11 天相应值分别为 0.51 mg/L、0.77 mg/L 和 0.92 mg/L,施肥后第 11 天各层土壤溶液 NH_4^+-N 浓度保持稳定。对比分析图 3-8(b)、图 3-8(c)和图 3-8(d)可以发现,氨基酸水溶肥处理每次施肥后较施肥前稻田 0~10 cm 和 10~20 cm 土壤溶液中 NH_4^+-N 浓度增加幅度较高。以高施氮量水平的氨基酸水溶肥处理 $CWSF_{244}$ 为例,第二次施肥后第 1 天较第一次施肥后第 3 天,稻田 0~10 cm 和 10~20 cm 土壤溶液中 NH_4^+-N 浓度分别增长了 2.9 倍和 1.78 倍,而 20~40 cm 和 40~60 cm 土壤溶液分别增长了 89%和 75%,稻田 40~60 cm 土壤溶液中 NH_4^+-N 浓度施肥后随时间变化较小,从第一次施肥后第 1 天到第三次施肥后第 3 天这段时间里,40~60 cm 土壤溶液中 NH_4^+-N 浓度仅在 0.20~0.39 mg/L 范围变化,原因可能是分次施肥使得 NH_4^+-N 浓度更为合理,符合水稻吸收需求。

比较氨基酸水溶肥处理和农民习惯施肥处理施用分蘖肥后土壤溶液 NH_4^+-N 迁移的差异可以发现,农民习惯施肥处理在施肥后第 1 天(7 月 13 日)到施肥后第 11 天(7 月 23 日)这段时间内,稻田 0~10 cm 土壤溶液 NH_4^+-N 浓度均值为 7.19 mg/L,较氨基酸水溶肥处理 $CWSF_{244}$ 第一次施肥后第 1 天(7 月 13 日)到第三次施肥后第 3 天(7 月 26 日)这段时间内的相应值增加了 2.87 倍,在相同时间内,农民习惯施肥处理稻田 40~60 cm 土壤溶液 NH_4^+-N 浓度均值为 3.47 mg/L,显著高于氨基酸水溶肥处理 $CWSF_{244}$ 的 0.30 mg/L。氨基酸水溶肥处理 $CWSF_{244}$ 施用分蘖肥后稻田 40~60 cm 土壤溶液 NH_4^+-N 浓度显著低于农民习惯施肥处理,这主要因为氨基酸水溶肥分 3 次施用分蘖肥,每次施氮量的降低导致稻田 40~60 cm 土壤溶液 NH_4^+-N 浓度降低。

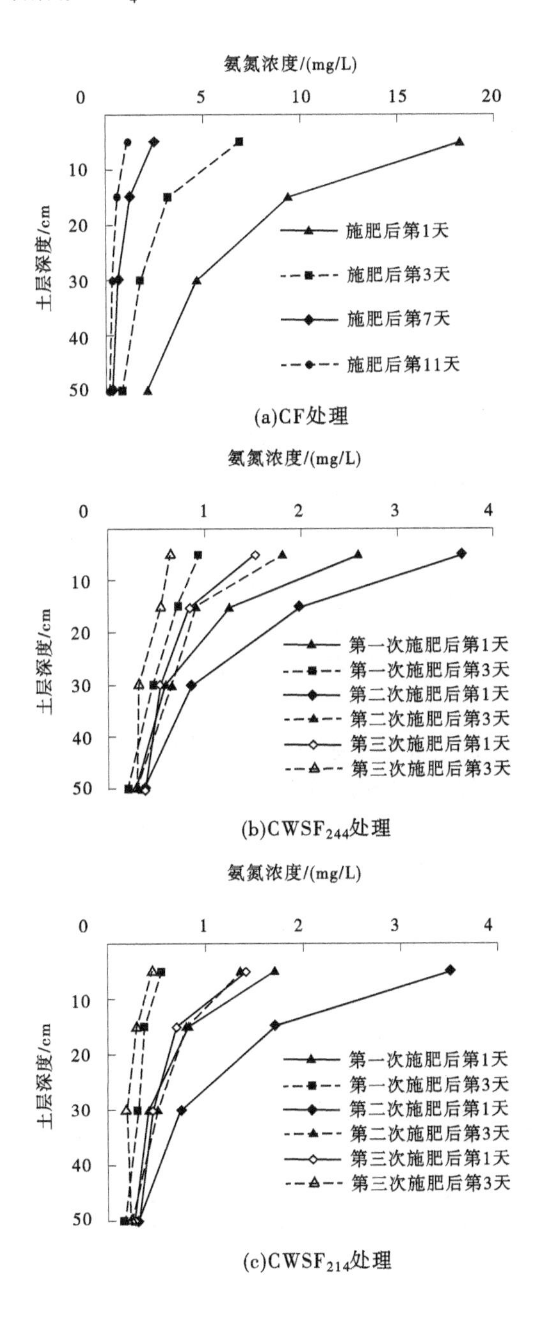

图 3-8　施用分蘖肥后稻田不同深度土壤溶液氨氮浓度变化

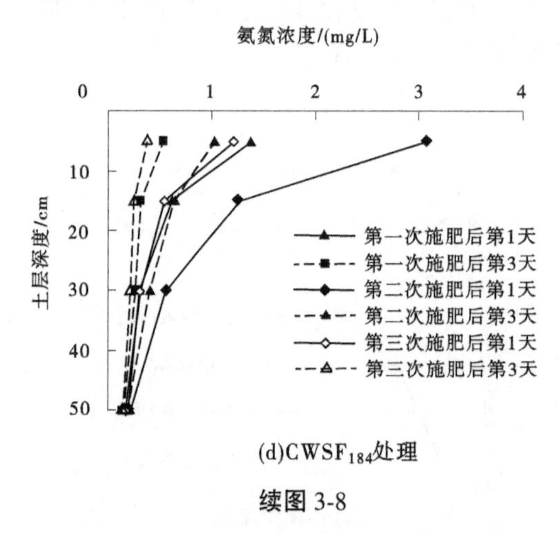

(d)$CWSF_{184}$处理

续图 3-8

分析图 3-9 可以发现,农民习惯施肥处理和氨基酸水溶肥处理施用分蘖肥后稻田不同深度土壤溶液总氮变化规律与铵氮变化较为一致。农民习惯施肥处理稻田不同深度土壤溶液中 TN 浓度随施肥后时间推移逐渐降低,施肥后第 1 天农民习惯施肥处理稻田各层土壤溶液 TN 浓度均达到峰值,这可能是因为施肥后尿素一方面大量水解产生 NH_4^+-N,另一方面尿素随着灌溉水进入深层土壤,导致土壤溶液中有机氮含量较高。随着时间推移,稻田土壤溶液中 TN 浓度迅速下降,农民习惯施肥处理稻田不同深度土壤溶液中 TN 浓度施肥后第 11 天较施肥后第 1 天降低达 89.73%~95.34%。分析图 3-9(b)、图 3-9(c)和图 3-9(d)可以发现,不同施氮量的氨基酸水溶肥处理不同深度土壤溶液中 TN 浓度变化规律基本一致,以高施氮量的氨基酸水溶肥处理 $CWSF_{244}$ 为例,在第一次施肥后第 1 天到第三次施肥后第 3 天这段时间内,氨基酸水溶肥处理 $CWSF_{244}$ 稻田 40~60 cm 土壤溶液 TN 浓度平均值为 1.02 mg/L,较农民习惯施肥处理的 2.13 mg/L 降低了 52.11%,结果表明氨基酸水溶肥处理分多次施肥可以显著减少深层渗漏水中 TN 浓度。

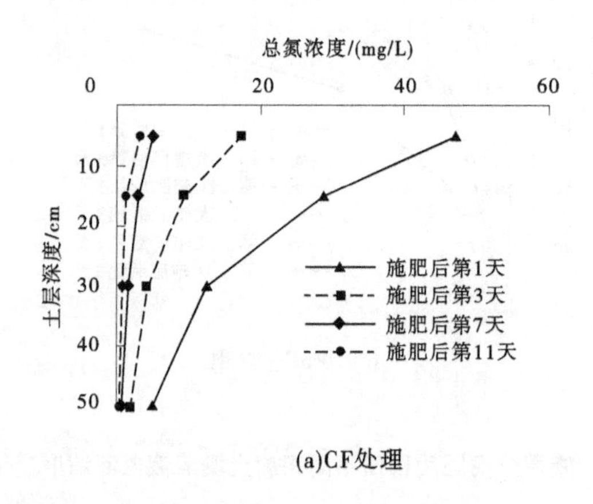

(a)CF处理

图 3-9 施用分蘖肥后稻田不同深度土壤溶液总氮浓度变化

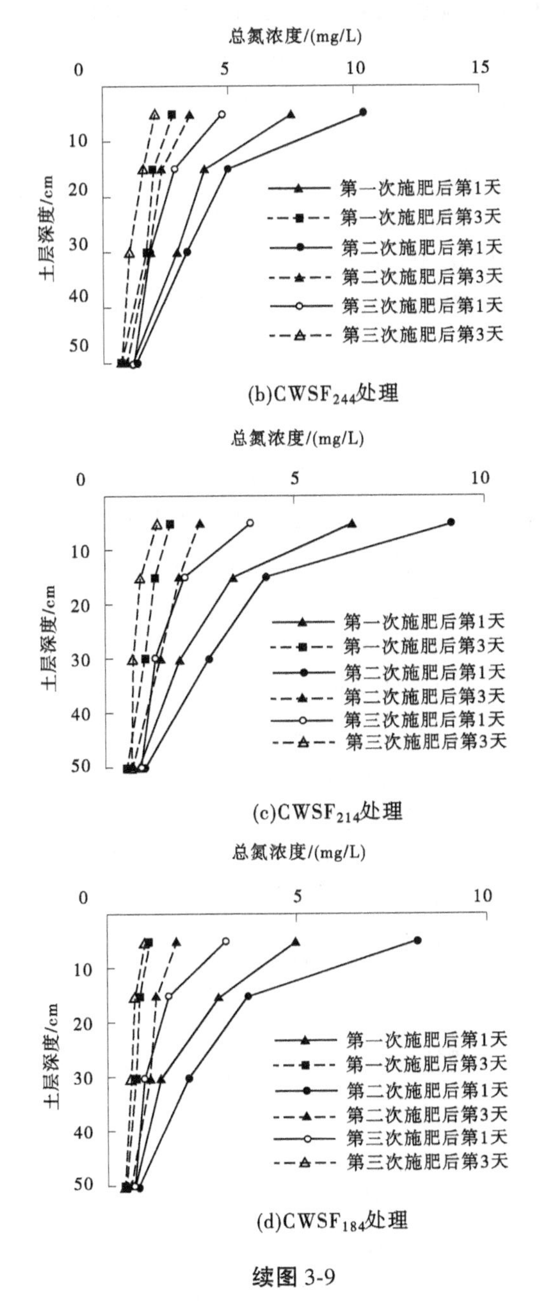

(b) $CWSF_{244}$ 处理

(c) $CWSF_{214}$ 处理

(d) $CWSF_{184}$ 处理

续图 3-9

比较不同施肥处理施用分蘖肥后稻田土壤溶液中 TN 浓度迁移的差异可以发现，农民习惯施肥处理在施肥后第 1 天(7 月 13 日)到施肥后第 11 天(7 月 23 日)这段时间内，稻田 0~10 cm 土壤溶液 TN 浓度均值为 18.13 mg/L，较氨基酸水溶肥处理 $CWSF_{244}$ 第一次施肥后第 1 天(7 月 13 日)到第三次施肥后第 3 天(7 月 26 日)这段时间内的相应值增加了 2.49 倍。在相同时间内，农民习惯施肥处理稻田 40~60 cm 土壤溶液 NH_4^+-N 浓度均值为 2.13 mg/L，高于氨基酸水溶肥处理 $CWSF_{244}$ 的 1.02 mg/L。这与 NH_4^+-N 迁移规律基本一致,可能是尿素集中施用导致施肥后仍有大量尿素随着灌溉被淋洗到深层土壤,导致农民习惯施肥处理稻田 40~60 cm 土壤溶液 TN 浓度升高。

3.3.4 施用穗肥后稻田土壤溶液氮素迁移规律

分析穗肥施用后不同施肥处理稻田不同深度土壤溶液氨氮浓度变化(见图 3-10)可知,由于穗肥施氮量较低,农民习惯施肥处理与氨基酸水溶肥处理稻田不同深度土壤溶液 NH_4^+-N 浓度含量较低。稻田 0~10 cm 土壤溶液中 NH_4^+-N 浓度含量较高,但随施肥后时间推移 NH_4^+-N 浓度降低幅度较大。农民习惯施肥处理稻田不同深度土壤溶液中 NH_4^+-N 浓度施肥后第 11 天较施肥后第 1 天降低幅度达 59.96%~86.07%。

分析比较图 3-10(b)、3-10(c)和 3-10(d)可以发现,不同施氮量的氨基酸水溶肥处理施用穗肥后稻田不同深度土壤溶液中 NH_4^+-N 浓度变化过程较为一致。施用氨基酸水溶肥后稻田 0~10 cm 土壤溶液中 NH_4^+-N 浓度显著增加,但 40~60 cm 土壤溶液中 NH_4^+-N 浓度在施肥后随时间推移变化不大。以高施氮量的氨基酸水溶肥处理 $CWSF_{244}$ 为例,稻田 40~60 cm 土壤溶液中 NH_4^+-N 浓度第二次施肥后第 1 天较第一次施肥后第 7 天仅增加 0.08 mg/L,在第一次施肥后第 1 天到第二次施肥后第 7 天这段时间内,稻田 40~60 cm 土壤溶液 NH_4^+-N 浓度均值为 0.59 mg/L,较农民习惯施肥处理的 1.10 mg/L 降低了 46.36%,这可能与氨基酸水溶肥处理穗肥施氮量较低有关。

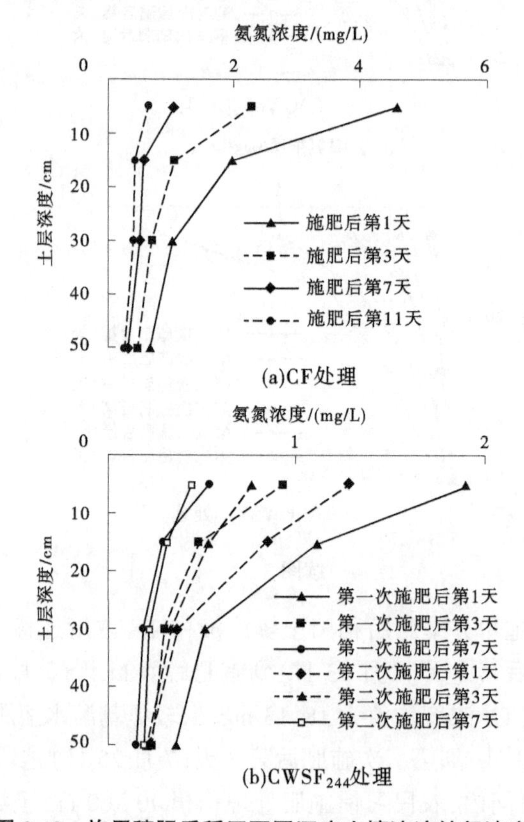

图 3-10 施用穗肥后稻田不同深度土壤溶液铵氮浓度变化

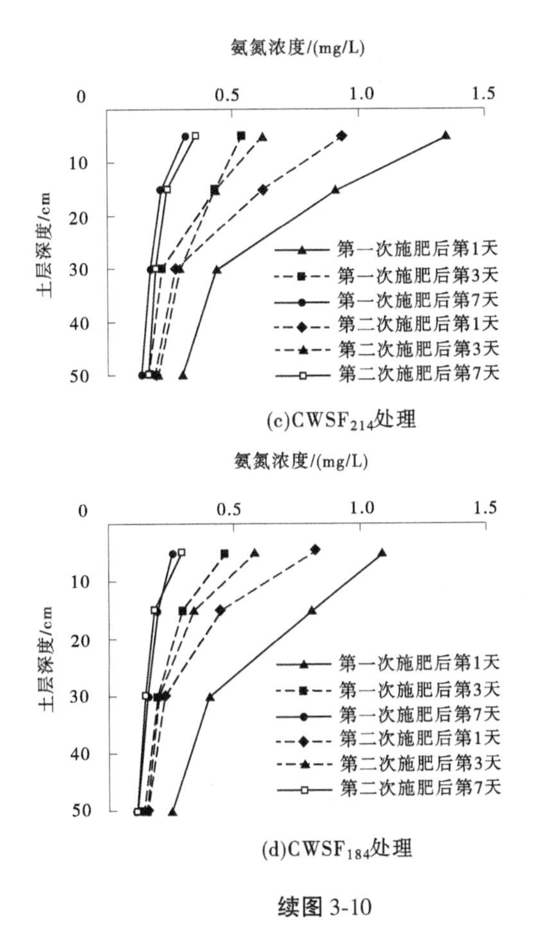

(c)$CWSF_{214}$处理

(d)$CWSF_{184}$处理

续图3-10

对比分析氨基酸水溶肥处理和农民习惯施肥处理施用穗肥后土壤溶液NH_4^+-N迁移的差异可以发现,农民习惯施肥处理在施肥后第1天(8月6日)到施肥后第11天(8月16日)这段时间内,稻田0~10 cm土壤溶液NH_4^+-N浓度均值为2.15 mg/L,较氨基酸水溶肥处理$CWSF_{244}$第一次施肥后第1天(8月6日)到第二次施肥后第7天(8月21日)这段时间内的相应值增加了1.19倍,在相同时间内,农民习惯施肥处理稻田40~60 cm土壤溶液NH_4^+-N浓度均值为0.43 mg/L,低于氨基酸水溶肥处理$CWSF_{244}$的0.23 mg/L。氨基酸水溶肥处理$CWSF_{244}$施用穗肥后稻田40~60 cm土壤溶液NH_4^+-N浓度略高于农民习惯施肥处理,降低幅度低于施用分蘖肥后的降低幅度,这可能因为发生在8月中旬的强降雨促进了氨基酸水溶肥不同深度土壤溶液的NH_4^+-N向下淋洗,导致NH_4^+-N浓度较农民习惯施肥处理降低幅度低于施用分蘖肥后的降低幅度。

分析图3-11可以发现,农民习惯施肥处理和氨基酸水溶肥处理施用穗肥后稻田不同深度土壤溶液中总氮浓度变化过程与氨氮浓度变化较为一致。不同施肥处理稻田0~10 cm土壤溶液中TN浓度最高,随施肥后时间的推移,不同深度土壤溶液中TN浓度差异不大。氨基酸水溶肥处理不同深度土壤溶液中TN浓度差异不大,第二次施肥后稻田0~10 cm和10~20 cm土壤溶液中TN浓度显著增大,但稻田40~60 cm土壤溶液中TN浓度变化受施肥影响较小。

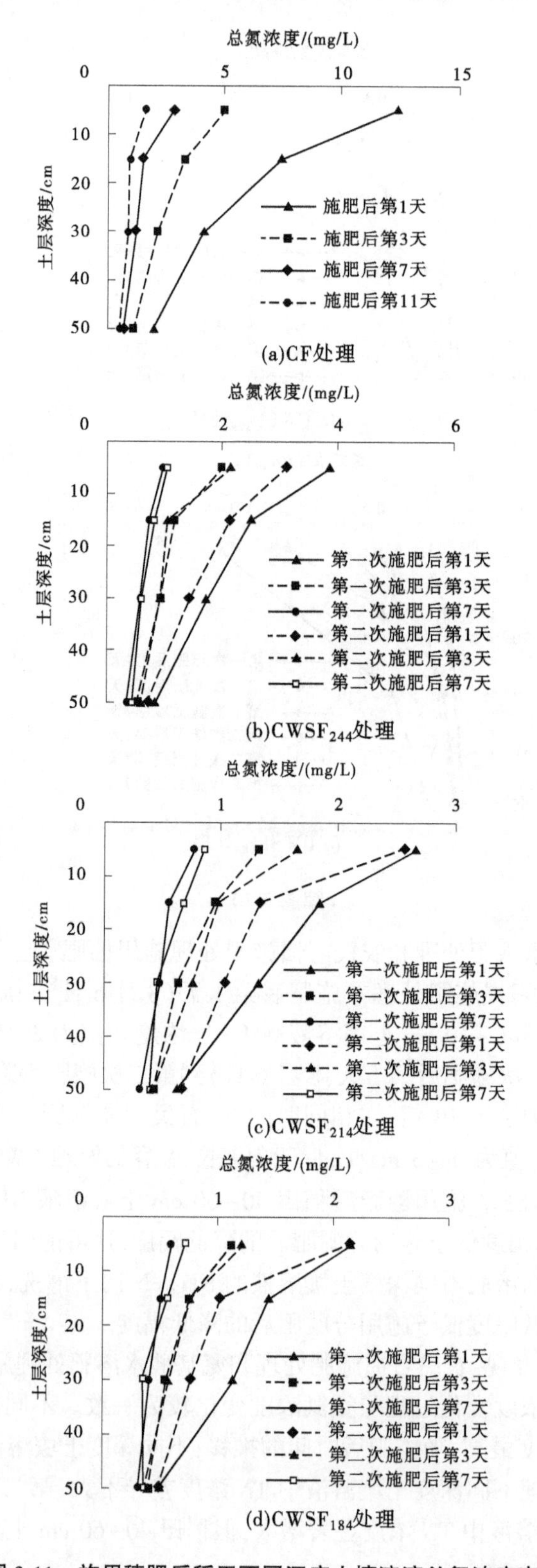

图 3-11　施用穗肥后稻田不同深度土壤溶液总氮浓度变化

比较不同施肥处理对施用穗肥后稻田土壤溶液中 TN 浓度迁移的影响可以发现，农民习惯施肥处理在施肥后第 1 天(8 月 6 日)到施肥后第 11 天(8 月 16 日)这段时间内，稻田 0~10 cm 土壤溶液 TN 浓度均值为 5.46 mg/L，较氨基酸水溶肥处理 $CWSF_{244}$ 第一次施肥后第 1 天(8 月 6 日)到第二次施肥后第 7 天(8 月 21 日)这段时间内的相应值增加了 1.48 倍。在相同时间内，农民习惯施肥处理稻田 40~60 cm 土壤溶液 NH_4^+-N 浓度均值为 1.10 mg/L，高于氨基酸水溶肥处理 $CWSF_{244}$ 的 0.59 mg/L。这与 NH_4^+-N 迁移规律基本一致，这主要因为尿素集中施用导致有大量尿素被淋洗到深层土壤，稻田 40~60 cm 土壤溶液有机氮含量升高，导致土壤溶液 TN 浓度较大。

3.4　稻田渗漏水中氮素形态及含量变化规律

3.4.1　氨氮浓度动态变化

分析不同施肥处理稻田渗漏水中 NH_4^+-N 浓度变化(见图 3-12)可以发现，农民习惯施肥处理 NH_4^+-N 浓度受施肥影响显著，施肥后稻田渗漏水中会出现 NH_4^+-N 浓度上升的现象。氨基酸水溶肥处理明显降低了施肥后稻田渗漏水中 NH_4^+-N 浓度，除 6 月下旬氨基酸水溶肥处理稻田渗漏水中 NH_4^+-N 浓度略高外，其余时期均维持较低水平，且不会随施肥出现浓度明显增加的现象。不同施氮水平的氨基酸水溶肥处理稻田渗漏水中 NH_4^+-N 浓度差异不大。

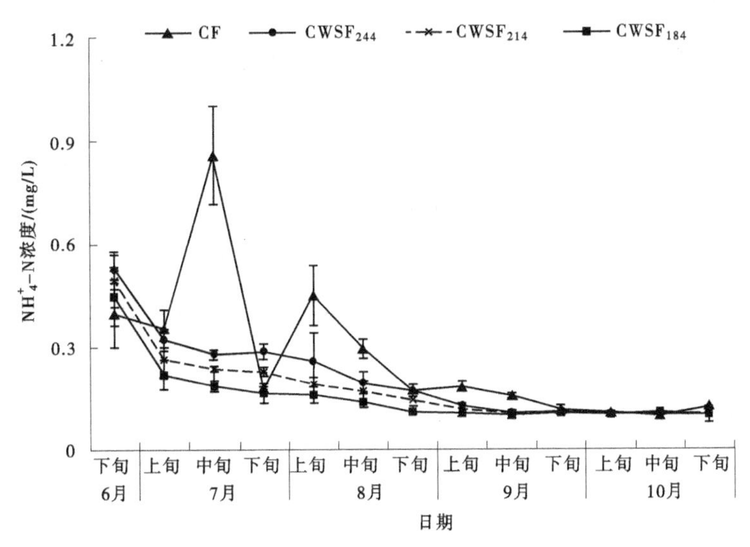

图 3-12　不同施肥处理稻田渗漏水氨氮浓度变化

农民习惯施肥处理稻田渗漏水中 NH_4^+-N 浓度平均值为 0.27 mg/L，而 3 个施氮量不同的氨基酸水溶肥处理 $CWSF_{244}$、$CWSF_{214}$ 和 $CWSF_{184}$ 稻田渗漏水中 NH_4^+-N 浓度平均值为 0.21 mg/L、0.18 mg/L 和 0.16 mg/L，较农民习惯施肥处理分别降低了 22.22%、33.33%和 40.74%。

氨基酸水溶肥处理稻田渗漏水 NH_4^+-N 浓度峰值出现在 6 月下旬，$CWSF_{244}$、$CWSF_{214}$ 和 $CWSF_{184}$ 稻田渗漏水 NH_4^+-N 浓度峰值分别为 0.52 mg/L、0.49 mg/L 和 0.45 mg/L，而农民习惯施肥处理稻田渗漏水 NH_4^+-N 浓度在同一时期内为 0.40 mg/L，较 $CWSF_{244}$ 降低了 23.08%。虽然农民习惯施肥处理与氨基酸水溶肥处理基肥的施氮量不同，但氨基酸水溶肥处理选用的尿素作为基肥，导致稻田渗漏水 NH_4^+-N 浓度有所增大。农民习惯施肥处理 CF 稻田渗漏水 NH_4^+-N 浓度的最大值出现在施用分蘖肥后，浓度值为 0.86 mg/L，而高施氮量氨基酸水溶肥处理 $CWSF_{244}$ 相同时期稻田渗漏水 NH_4^+-N 浓度为 0.28 mg/L，较 CF 降低了 0.58 mg/L，降低幅度为 67.44%。农民习惯施肥处理 CF 稻田渗漏水 NH_4^+-N 浓度在 8 月上旬出现峰值，这也是由施用穗肥引起的 NH_4^+-N 浓度增大。而同时期氨基酸水溶肥处理 $CWSF_{244}$ 稻田渗漏水 NH_4^+-N 浓度为 0.26 mg/L，较 CF 处理的 0.45 mg/L 降低了 0.19 mg/L，降低幅度为 42.22%。试验结果表明，氨基酸水溶肥处理明显降低施肥后引起的稻田渗漏水 NH_4^+-N 浓度峰值，氨基酸水溶肥处理稻田渗漏水 NH_4^+-N 浓度均值较农民习惯施肥处理降低了 22.22%～40.74%。

3.4.2 硝氮浓度动态变化

不同施肥处理稻田渗漏水中硝氮浓度变化如图 3-13 所示，从图中可以看出，全生育期不同施肥处理稻田渗漏水中硝氮浓度变化规律基本一致，农民习惯施肥处理和氨基酸水溶肥处理稻田渗漏水中 NO_3^--N 浓度峰值出现在 6 月下旬，农民习惯施肥处理 CF 与 3 个施氮量不同的氨基酸水溶肥处理 $CWSF_{244}$、$CWSF_{214}$ 和 $CWSF_{184}$ 稻田渗漏水中 NO_3^--N 浓度峰值分别为 0.32 mg/L、0.42 mg/L、0.38 mg/L 和 0.35 mg/L。之后稻田渗漏水中 NO_3^--N 浓度迅速下降，从 7 月中旬到生育期结束，稻田渗漏水中 NO_3^--N 浓度一直稳定在较低水平。Peng 等认为 6 月下旬稻田渗漏水出现 NO_3^--N 浓度峰值是因为麦季土壤中 NO_3^--N 残留。返青期保持田间有水层的管理导致 NO_3^--N 大量淋洗。稻田水分管理模式导致施入稻田的肥料无法大量转化补充 NO_3^--N，因此稻田渗漏水中 NO_3^--N 浓度一直维持较低水平。

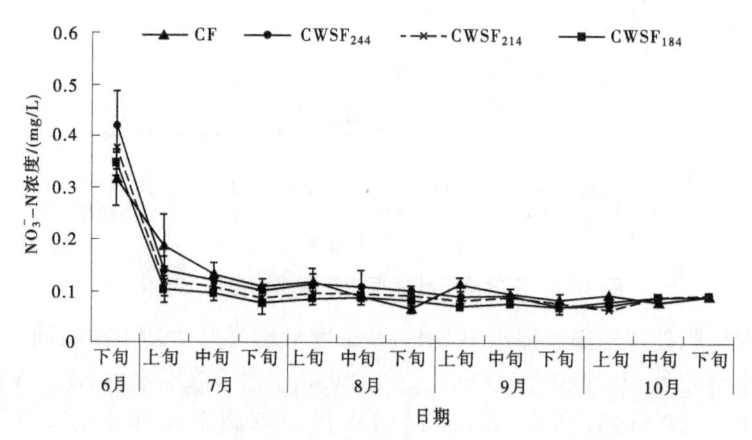

图 3-13 不同施肥处理稻田渗漏水中硝氮浓度变化

农民习惯施肥处理 CF 稻田渗漏水中 NO_3^--N 浓度均值为 0.13 mg/L，3 个施氮量不同的氨基酸水溶肥处理 $CWSF_{244}$、$CWSF_{214}$ 和 $CWSF_{184}$ 稻田渗漏水中 NO_3^--N 浓度均值分别为 0.12 mg/L、0.11 mg/L 和 0.10 mg/L，较农民习惯施肥处理分别降低了 0.01 mg/L、0.02 mg/L 和 0.03 mg/L，降低幅度分别为 7.69%、15.38%和 23.08%。

3.4.3　总氮浓度动态变化

图 3-14 给出了不同施肥处理稻田渗漏水中总氮浓度变化，不同施肥处理稻田渗漏水中总氮浓度变化趋势与氨氮浓度基本一致，农民习惯施肥处理施肥后稻田渗漏水总氮浓度出现明显地升高，氨基酸水溶肥处理明显降低了施肥后出现的总氮浓度峰值，从而使氨基酸水溶肥处理稻田渗漏水中 TN 浓度在生育期大部分时段都小于农民习惯施肥处理稻田。

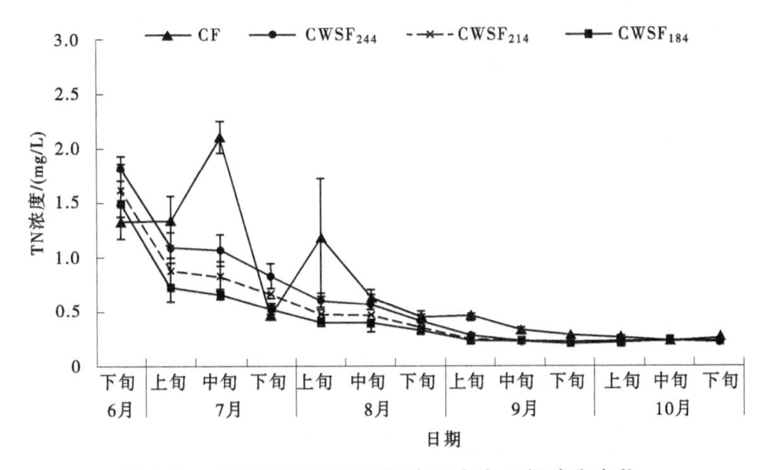

图 3-14　不同施肥处理稻田渗漏水中总氮浓度变化

农民习惯施肥处理稻田渗漏水中 TN 浓度平均值为 0.72 mg/L，而 3 个施氮量不同的氨基酸水溶肥处理 $CWSF_{244}$、$CWSF_{214}$ 和 $CWSF_{184}$ 稻田渗漏水中 TN 浓度平均值分别为 0.60 mg/L、0.51 mg/L 和 0.45 mg/L，分别较农民习惯施肥处理 CF 降低了 0.12 mg/L、0.21 mg/L 和 0.27 mg/L，降低幅度分别为 16.67%、29.17%和 37.50%。农民习惯施肥处理稻田渗漏水 TN 浓度受施肥影响明显，由于施用分蘖肥，稻田渗漏水 TN 浓度在 7 月中旬出现第 1 个峰值，而氨基酸水溶肥处理 $CWSF_{244}$ 相同时期内稻田渗漏水中 TN 浓度为 1.07 mg/L，较农民习惯施肥处理的 2.11 mg/L 降低了 1.04 mg/L，降低幅度为 49.29%。由于施用穗肥，农民习惯施肥处理稻田渗漏水 TN 浓度在 8 月上旬出现第 2 个峰值，氨基酸水溶肥处理 $CWSF_{244}$ 在 8 月上旬稻田渗漏水 TN 浓度为 0.61 mg/L，较农民习惯施肥处理的 1.18 mg/L 降低了 0.57 mg/L，降低幅度为 48.31%。试验结果表明，施用氨基酸水溶肥处理能明显降低施肥后稻田渗漏水出现的 TN 浓度峰值，降低在整个生育期内稻田渗漏水中 TN 浓度。

3.5　稻田渗漏水氮素淋溶损失量

利用水量平衡公式计算稻田渗漏水量,结果表明农民习惯施肥处理与氨基酸水溶肥处理稻田渗漏水量无显著差异,农民习惯施肥处理稻田渗漏水量为355.05 mm,而氨基酸水溶肥处理稻田渗漏水量平均值为364.98 mm,比农民习惯施肥处理稻田渗漏水量略有增加,但差异并不显著。

稻季氮素淋溶损失量为每旬氮素淋溶损失量的累计值,每旬稻田淋溶损失量为渗漏水中的氮素浓度与该旬稻田渗漏水量的乘积。不同施肥处理稻季氮素淋溶损失量见表3-1,氨基酸水溶肥处理降低了稻田氮素淋溶损失量,其中$CWSF_{214}$和$CWSF_{184}$处理较农民习惯施肥处理显著降低了稻田氮素淋溶损失量($p<0.05$)。$CWSF_{244}$、$CWSF_{214}$和$CWSF_{184}$稻田氮素淋溶损失量较农民习惯施肥处理CF分别降低了0.40 kg/hm^2、0.76 kg/hm^2和1.08 kg/hm^2,降低幅度分别为14.33%、27.24%和38.71%。农民习惯施肥处理CF和氨基酸水溶肥处理$CWSF_{244}$、$CWSF_{214}$和$CWSF_{184}$稻田氮素淋溶损失量占施氮量的比值分别为1.00%、0.98%、0.95%和0.93%,这一研究结果低于Peng等观测的氮素淋溶损失量,主要由于本研究4个施肥处理稻季施氮量较低,导致观测的稻季氮素淋溶损失量较低。

表3-1　不同施肥处理控制灌溉稻田氮素淋溶损失量　单位:kg/hm^2

氮素形态	不同施肥处理			
	CF	$CWSF_{244}$	$CWSF_{214}$	$CWSF_{184}$
NH_4^+-N	1.21±0.25a	0.81±0.13b	0.70±0.11b	0.58±0.10b
NO_3^--N	0.45±0.06a	0.44±0.05a	0.40±0.04a	0.36±0.03a
TN	2.79±0.29a	2.39±0.19ab	2.03±0.14bc	1.71±0.11c

注:同一行不同施肥处理稻田氮素淋溶损失量后的不同小写字母表示差异达0.05显著水平。

稻田氮素淋溶损失中NH_4^+-N和NO_3^--N占TN的比例见表3-2。分析表3-2可知,农民习惯施肥处理和氨基酸水溶肥处理NH_4^+-N是稻田氮素淋溶损失氮素的主要组成部分。其中,3个施氮量不同的氨基酸水溶肥处理NH_4^+-N淋溶损失量占全氮比值较低,这可能与氨基酸水溶肥在深层土壤矿化过程缓慢有关。尽管有研究表明氨基酸水溶肥施入土壤后容易增大氮素淋溶损失的风险这主要由于氨基酸水溶肥进入深层土壤发生矿化过程,将产生大量的NH_4^+-N,但也有研究表明氨基酸水溶肥由于其成分众多,矿化过程速率难以预测,淋溶损失风险并不一定增大。试验结果表明氨基酸水溶肥处理控制灌溉稻田氮素形态以NH_4^+-N为主,3种不同施氮量的氨基酸水溶肥处理稻田NH_4^+-N淋溶损失量占总氮的比例分别为33.90%、34.54%和34.08%。

表3-2　稻田氮素淋溶损失中NH_4^+-N和NO_3^--N占TN的比例　%

氮素形态	不同施肥处理			
	CF	$CWSF_{244}$	$CWSF_{214}$	$CWSF_{184}$
NH_4^+-N	43.45	33.90	34.54	34.08
NO_3^--N	16.01	18.57	19.51	20.71

3.6　稻田氨挥发损失与影响机制

3.6.1　稻田氨挥发通量动态变化

不同施肥处理控制灌溉稻田氨挥发通量变化规律基本一致(见图3-15)。农民习惯施肥处理由于集中施肥,容易导致施肥后稻田氨挥发通量峰值较高,而氨基酸水溶肥处理将一次追肥分几次施用,避免了施肥后稻田氨挥发通量的急剧增加。氨基酸水溶肥处理除施基肥后稻田氨挥发通量峰值略高于农民习惯施肥处理,施用追肥后稻田氨挥发通量峰值都低于农民习惯施肥处理。不同施氮量的氨基酸水溶肥处理 $CWSF_{244}$、$CWSF_{214}$ 和 $CWSF_{184}$ 全生育期稻田的氨挥发通量均值分别为0.44 kg/(hm^2·d)、0.36 kg/(hm^2·d)和0.30 kg/(hm^2·d),较农民习惯施肥处理CF的0.91 kg/(hm^2·d)分别降低了51.65%、60.44%和67.03%。

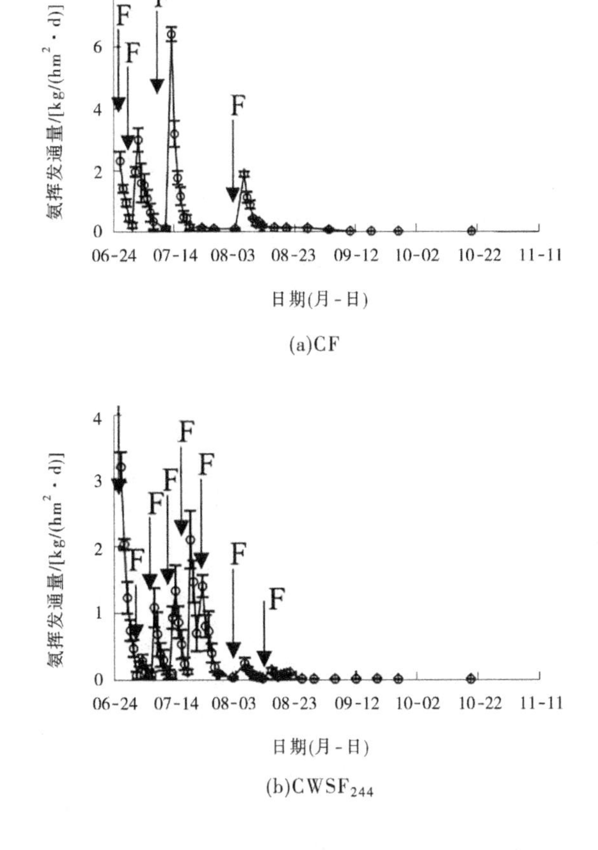

图3-15　不同施肥处理控制灌溉稻田氨挥发通量变化

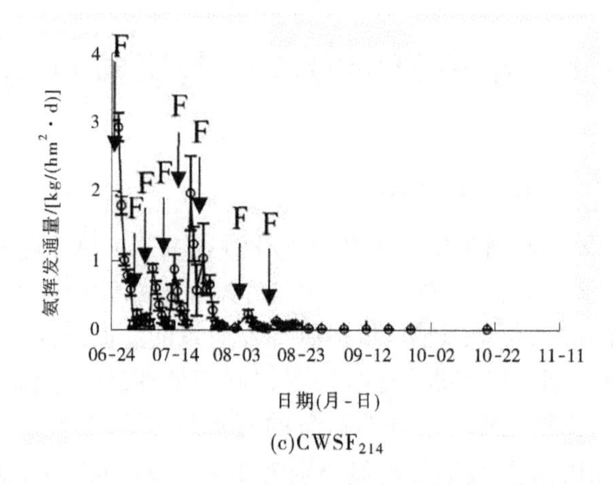

(c)$CWSF_{214}$

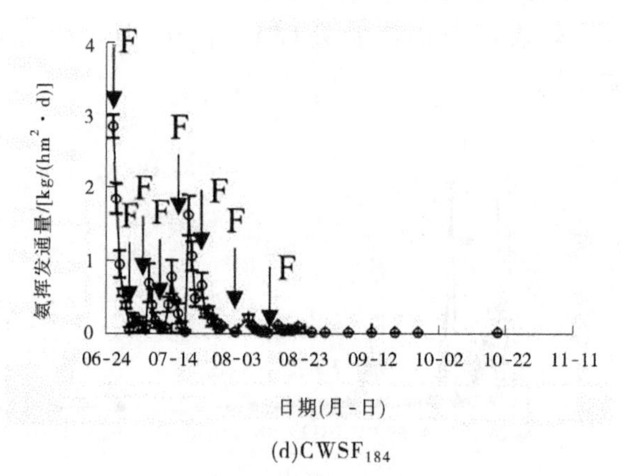

(d)$CWSF_{184}$

续图 3-15

不同施肥处理稻田氨挥发通量峰值均发生在施肥后 1~3 d,这与 Wang 等观测结果一致。以返青肥为例,CF 处理氨挥发通量发生在施返青肥后第 2 天(7 月 2 日),而 $CWSF_{244}$、$CWSF_{214}$ 和 $CWSF_{184}$ 处理氨挥发通量峰值发生在施用第二次返青肥后第 1 天(7 月 7 日)。分多次施用氨基酸水溶肥显著降低了施肥后氨挥发通量峰值,且降低了水稻生育中后期的氨挥发通量。以施用分蘖肥和穗肥后稻田氨挥发通量峰值为例,$CWSF_{244}$ 处理施用分蘖肥后稻田氨挥发通量峰值为 2.11 kg/(hm^2·d),较农民习惯施肥处理 CF 的 6.41 kg/(hm^2·d)降低了 67.08%,中施氮量和低施氮量处理 $CWSF_{214}$ 和 $CWSF_{184}$ 施用分蘖肥后稻田氨挥发通量峰值分别为 1.96 kg/(hm^2·d)和 1.62 kg/(hm^2·d),分别较 CF 降低了 69.42%和 74.73%。3 个施氮量不同的氨基酸水溶肥处理 $CWSF_{244}$、$CWSF_{214}$ 和 $CWSF_{184}$ 处理在施用穗肥后稻田的氨挥发通量峰值分别为 0.24 kg/(hm^2·d)、0.22 kg/(hm^2·d)和 0.21 kg/(hm^2·d),较 CF 的 1.86 kg/(hm^2·d)分别降低了 87.10%、88.17%和 88.71%。对于氨基酸水溶肥处理,稻田氨挥发通量峰值随着施氮量的增加而增加。以返青肥为例,$CWSF_{244}$ 施用返青肥后稻田氨挥发通量峰值为 1.08 kg/(hm^2·d),分别较 $CWSF_{214}$ 的 0.87 kg/(hm^2·d)和 $CWSF_{184}$ 的 0.69 kg/(hm^2·d)增加了 24.14%和 56.52%。

农民习惯施肥处理 CF 和 3 个施氮量不同的氨基酸水溶肥处理施用分蘖肥后稻田氨挥发通量峰值以及平均值均大于施用返青肥后的相应值。这与施用返青肥后一周内降雨量达 109.6 mm 有关。有研究表明,连续大规模降雨将直接导致稻田氨挥发通量峰值下降。农民习惯施肥处理 CF 施用基肥后稻田氨挥发通量均值为 1.05 kg/(hm^2 · d),较氨基酸水溶肥的 3 个处理 $CWSF_{244}$[1.54 kg/(hm^2 · d)]、$CWSF_{214}$[1.40 kg/(hm^2 · d)]和 $CWSF_{184}$[1.31 kg/(hm^2 · d)]分别降低了 31.82%、25.00%和 19.85%。尽管农民习惯施肥处理和氨基酸水溶肥处理基肥施氮量相同,但由于农民习惯施肥处理基肥类型是复合肥,而氨基酸水溶肥处理基肥采用尿素,导致稻田氨挥发通量发生改变,这主要与施用复合肥氨挥发损失占施氮量比值低于尿素有关。

3.6.2　稻田氨挥发损失量及损失率

分析控制灌溉稻田不同施肥处理氨挥发损失量及损失率(见表 3-3)可以发现,施用氨基酸水溶肥显著减少控制灌溉稻田氨挥发损失总量。3 个施氮量不同的氨基酸水溶肥处理 $CWSF_{244}$、$CWSF_{214}$ 和 $CWSF_{184}$ 稻田氨挥发损失量,较农民习惯施肥处理 CF 分别降低了 34.42%、46.96%和 55.36%。农民习惯施肥处理 CF 稻田氨挥发损失量占稻季施氮量比值为 13.58%,这一比值略低于 Yang 等控制灌溉稻田农民习惯施肥处理的研究结果,主要原因可能是施用返青肥后遇连续一周的强降雨以及较低的稻田施氮量,影响了稻田氨挥发损失。施氮量增加会导致稻田氨挥发增大。氨基酸水溶肥处理 $CWSF_{244}$ 稻田氨挥发损失为 24.84 kg/hm^2,分别较 $CWSF_{214}$ 和 $CWSF_{184}$ 稻田氨挥发损失增加了 23.64%和 46.90%,但对于 $CWSF_{214}$ 处理这一增加并不显著。氨基酸水溶肥处理 $CWSF_{244}$、$CWSF_{214}$ 和 $CWSF_{184}$ 稻季氨挥发损失量分别占稻季施氮量的 10.18%、9.39%和 9.19%,氨挥发损失比例随着施氮量的增加而升高,这一规律与 Wang 等研究一致。

表 3-3　控制灌溉稻田不同施肥处理氨挥发损失量及损失率

处理	CF	$CWSF_{244}$	$CWSF_{214}$	$CWSF_{184}$
总损失量/(kg/hm^2)	37.88±3.67a	24.84±2.45b	20.09±1.93bc	16.91±1.57c
占稻季施氮量比例/%	13.58	10.18	9.39	9.19
相对 CF 的降低百分率/%	—	34.42	46.96	55.36

注:同一行不同施肥处理氨挥发总损失量后的不同小写字母表示差异达 0.05 显著水平。

施肥后一周内是稻田氨挥发损失高峰期,分析图 3-16 可以发现,农民习惯施肥处理和氨基酸水溶肥处理施肥后一周内稻田氨挥发损失量占总损失量比值均超过了 85%,这与 Yang 等研究结论一致。氨基酸水溶肥处理 $CWSF_{244}$、$CWSF_{214}$ 和 $CWSF_{184}$ 施肥一周内稻田氨挥发损失量占总损失量比值分别为 98.76%、98.77%和 98.03%,分别较农民习惯施肥处理 CF 的 89.07%增加了 10.88%、10.89%和 10.06%。氨基酸水溶肥处理施肥一周内稻田氨挥发损失量占总损失量比值较高,这可能与氨基酸水溶肥的流动性有关。由于氨基酸水溶肥随灌溉冲施稻田,前一次与后一次间隔时间较短,这也会导致肥料更多地随灌溉水进入到深层土壤中,停留在表层土壤的氨基酸水溶肥较少。

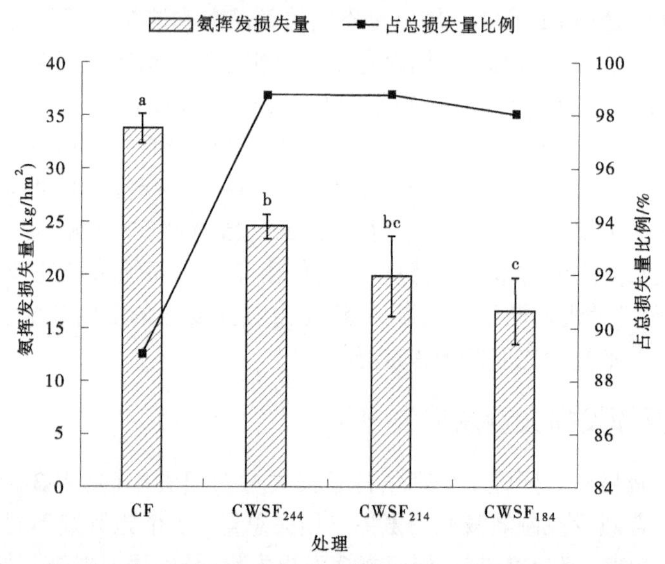

图 3-16　不同施肥处理施肥一周内稻田氨挥发损失量及其占总损失量比例

图 3-17 给出了不同施肥处理、不同施肥类别施肥一周内稻田氨挥发损失量及其占总损失量比例。分析图 3-17 可以发现,农民习惯施肥处理和氨基酸水溶肥处理施分蘖肥一周内稻田氨挥发损失较大,占氨挥发总损失量的40%以上,这一结果也与 Sun 等研究结果一致。农民习惯施肥处理除施基肥一周稻田氨挥发损失低于氨基酸水溶肥处理,其余追肥一周稻田氨挥发损失均高于 3 个氨基酸水溶肥处理。农民习惯施肥处理 CF 施基肥一周稻田氨挥发损失为 5. 24 kg/hm^2,较氨基酸水溶肥的 3 个处理 $CWSF_{244}$(7. 68 kg/hm^2)、$CWSF_{214}$(7. 02 kg/hm^2)和 $CWSF_{184}$(6. 57 kg/hm^2)分别降低了 31. 77%、25. 36% 和 20. 24%,这主要由基肥选用肥料类型不一致引起的氨挥发损失差异。3 个氨基酸水溶肥处理 $CWSF_{244}$、$CWSF_{214}$ 和 $CWSF_{184}$ 施返青肥一周稻田氨挥发损失量较农民习惯施肥处理 CF 的 10. 02 kg/(hm^2 · d)分别降低了 65. 00%、70. 46%和 77. 91%。氨基酸水溶肥处理施返青肥一周稻田氨挥发损失较农民习惯施肥大幅度降低可能是由于施用返青肥后遇连续强降雨,加速肥料向深层土壤移动,降低田面水的氨氮浓度,直接导致氨挥发损失减少。7 月中下旬太湖地区温度较 6 月末有一定的升高,降雨量有所减少,这也使得稻田施分蘖肥一周内氨挥发损失量所占比例较高。与农民习惯施肥处理 CF 施用分蘖肥一周内稻田氨挥发损失量相比,3 个氨基酸水溶肥处理 $CWSF_{244}$、$CWSF_{214}$ 和 $CWSF_{184}$ 分别降低了 11. 39%、34. 67%和 49. 07%。由于穗肥施氮量较小,农民习惯施肥处理和氨基酸水溶肥处理施用穗肥一周内稻田氨挥发损失量所占氨挥发损失总量比例最低。氨基酸水溶肥的 3 个处理 $CWSF_{244}$(1. 24 kg/hm^2)、$CWSF_{214}$(0. 99 kg/hm^2)、$CWSF_{184}$(0. 83 kg/hm^2)较农民习惯施肥处理 CF 的 4. 97 kg/hm^2 分别降低了 74. 97%、80. 17%和 83. 31%,氨基酸水溶肥处理施穗肥后稻田氨挥发大幅度降低,这主要是由于氨基酸水溶肥处理穗肥施氮量较农民习惯施肥处理降低幅度超过 60%所导致的。

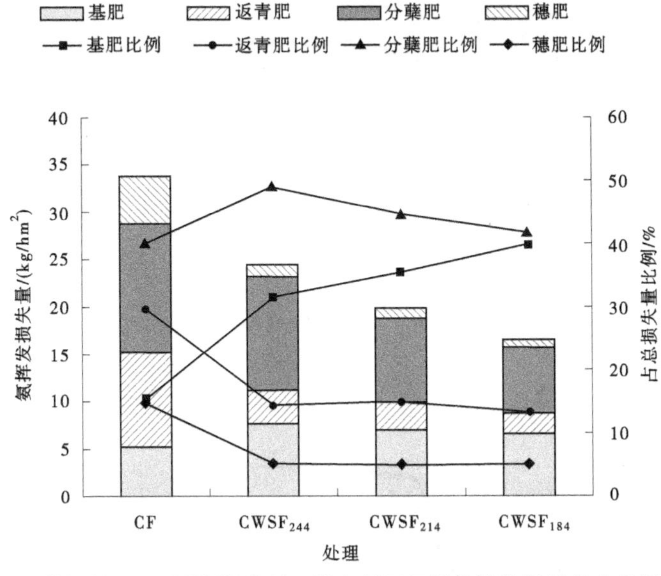

图 3-17　不同施肥处理、不同施肥类别一周内稻田氨挥发损失量及其占总损失量比例

3.6.3　稻田氨挥发累积量及变化特征

图 3-18 为不同施肥处理控制灌溉稻田氨挥发累积量变化。农民习惯施肥处理和氨基酸水溶肥处理氨挥发累积变化规律基本一致。农民习惯施肥处理 CF 稻田氨挥发累积量要大于高施氮量的氨基酸水溶肥处理 $CWSF_{244}$，而同一种肥料类型下，稻田氨挥发累积量大小规律呈现：$CWSF_{244} > CWSF_{214} > CWSF_{184}$。随着时间推移，稻田氨挥发累积量逐渐增加，农民习惯施肥处理和氨基酸水溶肥处理稻田移栽后 60 d 以内是稻田氨挥发累积量迅速增加时期，60 d 以后稻田氨挥发累积量增加缓慢，这主要是因为施肥集中于稻田移栽后 60 d 以内，且这段时间太湖地区气温较高。

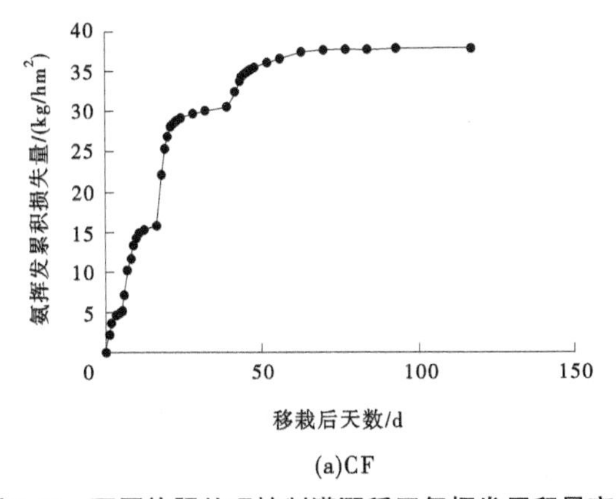

(a)CF

图 3-18　不同施肥处理控制灌溉稻田氨挥发累积量变化

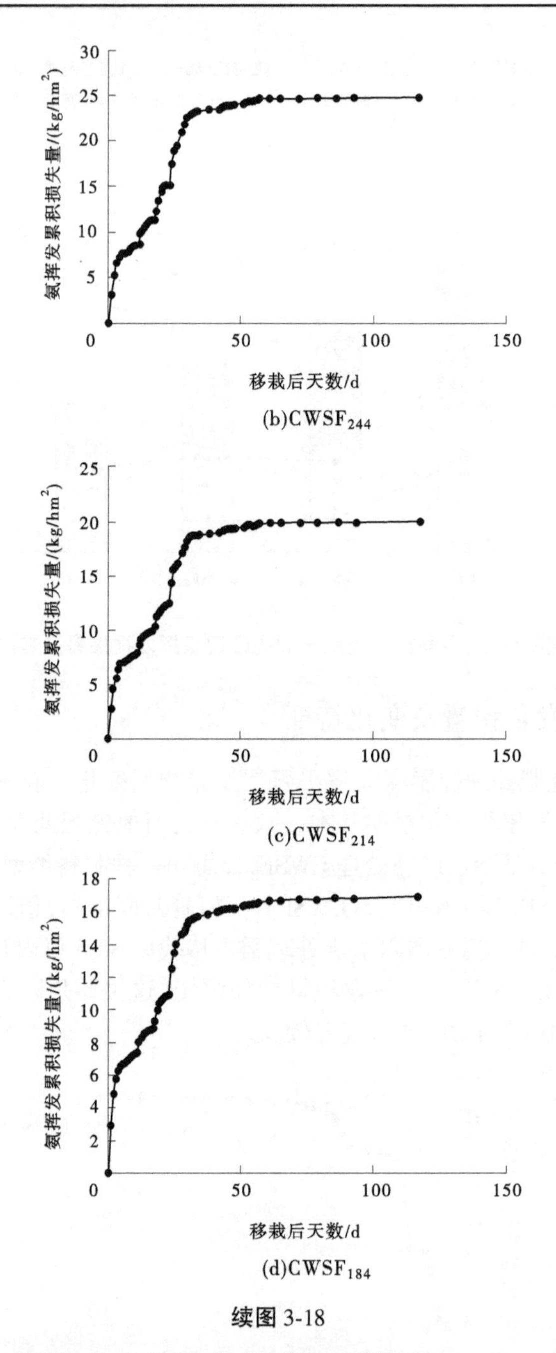

(b)$CWSF_{244}$

(c)$CWSF_{214}$

(d)$CWSF_{184}$

续图 3-18

对控制灌溉稻田稻季氨挥发累积量用一级动力学方程 $q_t = N_0(1-e^{-bt})$ 进行拟合，拟合结果如表 3-4 所示。各施肥处理稻田氨挥发累积量拟合程度良好，相关系数在 0. 967 1～0. 990 4，均达到了极显著水平。一级动力学方程中 N_0 和 b 分别表示稻田最大氨挥发累积量和氨挥发释放常数。从表 3-4 可以看出，拟合得到的不同处理稻田最大氨挥发累积量的大小顺序为：CF>$CWSF_{244}$> $CWSF_{214}$> $CWSF_{184}$，这与实际观测的结果较为一致。氨基酸水溶肥处理分多次施用，降低氨挥发通量峰值。拟合得到的不同施肥处理氨挥发释放常数的大小顺序为：CF>$CWSF_{244}$> $CWSF_{214}$> $CWSF_{184}$，这表明分多次施氨基酸水溶肥使施肥后氨挥发通量降低。

表 3-4　不同施肥处理稻田氨挥发累积曲线拟合参数

处理	CF	$CWSF_{244}$	$CWSF_{214}$	$CWSF_{184}$
N_0	38.91	26.63	21.15	17.30
b	0.048 5	0.045 9	0.041 3	0.038 7
R	0.990 4**	0.974 3**	0.974 2**	0.967 1**
RMSE	1.717	1.657	1.291	1.141

注：＊＊表示极显著相关(P<0.01)，RMSE 为均方根误差。

3.6.4　稻田氨挥发影响因素分析

稻田氨挥发除受施用肥料类型以及施氮量影响外，还受众多因素影响。其中包括表层土壤水氨氮浓度及 pH 和气象因素（温度、相对湿度、风速、光照）等。

3.6.4.1　表层土壤水中氨态氮浓度

分析不同施肥处理稻田施肥一周内表层土壤水氨氮浓度与氨挥发速率之间的关系（见图 3-19）可以发现，农民习惯施肥处理与氨基酸水溶肥处理稻田氨挥发速率随着表层土壤水氨氮浓度变化趋势基本一致，氨基酸水溶肥处理降低了表层土壤溶液氨氮浓度。回归分析表明不同施肥处理表层土壤水氨氮浓度与稻田氨挥发速率二者之间呈极显著相关(P<0.01)，这与 Xu 等研究结果并不一致。

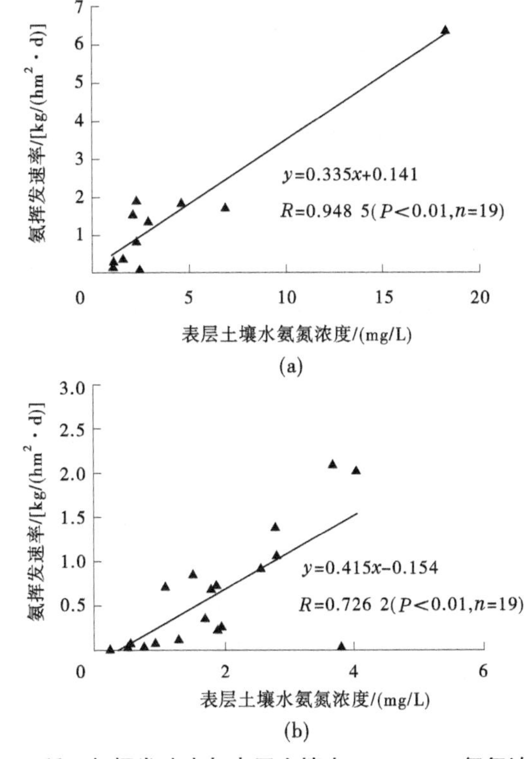

图 3-19　稻田氨挥发速率与表层土壤水(0~10 cm)氨氮浓度关系

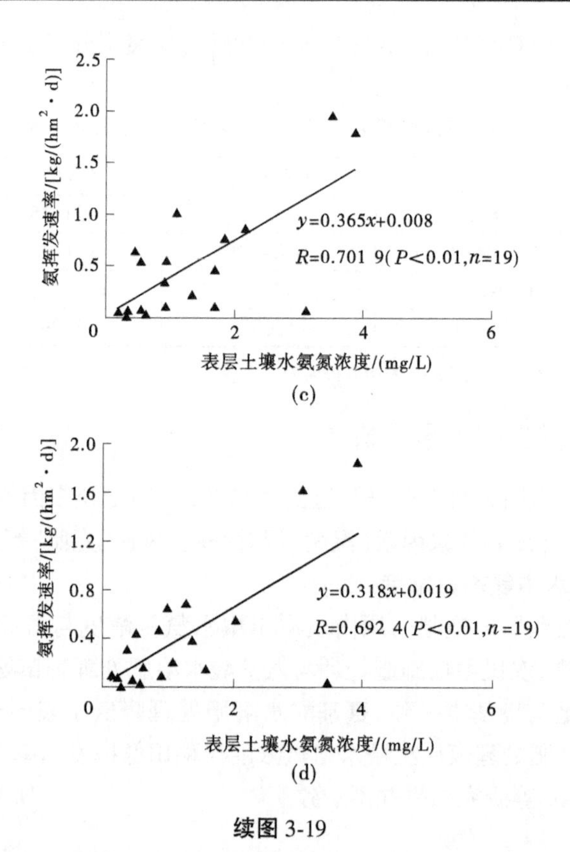

续图 3-19

出现不一致的原因可能是两项研究的氨挥发时期不同。氨挥发在不同阶段变化范围大,本节仅选取施肥后一周内稻田氨挥发高峰期分析氨挥发速率与表层土壤水氨氮浓度之间的相关关系,即只分析氨挥发速率较高的时期和同时期稻田表层土壤水中氨氮浓度之间的相关关系,避免因选取整个生育期氨挥发速率波动较大导致相关性分析受到其他因素干扰。稻田氨挥发速率与表层土壤水氨氮浓度呈正相关,分析图 3-19 可以发现,氨基酸水溶肥处理由于分多次施用肥料,表层土壤水氨氮浓度较为集中,且并不出现农民习惯施肥处理的氨氮浓度峰值,降低了氨挥发速率,有利于减少氨挥发损失。

3.6.4.2　表层土壤水 pH

分析不同施肥处理施肥一周内稻田氨挥发速率与表层土壤水 pH 的关系(见图 3-20)可以发现,农民习惯施肥处理和氨基酸水溶肥处理施肥一周内稻田氨挥发速率与表层土壤水 pH 之间呈显著性相关,其中氨基酸水溶肥处理达到了极显著水平($P<0.01$)。由于氨基酸水溶肥呈酸性,不同于尿素水解导致 pH 升高,施用氨基酸水溶肥后表层土壤溶液并未急剧升高,pH 的变化范围较小。以返青肥为例,氨基酸水溶肥处理 $CWSF_{244}$、$CWSF_{214}$ 和 $CWSF_{184}$ 施肥一周内 pH 平均值分别为 7.90、7.85 和 7.87,较农民习惯施肥处理 CF 的 8.00 分别降低了 0.10、0.15 和 0.13。表层土壤水 pH 与稻田氨挥发速率呈正相关,研究表明 pH 越大,稻田氨挥发速率越高,施用氨基酸水溶肥一周内稻田表层土壤水 pH 升高幅度小,有利于降低氨挥发速率,减少稻田氨挥发损失量。

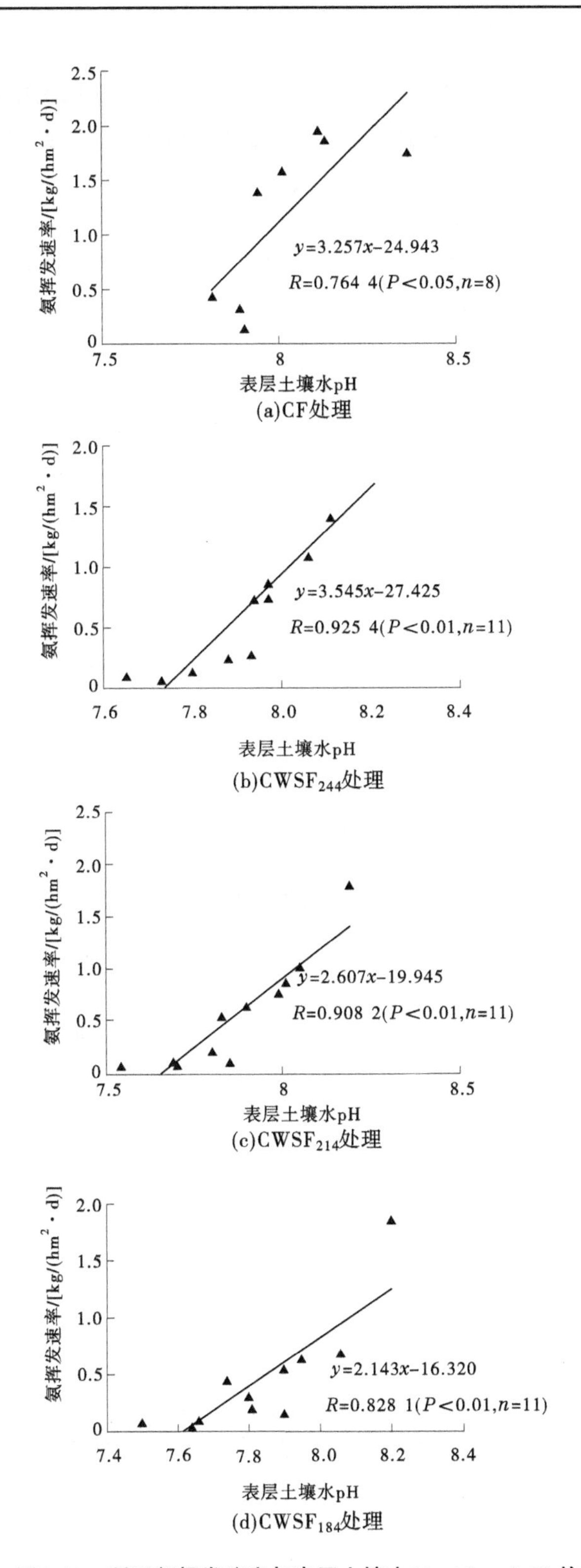

图3-20　稻田氨挥发速率与表层土壤水(0~10 cm)pH关系

3.6.4.3 气象因素

气象因素中的温度、风速、光照和空气相对湿度等是影响稻田氨挥发的重要因素。Fan 等的研究表明，温度升高将加剧稻田氨挥发排放。Chen 等认为降雨改变了田面水的 pH 和氨氮浓度来影响稻田氨挥发速率。Wang 等研究表明，风速与稻田氨挥发损失二者之间呈显著正相关。以农民习惯施肥处理为例，图 3-21 给出了农民习惯施肥处理施用返青肥和分蘖肥一周内气象因素变化。分析图 3-21 可以发现，分蘖肥施氮量与返青肥施氮量相同，但是分蘖肥施用一周内稻田氨挥发损失量为 13.50 kg/hm^2，较返青肥施用一周内稻田氨挥发损失量（10.13 kg/hm^2）增加了 33.27%。这与施用分蘖肥后一周内平均温度、平均风速分别比施用返青肥后一周内相应增加了 2.5 ℃和 0.97 m/s，以及相对湿度较施用返青肥降低了 15.9%有关。连续降雨也会导致稻田氨挥发损失降低，施用返青肥后稻田氨挥发速率平均为 1.43 $kg/(hm^2 \cdot d)$，较施用分蘖肥后的 1.93 $kg/(hm^2 \cdot d)$ 降低了 25.91%。

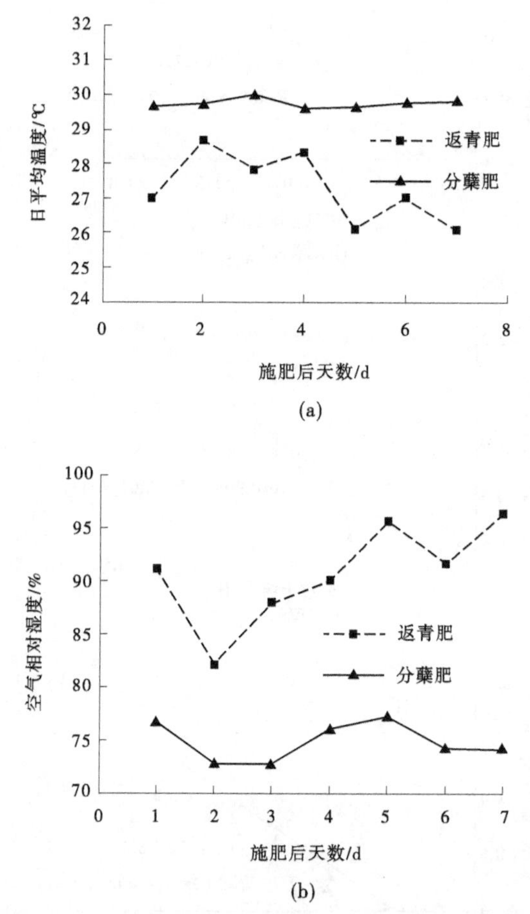

图 3-21 农民习惯施肥处理施肥一周内气象因素变化

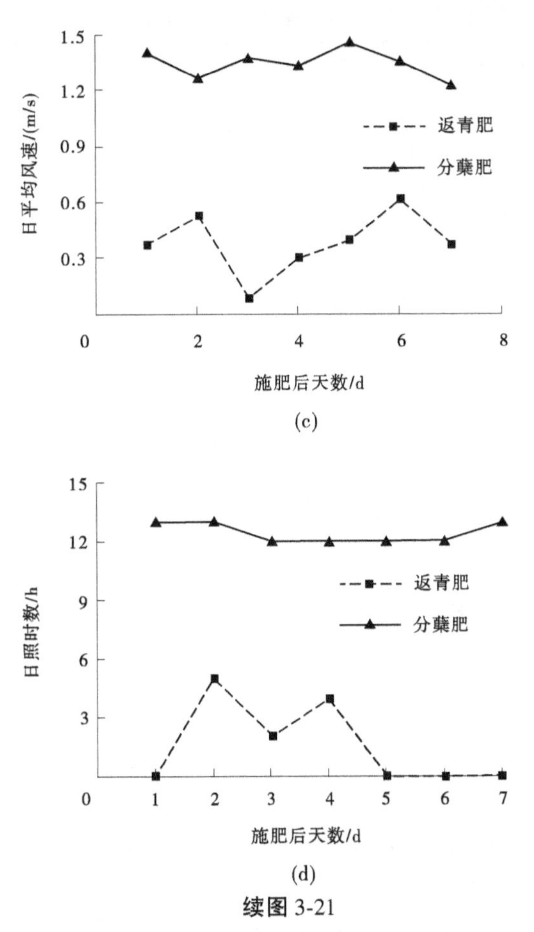

(c)

(d)

续图 3-21

表 3-5 给出了不同施肥处理稻田氨挥发速率与气象参数之间的相关系数。分析表 3-5 可以发现,各施肥处理稻田氨挥发速率与最高气温、最低气温以及风速无显著相关性,这与 Xu 等研究结论较为一致。控制灌溉稻田由于土壤干湿循环增多,可能导致稻田氨挥发速率对气象因素的变化不敏感,此外可能是由于稻田氨挥发速率在不同阶段波动剧烈,将全生育期内的气象因素与稻田氨挥发速率进行比较,导致二者之间相关性并不显著。较农民习惯施肥处理 CF,氨基酸水溶肥 3 个处理 $CWSF_{244}$、$CWSF_{214}$ 和 $CWSF_{184}$ 稻田氨挥发速率与较多的气象参数(如日照时数和相对湿度)之间相关性显著。日照时数是间接反映辐射的气象参数,日照时数越大,NH_3 和 NH_4^+的扩散速率越快,会导致氨挥发增加。较高的相对湿度可能导致土壤-空气界面的大气压差降低,直接导致氨挥发速率降低。Li 等研究表明,田面水温度变化与气温变化过程基本一致,气温变化直接影响田面表层水的温度变化,导致稻田氨挥发速率增大。氨基酸水溶肥处理由于采用不同的施肥类型以及随灌溉水冲施的施肥方式,不同于农民习惯施肥处理集中撒施尿素,改变了稻田氨挥发速率变化过程,可能是导致氨挥发速率对气象因素变化变得更为敏感的主要原因。

表 3-5　不同施肥处理稻田氨挥发速率与气象参数的相关系数

处理	最高气温 T_{max}/℃	最低气温 T_{min}/℃	平均气温 T_{mean}/℃	日平均风速 U_2/(m/s)	日照时数 n/h	空气相对湿度 RH/%
CF(n=38)	0. 181	0. 191	0. 257	0. 226	0. 302	−0. 202
$CWSF_{244}$(n=55)	0. 205	0. 210	0. 291*	0. 165	0. 396*	−0. 324*
$CWSF_{214}$(n=55)	0. 185	0. 193	0. 270*	0. 158	0. 374*	−0. 287*
$CWSF_{184}$(n=55)	0. 183	0. 177	0. 263	0. 150	0. 345*	−0. 299*

注：* 表示显著相关(P<0. 05)。

3. 7　不同施肥处理对稻田土壤氮素含量的影响

3. 7. 1　土壤全氮含量变化

图 3-22 为不同施肥处理控制灌溉稻田稻季前后土壤全氮含量的变化。从图 3-22 可以看出，与稻季前土壤全氮值相比，农民习惯施肥处理与氨基酸水溶肥处理稻田 0~20 cm 土层全氮含量出现下降，而 20~40 cm 和 40~60 cm 土层全氮含量出现升高。氨基酸水溶肥处理稻田稻季末土壤全氮含量随施氮量的减少而降低，农民习惯施肥处理稻季末稻田 0~20 cm 和 40~60 cm 土壤全氮含量高于氨基酸水溶肥处理。

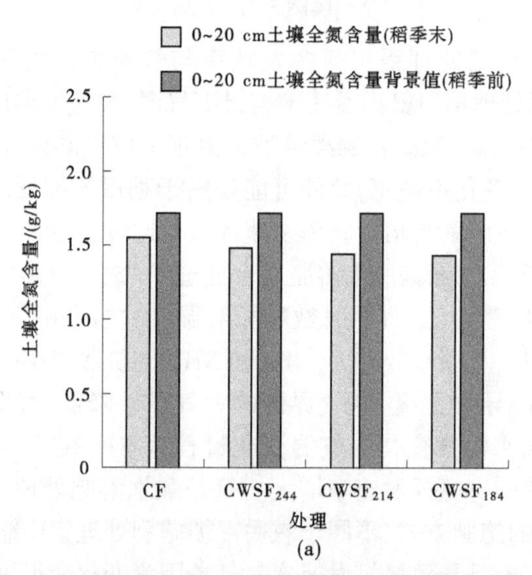

(a)

图 3-22　不同施肥处理控制灌溉稻田稻季前后土壤全氮含量的变化

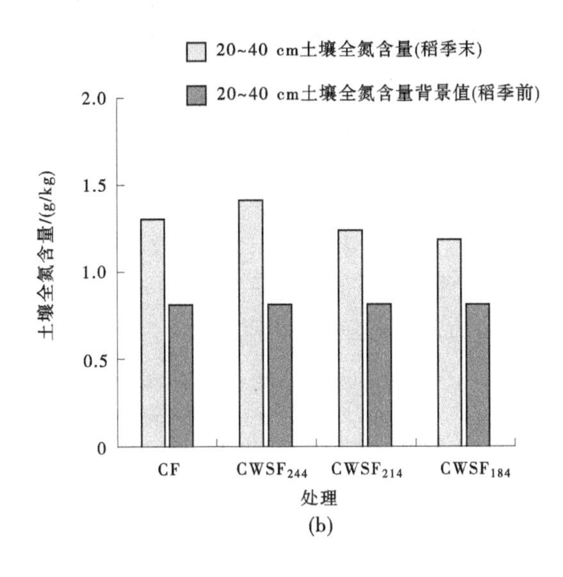

(b)

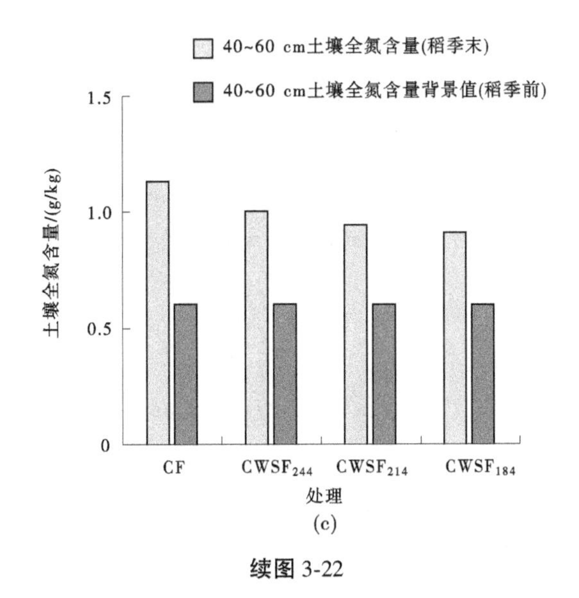

(c)

续图 3-22

农民习惯施肥处理 CF 与氨基酸水溶肥处理 $CWSF_{244}$、$CWSF_{214}$ 和 $CWSF_{184}$ 稻季末 0~20 cm 土壤全氮含量分别为 1.55 g/kg、1.48 g/kg、1.44 g/kg 和 1.43 g/kg，较稻季前下降幅度达 9.36%~16.37%。农民习惯施肥处理降低幅度最小，而氨基酸水溶肥处理 $CWSF_{184}$ 降低幅度最大，这可能与氨基酸水溶肥施氮量较小和向下层土壤移动有关。不同施肥处理稻季末 20~40 cm 土壤全氮含量较稻季前出现不同程度的升高，农民习惯施肥处理 CF 与氨基酸水溶肥处理 $CWSF_{244}$、$CWSF_{214}$ 和 $CWSF_{184}$ 稻季末 0~20 cm 土壤全氮含量较稻季前分别增加了 0.49 g/kg、0.60 g/kg、0.42 g/kg 和 0.37 g/kg。氨基酸水溶肥处理 $CWSF_{244}$ 稻季末稻田 20~40 cm 土壤全氮含量较高于农民习惯施肥处理，这说明氨基酸水溶肥处理更好地降低氮素向深层土壤淋失的风险。与稻季前不同施肥处理稻季末

40~60 cm 土壤全氮含量出现不同程度的升高，农民习惯施肥处理 CF 与氨基酸水溶肥处理 $CWSF_{244}$、$CWSF_{214}$ 和 $CWSF_{184}$ 稻季末 40~60 cm 土壤全氮含量分别增加了 0.53 g/kg、0.40 g/kg、0.34 g/kg 和 0.31 g/kg。与农民习惯施肥处理相比，氨基酸水溶肥处理稻田土壤全氮更多地集中于 20~40 cm 土层，有利于降低稻田氮素损失风险。

3.7.2　土壤速效氮含量变化

分析不同施肥处理稻田经过一个稻季后土壤速效氮含量的变化(见图 3-23)，从图 3-23 中可以看出，各施肥处理经过一个稻季后，0~20 cm 土壤速效氮出现一定程度的下降，而 20~40 cm 和 40~60 cm 土壤速效氮出现升高。

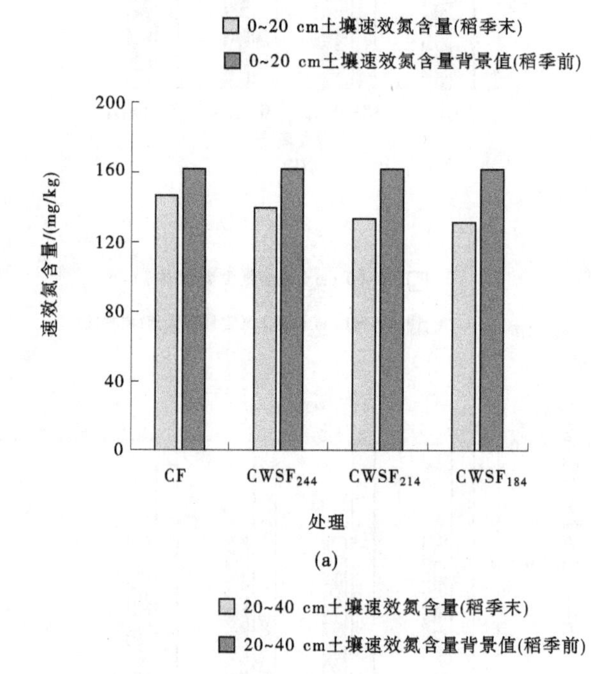

(a)

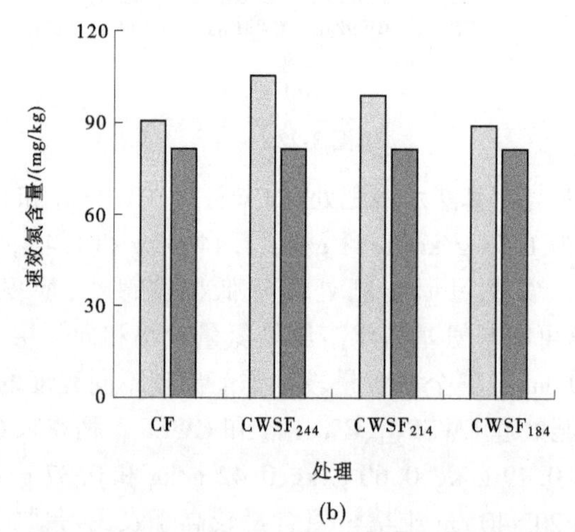

(b)

图 3-23　不同施肥处理稻田经过一个稻季后土壤速效氮含量的变化

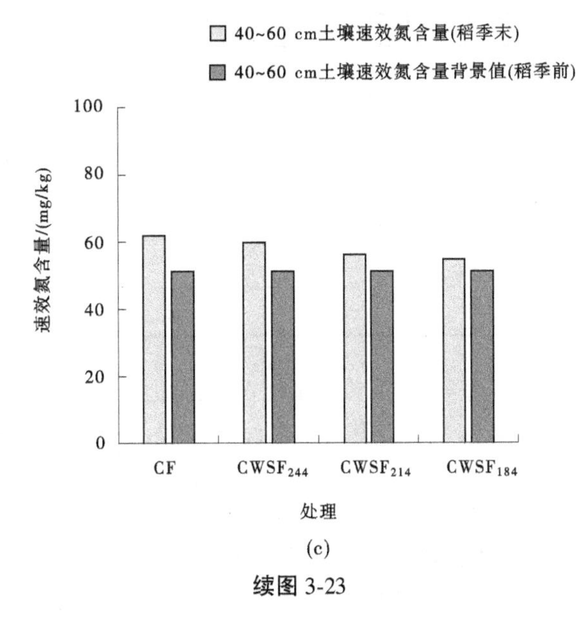

(c)

续图 3-23

农民习惯施肥处理 0~20 cm 土壤速效氮含量经过一个稻季后出现降低,较稻季前降低了 14.9 mg/kg,降低幅度为 9.22%,而氨基酸水溶肥处理 $CWSF_{244}$、$CWSF_{214}$ 和 $CWSF_{184}$ 0~20 cm 土壤速效氮含量较稻季前分别降低了 21.9 mg/kg、28.2 mg/kg 和 30.3 mg/kg,降低幅度分别为 13.56%、17.46%和 18.76%。农民习惯施肥处理稻田 0~20 cm 土壤速效氮含量下降幅度较小,这可能与施氮量较高有关。

稻田 20~40 cm 各施肥处理土层速效氮平均含量出现一定程度的升高,农民习惯施肥处理与氨基酸水溶肥处理 $CWSF_{244}$、$CWSF_{214}$ 和 $CWSF_{184}$ 稻季末土壤全氮含量较稻季前分别增加了 9.28 mg/kg、23.98 mg/kg、17.68 mg/kg 和 7.88 mg/kg,增加幅度分别为 11.40%、29.47%、21.73%和 9.68%。氨基酸水溶肥处理 $CWSF_{244}$ 和 $CWSF_{214}$ 增长幅度高于农民习惯施肥处理,这可能是由表层氨基酸水溶肥施入后随水分迁移导致的。氨基酸水溶肥 $CWSF_{184}$ 处理速效氮含量增长幅度略低于农民习惯施肥处理,但差异不大。

3.8 不同施肥处理产生的环境成本

众所周知,施肥对粮食增产做出了突出的贡献,但随着施肥对环境造成的污染研究逐渐深入,越来越多的人意识到肥料投入并不意味着越多越好,即肥料施用超过一定值时,施肥增加带来的粮食产量边际产出在逐渐递减。长期以来,评估施肥产生的效益较少考虑施肥产生的环境成本。目前,关于施肥产生的环境成本研究受到了广泛的关注,Xia 等将太湖流域稻田氮素各项损失产生的环境影响货币化,定量计算了氮素损失的环境成本。

本研究由于只关注了稻田氨挥发损失以及淋溶损失,因此仅计算由氨挥发和淋溶损失所造成的环境成本。参考 Xia 等氮素损失的环境成本计算公式,计算得到的农民习惯施肥处理和氨基酸水溶肥处理氮素损失的环境成本见表 3-6。

表 3-6　不同施肥处理氮素损失的环境成本

处理	环境成本/(元/hm^2)		
	氨挥发	淋溶损失	合计
CF	363.19	78.66	441.85
$CWSF_{244}$	238.17	52.95	291.12
$CWSF_{214}$	192.62	43.48	236.10
$CWSF_{184}$	162.13	36.62	198.75

分析表 3-6 可以看出,氨基酸水溶肥处理较农民习惯施肥处理环境成本有了明显的降低,氨基酸水溶肥 $CWSF_{244}$、$CWSF_{214}$ 和 $CWSF_{184}$ 较农民习惯施肥处理的环境成本分别降低了 34.11%、46.57%和 55.02%。结果表明,施用氨基酸水溶肥减少了稻田氮素损失的环境成本,有利于保护稻田周围的大气与河流环境。

综合考虑不同施肥处理控制灌溉稻田的产量和施肥产生的环境成本,建议在研究地区控制灌溉稻田施肥采用 $CWSF_{214}$ 施肥模式,即追肥采用氨基酸水溶肥,分七次随灌溉施入稻田,稻季施氮量为 214 kg/hm^2。

3.9　小　结

本章在分析了不同施肥处理控制灌溉稻田不同深度土壤溶液中氮素浓度动态变化的基础上,研究了施肥后稻田不同深度土壤溶液中氮素的迁移变化特征,探究了不同施肥处理稻田渗漏水中氮素形态以及氮素淋溶损失量,主要结论如下:

(1)氨基酸水溶肥多次少量施入稻田,施肥后稻田不同深度土壤溶液氮素浓度峰值较农民习惯施肥显著降低。稻田不同深度土壤溶液氮素以 NH_4^+-N 和 TN 为主,不同施肥处理稻田不同深度土壤溶液中 NO_3^--N 变化并不明显。

(2)不同施肥处理控制灌溉稻田不同深度土壤溶液氮素迁移变化特征基本一致。农民习惯施肥处理和氨基酸水溶肥处理施肥后稻田 0~10 cm 土壤溶液 NH_4^+-N 和 TN 随施肥后时间推移降低幅度较大,不同施肥处理施肥后第 7 天稻田 0~10 cm 土壤溶液 NH_4^+-N 和 TN 浓度较施肥后第 1 天降低幅度均超过 60%。施用氨基酸水溶肥后稻田 40~60 cm 土壤溶液中 NH_4^+-N 和 TN 浓度随施肥后时间推移变化不大。

(3)氨基酸水溶肥处理较农民习惯施肥处理稻田渗漏水中 NH_4^+-N、NO_3^--N 和 TN 浓度均值降低幅度分别为 22.22%~40.74%、8.33%~25.00%和 16.67%~37.50%。施用氨基酸水溶肥较农民习惯施肥降低了稻田氮素淋溶损失总量,降低幅度达 14.33%~38.71%。农民习惯施肥控制灌溉稻田 NH_4^+-N 占总氮比例为 43.45%,高于施用氨基酸水溶肥的控制灌溉稻田,这与氨基酸水溶肥在深层土壤中肥料自身矿化过程缓慢有关。

(4)氨基酸水溶肥处理与农民习惯施肥处理氨挥发通量变化趋势基本一致,施肥后一周是控制灌溉稻田氨挥发损失高峰期,农民习惯施肥处理与氨基酸水溶肥处理施肥后一周内稻田氨挥发损失量占稻季氨挥发损失总量的 89.07%~98.77%。由于氨基酸水溶肥处理采用分多次施肥以及灌溉施肥同步,降低了施肥引起的稻田氨挥发峰值,氨挥发损失量降幅达 34.42%~55.5%。

(5)控制灌溉稻田施肥后一周内氨挥发速率随表层土壤水中氨氮浓度和 pH 呈显著相关或者极显著相关,氨基酸水溶肥减缓了表层土壤水 pH 的急剧升高。同时,控制灌溉稻田氨挥发速率也受气象因素的影响,高温、少雨以及强日照会导致氨挥发速率增强。

(6)施用氨基酸水溶肥稻田稻季末 40~60 cm 土壤全氮含量和土壤速效氮含量低于农民习惯施肥,而氨基酸水溶肥处理 $CWSF_{244}$ 稻季末 20~40 cm 土壤全氮含量和速效氮含量较农民习惯施肥增加,而氨基酸水溶肥处理 $CWSF_{214}$ 和 $CWSF_{184}$ 由于施氮量减少,稻田 0~20 cm、20~40 cm 和 40~60 cm 土壤氮素均低于农民习惯施肥处理,施用氨基酸水溶肥有效降低了氮素淋溶损失风险。

(7)考虑氮素环境排放的治理成本,施用氨基酸水溶肥较农民习惯施肥处理减少了环境成本 34.11%~55.02%,施入中施氮量的氨基酸水溶肥可作为研究地区控制灌溉稻田建议的施肥方式。

目前针对节水灌溉稻田氮素淋溶损失的研究不多,此外,在仅有的节水灌溉稻田氮素淋溶损失的研究结果中,氮素淋溶损失总量和氮素迁移规律的研究结论也存在差异。综合作物生长产量与稻田氮素淋溶、迁移变化规律的研究可以发现,引入氨基酸水溶肥,采用少量多次的追肥模式,可以在降低氮肥追肥量实现水稻高产甚至增产的前提下,降低氮素淋溶损失与氨挥发损失,是控制灌溉稻田可以优先采用的追肥模式。

第 4 章　基于 ORYZA v3 的稻田水肥利用模拟与水肥模式优化

通过在节水灌溉稻田开展少量处理的田间试验,证明了合理施用氨基酸水溶肥可以在减少一定量氮素投入情况下实现水肥高效利用,且有助于减少氨挥发、氮素淋溶等负面环境影响。但在更多不同的水文年型下是否都能实现上述作用,能否进一步优化施肥模式还需要进一步研究。试验研究具有耗时、处理多等困难,因此本章研究采用 ORYZA v3 作物模型,基于试验研究结果率定模型参数,作物模型有助于找出分析作物生长、产量和氮素损失量对灌溉施肥模式变化的响应规律,具有节约时间和人力的优势,因此有必要基于试验研究结果率定作物模型,并借助情景模拟分析优选合适的灌溉施肥策略,以期获得不同水文年液态有机肥施用下高产、节水、省肥的水氮调控方案,以便在今后研究中开展验证。

4.1　ORYZA v3 模型简介

ORYZA v3 是 2013 年发布的 ORYZA2000 模型最新版本。ORYZA v3 模型输入参数包括水稻品种参数、田间管理耕作参数、土壤性质参数和逐日气象数据。输出结果包括水稻各器官的生物量、叶面积指数、产量、各器官含氮量等数据。在 ORYZA v3 模型中,用 DVS 描述水稻作物发育进程,营养生长期、光敏感期、幼穗分化期、开花期和成熟期每个时间段开始对应的 DVS 值分别为 0、0.4、0.65、1.0 和 2.0。在应用模型前,最重要的是要对模型进行校正。ORYZA v3 模型中有许多参数用于水稻生长模拟,这些参数与基因类型、气象数据和土壤性质以及栽培管理方式相关。其中一些作物参数是通用的,可用于所有品种。而其他一些参数应根据具体的品种和环境条件,如发育速率参数、干物质分配系数、叶片最大含氮量、每日最大吸氮量、比叶面积、叶片死亡率等进行具体校正。

在近十年的研究中,罗玉峰等基于 IRRI 官网公布的开封地区两年常规灌溉水稻校正参数,对不同水文年份的水稻生产情况进行了模拟,以解释气候变化对产量、灌溉制度以及水分生产率的影响。Artacho 等利用 2006—2007 年 5 组不同施氮水平下的数据对 ORYZA2000 模型进行校正,并基于 2005—2006 年的数据对模型进行了验证。然而,ORYZA2000 模型参数在不同的水稻基因型和品种、不同栽培条件与气象条件下所校正的参数是有差别的。浩宇等对安徽和华东地区三个不同播种日的两个水稻品种,共 6 组水稻试验数据进行了校正。韩湘云等用南京、宣城两地的试验数据对各个区域特定的 ORYZA2000 参数进行了校正,并对两地参数的差异进行了分析。多方面的研究使得 ORYZA 系列模型得到了充分发展。

4.2　模型校验及评价指标

将 2018 年 CF、$CWSF_{244}$、$CWSF_{214}$ 和 $CWSF_{184}$ 处理的试验数据输入 ORYZA v3 模型，由子程序 Drate 和 Param 配合进行校正相关参数，再输入 2019 年同类别处理的试验数据进行模拟，并与实测数据进行验证。ORYZA v3 模型用 DVS 值表示水稻不同生育期，DVS 值分别为 0、0.4、0.65、1.0 和 2.0 时，对应水稻的营养生长期、光敏感期、幼穗分化期、开花期和成熟期的开始，当 DVS = 2.5 时，结束生育期。本章主要根据地上部总干物质、各器官干物质、植株地上部总含氮量、各器官含氮量和叶面积指数等变量模型模拟值和试验实测值进行比较。表 4-1 归纳了各个指标的缩写与含义，方便下文分析。

表 4-1　ORYZA v3 主要指标含义及缩写

指标	缩写	含义
干物质	WAGT	地上部总干物质
	WLVG	绿叶部干物质
	WST	茎鞘部干物质
	WSO	穗部干物质
氮素	ANCR	植株地上部总含氮量
	ANLV	绿叶部含氮量
	ANST	茎鞘部含氮量
	ANSO	穗部含氮量
叶面积	LAI	叶面积指数

使用图形拟合和相关统计指标对 ORYZA v3 模型的主要指标进行检验和评价，对模型模拟值和试验实测值之间使用决定系数（R^2）和归一化均方根误差（RMSEn）进行分类评价。若 R^2 值越接近于 0，说明模型模拟效果越差；越接近于 1，说明模拟效果越好。RMSEn 设置四个区间：0 ~ 10%、10% ~ 20%、20% ~ 30% 和大于 30%，分别代表模型模拟效果为：非常好、良好、可以接受和较差。

根据 2018 年数据输入模型校正的参数，用变异系数（CV）评估不同 CI 处理校正参数之间的变异性。再用 2018 年 4 组校正后参数，输入 2019 年同类别处理管理数据，对水稻各指标进行模拟验证。应用决定系数（R^2）和归一化均方根误差（RMSEn）来评估 ORYZA v3 模型中使用 4 种不同处理校正参数模拟水稻生物量的精度。

$$R^2 = \frac{\left[\sum_{i=1}^{N}\left(X_i - \frac{1}{N}\sum_{i=1}^{N}X_i\right)\left(Y_i - \frac{1}{N}\sum_{i=1}^{N}Y_i\right)\right]^2}{\sum_{i=1}^{N}\left(X_i - \frac{1}{N}\sum_{i=1}^{N}X_i\right)^2 - \sum_{i=1}^{N}\left(Y_i - \frac{1}{N}\sum_{i=1}^{N}Y_i\right)^2} \tag{4-1}$$

$$\text{RMSEn} = 100\% \times \frac{\sqrt{\frac{1}{N}\sum_{i=1}^{N}(Y_i - X_i)^2}}{\frac{1}{N}\sum_{i=1}^{N}X_i} \tag{4-2}$$

$$\text{CV} = 100\% \times \frac{\sqrt{\frac{1}{n}\sum_{j=1}^{n}\left(x_j - \frac{1}{n}\sum_{j=1}^{n}x_j\right)^2}}{\frac{1}{n}\sum_{i=1}^{n}x_j} \tag{4-3}$$

式中 X_i 和 Y_i——田间实测值与对应的 ORYZA v3 模型模拟值；

N——试验处理中某指标采样数量；

x_j——ORYZA v3 模型校正后参数；

n——CI 不同处理校正的参数个数，$n=3$。

4.3 ORYZA v3 作物模型参数校正结果及生长模拟

4.3.1 主要校正参数值及 CI 处理变异系数

根据 2018 年的试验数据对 ORYZA v3 模型进行校正。由于模型参数较多，本节针对水稻生长时期主要生长参数及氮素积累的参数进行优化和校正。表 4-2 列出了水稻 4 种处理不同 DVS 值期间的主要参数以及 $CWSF_{244}$、$CWSF_{214}$ 和 $CWSF_{184}$ 3 组参数间的变异系数，其中包括各不同 DVS 值时生长发育速率、干物质分配系数、每日最大吸氮量、穗部最大持氮量与叶片最大氮分数。

表 4-2 基于 4 组处理的 ORYZA v3 模型主要校正参数值及 CI 变异系数(CV)

	DVS	CF	$CWSF_{244}$	$CWSF_{214}$	$CWSF_{184}$	CV/%
生长速率 DVR	0~0.4	0.000 539	0.000 581	0.000 583	0.000 583	0.16
	0.4~0.65	0.000 761	0.000 76	0.000 76	0.000 76	0
	0.65~1.0	0.000 728	0.000 772	0.000 768	0.000 767	0.28
	1.0~2.0	0.001 603	0.001 343	0.001 341	0.001 34	0.1

续表 4-2

	DVS	CF	$CWSF_{244}$	$CWSF_{214}$	$CWSF_{184}$	CV/%
干物质分配系数（叶/茎鞘/穗）FLVTB/FSTTB/FSOTB	0	0.40/0.60/0	0.68/0.32/0	0.68/0.32/0	0.68/0.32/0	0/0/—
	0.5	0.43/0.57/0	0.64/0.36/0	0.65/0.35/0	0.65/0.35/0	0.73/1.32/—
	0.75	0.44/0.56/0	0.28/0.72/0	0.30/0.70/0	0.31/0.69/0	4.20/1.77/—
	1	0.00/0.47/0.53	0.15/0.37/0.48	0.15/0.35/0.50	0.15/0.37/0.48	—/2.60/1.93
	1.2	0.01/0.01/0.98	0.01/0.01/0.98	0.01/0.01/0.98	0.01/0.01/0.98	—/—/—
	2.5	0.01/0.01/0.98	0.01/0.01/0.98	0.01/0.01/0.98	0.01/0.01/0.98	—/—/—
每日最大吸氮量 NMAXUP		7	8.03	7.98	7.87	0.84
穗部最大氮量 NMAXSO		0.015	0.016 5	0.016 4	0.016 2	0.02
叶片最大氮分数 NMAXLT	0	0.039	0.041	0.042	0.041	3.87
	0.4	0.045	0.045	0.042	0.043	4.13
	0.75	0.039	0.036	0.037	0.035	11.36
	1	0.03	0.029	0.027	0.026	6.43
	2	0.023	0.02	0.019	0.021	9.21
	2.5	0.011	0.012	0.01	0.011	8.53

由表 4-2 可知，在生长速率方面，控制灌溉+CF 在生育期内生长速率逐渐提高，其中成熟期生长速率显著增加，超过其他时期 1 倍。控制灌溉+施用氨基酸水溶肥（$CWSF_{244}$、$CWSF_{214}$ 和 $CWSF_{184}$），相较 CF 处理，当 DVS＝0.4～0.6 时，生长速率接近；当 DVS＝0～0.4 和 0.65～1.0 时，生长速率均有提高；当 DVS＝1.0～2.0 时，却有所下降，这说明施用液态有机肥会促进水稻的前期生长，而在后期会抑制水稻的生长速率。

在干物质分配系数方面，当 DVS<0.75 时，CF 处理叶与茎鞘分配系数比接近 2∶3；当 0.75<DVS<1 时，CF 处理叶与茎鞘分配系数比接近 3∶7，这说明施用氨基酸水溶肥会在水稻前期极大地增加叶的干物质分配量，相对抑制茎鞘的生长。

在氮素方面，CF 处理每日最大吸氮量与穗部最大持氮量明显小于 $CWSF_{244}$、$CWSF_{214}$ 以及 $CWSF_{184}$，这是由于氨基酸水溶肥在田间分配均匀，更容易被水稻吸收。叶片最大氮素分数方面，CF 处理与 $CWSF_{244}$、$CWSF_{214}$ 和 $CWSF_{184}$ 在不同生长阶段相似，没有显著差距，这说明无论是农民习惯施肥处理还是施用氨基酸水溶肥处理，均不影响水稻叶片中氮素的分配。

从整体上看，$CWSF_{244}$、$CWSF_{214}$ 和 $CWSF_{184}$ 处理间发育速率参数的变异性低于干物质分配系数。当 DVS＝0.5 时，茎鞘部和绿叶干物质分配系数的变异系数 CV 值分别为 1.32%和 0.73%。当 DVS＝0.75 时，两者 CV 值分别提高到 1.77%和 4.20%。当 DVS＝

1.0 时,水稻干物质分配给绿叶、茎鞘和穗部,此时 CV 值分别达到 0、6.32%和 5.23%。

在生长速率方面,$CWSF_{244}$、$CWSF_{214}$ 和 $CWSF_{184}$ 处理间变异系数普遍较小,CV 值均小于 0.28,而 $CWSF_{244}$、$CWSF_{214}$ 和 $CWSF_{184}$ 不仅在施氮量上有显著梯度,且在返青肥、分蘖肥和穗肥施肥比例上也有显著不同,这说明 ORYZA v3 模型在控制灌溉+氨基酸水溶肥水稻生长模拟及氮素模拟中参数有良好的一致性,具有进一步分析的基础。

4.3.2　模型率定效果评价

4.3.2.1　植株生长模拟角度

图 4-1 为 ORYZA v3 模型参数校正后 WAGT、WLVG、WST 和 WSO 模型模拟曲线和实测值拟合。图中的散点值(-OBS)为试验实测值,曲线(-SIM)为模型模拟曲线。从 4 个图形总体上看,校正后的 ORYZA v3 模型 WAGT、WLVG、WST 和 WSO 模拟值变化趋势与实际值变化相一致。在生育前期(天数<240 d),可以看到 WAGT 实测值略低于模拟值,而在生育后期(天数>240 d)出现了实测值高于模拟值的情况,但两者相差值始终不大。在 WLVG 模拟过程中,在绿叶生长阶段模型模拟效果较好,趋势较为一致,当 240 d<天数<260 d 时,WLVG-OBS 要略高于 WLVG-SIM,这可能因为水稻叶片逐渐老化,采样时难以区分枯叶与正常叶,将部分枯叶统计在内,导致试验实测值要略高于模拟值。在 WST 的模拟过程中,后期 WST-OBS 高于 WST-SIM,这是由于后期试验处理过程中切断的水稻根部残留处也计算在内。穗部干物质量模拟值与实测值吻合度较好,其中 $CWSF_{244}$、$CWSF_{214}$ 和 $CWSF_{184}$ 3 组实测值与模型模拟曲线拟合较好,可以用于模型作物模拟及预测产量分析。

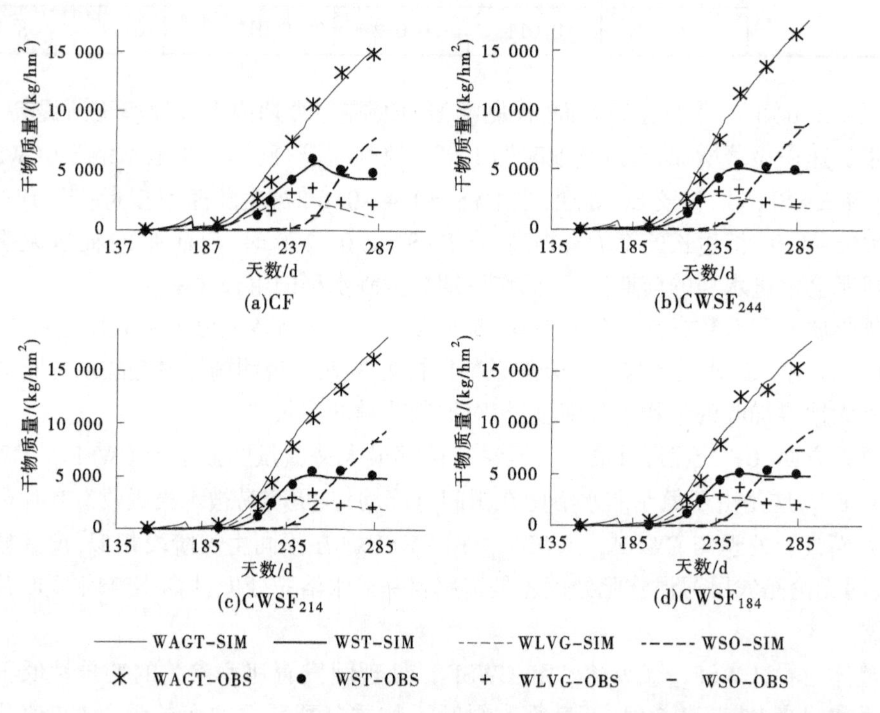

图 4-1　4 种处理下 2018 年水稻地上部分干物质和各器官干物质动态模拟(校正后)

图 4-2 是水稻叶面积指数的模拟效果，从总体上看，模拟曲线与实测值变化趋势较为一致，尤其是在返青期、分蘖期和拔节孕穗期，实测值几乎落在模拟曲线上，随着生育期的推进，到抽穗开花期，模拟值与实测值差距变大，但仍在可接受范围内，在整个生育期内有着较好的模拟效果。$CWSF_{244}$、$CWSF_{214}$ 和 $CWSF_{184}$ 处理后期叶面积指数（LAI）模拟值大多高于实测值，这是因为在施用液态有机肥下，营养物质充足，叶片在水稻生育后期仍然保持生理特性，而没有像正常施肥后到生育后期叶片逐渐衰老退化，这说明施用液态有机肥可以延长水稻叶片生理活性时间。

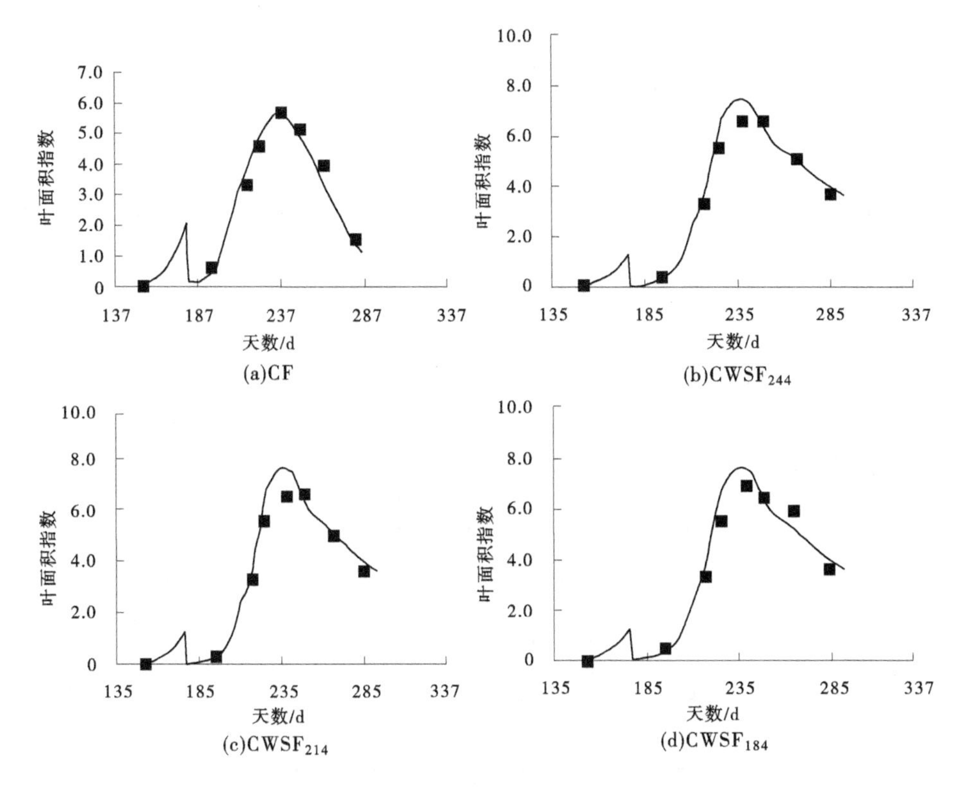

图 4-2　4 种处理下 2018 年水稻叶面积指数动态模拟（校正后）

表 4-3 为 ORYZA v3 模型对水稻地上干物质量和叶面积指数的模拟效果评价。从整体上看，作物指标模拟值平均值与实测值平均值比较接近，WAGT、WLVG、WST、WSO 和 LAI 模拟值与实测值 t 检验水平 P_t 值在 0.08～0.80，这说明模拟值与实测值之间没有显著差异，线性拟合后斜率 α 在 0.78～1.14，除 CF 处理中的 WLVG 外，决定系数 R^2 在 0.84～1.00；且两者的归一化均方根误差 RMSEn 值都在 4.91～29.05，最大值为 CF 处理的绿叶部干物质 WLVG，最小值为 $CWSF_{214}$ 处理的穗部干物质 WSO，其余变量的 RMSEn 值都在 5～20，均反映了较好的模拟效果，说明模拟结果可信。

表 4-3 ORYZA v3 模型对水稻地上干物质量和叶面积指数的模拟效果评价(校正后)

处理	变量	N	X_{av}	Y_{av}	β	α	R^2	P_t	RMSE	RMSEn
CF	WAGT	7	7 558	7 753	738	0.93	0.98	0.52	736.20	9.74
	WSO	4	3 062	3 299	−193	1.14	0.99	0.48	564.46	18.43
	WST	7	3 468	3 427	604	0.81	0.95	0.80	524.96	15.14
	WLVG	7	1 779	1 626	208	0.80	0.59	0.48	516.82	29.05
	LAI	7	3.54	3.45	−0.17	1.02	0.91	0.69	0.56	15.85
$CWSF_{244}$	WAGT	7	8 143	8 479	606	0.97	0.99	0.16	609.16	7.48
	WSO	4	4 292	3 927	−30	0.92	1.00	0.08	440.48	10.26
	WST	7	3 513	3 416	100	0.94	0.99	0.37	263.74	7.51
	WLVG	7	2 232	2 102	276	0.82	0.90	0.35	338.68	15.18
	LAI	7	4.42	4.84	0.14	1.06	0.95	0.10	0.67	15.27
$CWSF_{214}$	WAGT	7	7 843	8 550	447	1.03	1.00	0.65	781.91	9.97
	WSO	4	3 942	4 025	180	0.98	1.00	0.47	193.66	4.91
	WST	7	3 526	3 340	150	0.90	0.99	0.15	335.79	9.52
	WLVG	7	2 203	2 132	254	0.85	0.89	0.59	315.67	14.33
	LAI	7	4.42	4.91	0.15	1.08	0.94	0.08	0.76	17.15
$CWSF_{184}$	WAGT	7	8 066	8 557	405	1.01	0.97	0.22	1 005.82	12.47
	WSO	4	3 597	3 975	−98	1.13	1.00	0.17	523.23	14.54
	WST	7	3 496	3 347	118	0.92	0.99	0.19	290.62	8.31
	WLVG	7	2 246	2 141	382	0.78	0.84	0.55	413.22	18.40
	LAI	7	4.63	4.93	0.25	1.01	0.90	0.34	0.76	16.49

注:N=采样数;X_{av}=实测值平均值;Y_{av}=模拟值平均值;α=实测值与模拟值线性拟合的斜率;β=实测值与模拟值线性拟合的截距;R^2=实测值与模拟值线性拟合的决定系数;P_t=t 检验显著性;P_t>0.05 表示模拟值和实测值无显著性差异。

4.3.2.2 水稻氮素动态模拟效果评价

图 4-3 为 ORYZA v3 模型参数校正后 ANCR、ANLV、ANST 和 ANSO 模型模拟曲线和实测值拟合。图中的散点值(-OBS)为试验实测值,曲线(-SIM)代表模型模拟曲线。从总体上看,校正后的 ORYZA v3 模型 ANCR、ANLV、ANST 和 ANSO 模拟值变化趋势与实际值变化一致。在 ANCR 模拟过程中,在生育前期(天数<190 d),实测值近似等于模拟值;生育后期(天数>190 d),前半段模拟值较大,后半段实测值较大,这种现象在 $CWSF_{244}$、$CWSF_{214}$ 和 $CWSF_{184}$ 处理间表现得较为一致。在 ANLV 模拟过程中,整个生育期的实测值和模拟值较为一致,当 220 d<天数<260 d 时,$CWSF_{244}$、$CWSF_{214}$ 和 $CWSF_{184}$ 处理的实测值要略高于实测值,这可能由于施用液态有机肥在气温逐渐升高时,部分氮素在

田间有水层的情况下直接由叶片吸收,导致实测值略高。在 ANST 的模拟过程中,也出现类似的情况,导致后期实测值高于模型模拟值。在 ANSO 模拟的过程中,实测数据与模拟值始终吻合较好,其中 $CWSF_{244}$、$CWSF_{214}$ 和 $CWSF_{184}$ 3 组实测值与模型模拟曲线拟合较好,可以用于液态有机肥施用水稻氮素模拟及预测分析。

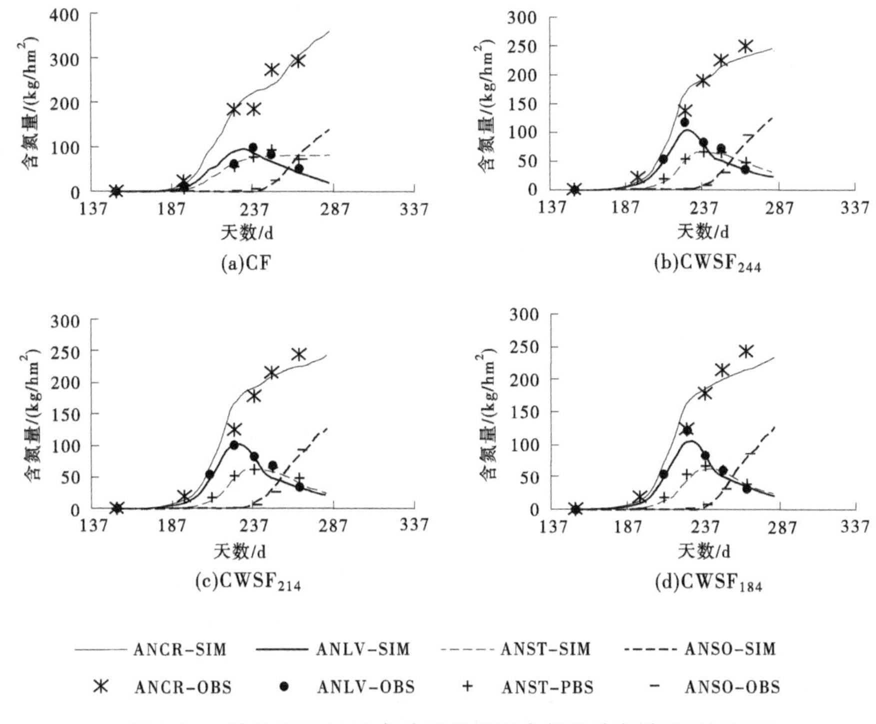

图 4-3　4 种处理下 2018 年水稻各器官含氮量动态模拟(校正后)

表 4-4 为 ORYZA v3 模型对水稻移栽后整个生育期植株 ANCR、ANLV、ANST 和 ANSO 指标模拟效果评价。可以看出,作物变量模拟值平均值与实测值平均值比较接近,ORYZA v3 模型在模拟植株 ANCR、ANLV、ANST 和 ANSO 时,决定系数 R^2 为 0.76~0.99。R^2 最低值是在模拟 CF 处理时的 ANLV,最大值为模拟 $CWSF_{244}$、$CWSF_{214}$ 和 $CWSF_{184}$ 处理的 ANSO,以及模拟 $CWSF_{224}$、$CWSF_{184}$ 的 ANST。除 ANLV 外,其他 3 个变量的 R^2 结果均超过 0.9。同时各变量指标 OBS 值与 SIM 值的归一化均方根误差 RMSEn 值都在 3.98~24.79,最大值为 CF 处理的绿叶部含氮量 ANLV,最低值为 $CWSF_{244}$ 处理的地上部茎鞘部含氮量 ANST,各个处理其他变量的 RMSEn 值都在 5~20。此外,ORYZA v3 模型统计评价指标数据结果显示,CWSF 处理决定参数要优于 CF 处理,且 $CWSF_{214}$ 处理的校正后参数模拟效果最好,模拟值与实测值之间具有十分良好的相关性,可以用来进行施用液态有机肥植株氮素模拟。

表 4-4 ORYZA v3 模型对水稻含氮量的模拟效果评价(校正后)

处理	变量	N	X_{av}	X_{sd}	Y_{av}	Y_{sd}	β	α	R^2	P_t	RMSE	RMSEn
CF	ANCR	5	191	108	193	108	9	0.96	0.94	0.88	23.74	12.43
	ANSO	4	32	35	33	41	−5	1.18	0.99	0.87	6.30	19.76
	ANST	5	60	32	60	32	3	0.95	0.93	0.99	7.69	12.72
	ANLV	5	61	34	59	33	7	0.86	0.76	0.82	15.06	24.79
$CWSF_{244}$	ANCR	5	163	91	164	87	11	0.93	0.95	0.95	17.91	10.97
	ANSO	4	45	46	41	38	5	0.81	0.99	0.56	8.67	19.45
	ANST	5	50	19	48	20	−4	1.04	0.99	0.01*	1.98	3.98
	ANLV	5	73	33	64	28	3	0.83	0.92	0.10	12.69	17.32
$CWSF_{214}$	ANCR	5	156	88	161	85	16	0.93	0.93	0.66	22.17	8.20
	ANSO	4	42	44	41	38	5	0.86	0.99	0.92	5.90	9.07
	ANST	5	49	19	45	19	−4	1.00	0.98	0.06	4.84	9.80
	ANLV	5	68	26	65	29	−6	1.04	0.89	0.48	9.09	10.34
$CWSF_{184}$	ANCR	5	156	88	155	81	17	0.89	0.92	0.96	22.67	14.52
	ANSO	4	41	40	38	39	−1	0.97	0.99	0.13	2.83	6.95
	ANST	5	47	19	43	19	−2	0.96	0.99	0.02*	4.57	9.69
	ANLV	5	70	33	65	28	6	0.84	0.98	0.13	8.12	11.59

注:“*”表示 P_t<0.05,即模拟值和实测值在 P<0.05 水平上有显著性差异。

4.3.3 模型校验结果

根据以上分析可知,ORYZA v3 模型相关参数在 $CWSF_{244}$、$CWSF_{214}$ 和 $CWSF_{184}$ 处理中变化不大,$CWSF_{214}$ 校正参数在 WSO 中模拟效果最优且氮素模拟过程中 RMSEn 值较小,综合考虑,在验证过程中,选取 $CWSF_{214}$ 校正参数对 2019 年试验数据进行验证,CF 处理仍使用 2018 年校正参数。

4.3.3.1 验证期水稻生长动态模拟效果

图 4-4 为 ORYZA v3 模型在 2019 年验证期 WAGT、WLVG、WST 和 WSO 模拟曲线与实测值拟合。图中的散点值(-OBS)为试验实测值,曲线(-SIM)代表模型模拟值。

从整体上看,无论是 CF 处理还是 $CWSF_{214-1}$、$CWSF_{214-2}$ 和 $CWSF_{214-3}$ 处理,在验证期,模型模拟水稻干物质生长动态过程与实测值趋势较为一致。CF 处理在实测值上大多数略高于模型模拟值,这可能是由 2019 年 CF 处理灌水量偏高造成的,且 2019 年气温相较 2018 年偏高。$CWSF_{214-1}$、$CWSF_{214-2}$ 和 $CWSF_{214-3}$ 处理在生育前期(天数<245 d),WAGT 实测值略低于模拟值,而在生育后期(天数>240 d)出现了实测值高于模拟值的情况,但两者相差始终不大,这与 2018 年模拟现象一致。在试验过程中,$CWSF_{244}$、$CWSF_{214}$ 和 $CWSF_{184}$ 处理由于在水稻各个生育期氮肥施用比例不同,基肥∶返青肥∶蘖肥∶穗肥的比例

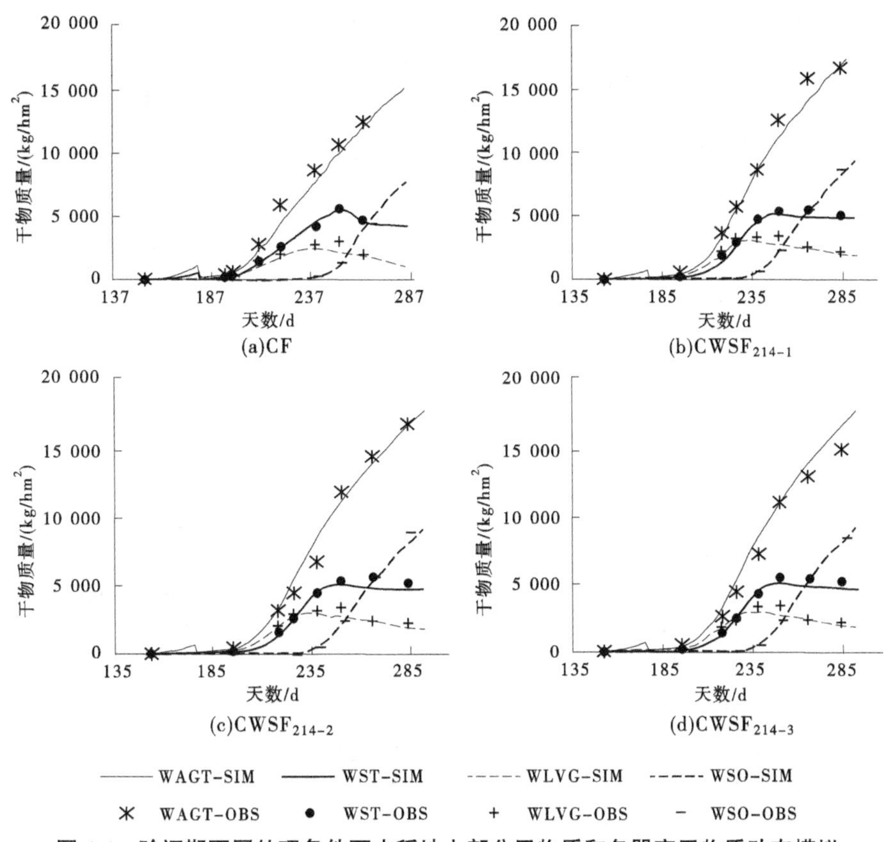

图4-4 验证期不同处理条件下水稻地上部分干物质和各器官干物质动态模拟

分别为 $CWSF_{214-1}$(0.35∶0.1∶0.4∶0.15)、$CWSF_{214-2}$(0.3∶0.1∶0.4∶0.2)、$CWSF_{214-3}$(0.25∶0.1∶0.35∶0.3)。因此,总干物质量在生育前期 $CWSF_{214-1}>CWSF_{214-2}>CWSF_{214-3}$,而在后期 $CWSF_{214-2}>CWSF_{214-1}>CWSF_{214-3}$,这说明在水稻生长过程中,施肥过程采取适当的前氮后移,虽然会影响作物在生育前期的生长,但是在生育中后期,会有效地促进干物质的积累,最终实现产量的增加。

图4-5是验证期水稻叶面积指数(LAI)的模拟效果,从总体上看,模拟曲线与实测值变化趋势较为一致,尤其是在生育前期。返青期、分蘖期和拔节孕穗期,实测值几乎落在模拟曲线上,随着生育期的推进,到抽穗开花期,模拟值与实测值误差增大,CF处理最大叶面积指数为6.4,$CWSF_{214-1}$ 与 $CWSF_{214-2}$ 处理最大叶面积指数接近8.0,而 $CWSF_{214-3}$ 处理最大值仅为7.2,这说明过量的将生育前期的施氮量分配至生育中后期会影响作物叶面积指数的增长,影响水稻进行光合作用,最终减少产量。

表4-5为ORYZA v3模型2019年验证期对水稻干物质量和叶面积指数的模拟效果评价。从整体上看,作物指标模拟平均值与实测平均值比较接近,WAGT、WLVG、WST、WSO和LAI模拟值与实测值决定系数 R^2 为0.95~1.00,同时各变量指标OBS值与SIM值的RMSEn值都在2.80~22.48,最小值为CF处理的茎鞘部干物质WST,最大值为CF处理的绿叶部干物质WLVG,其余变量的RMSEn值都在5~20,均反映了较好的模拟效果,模拟结果可信。

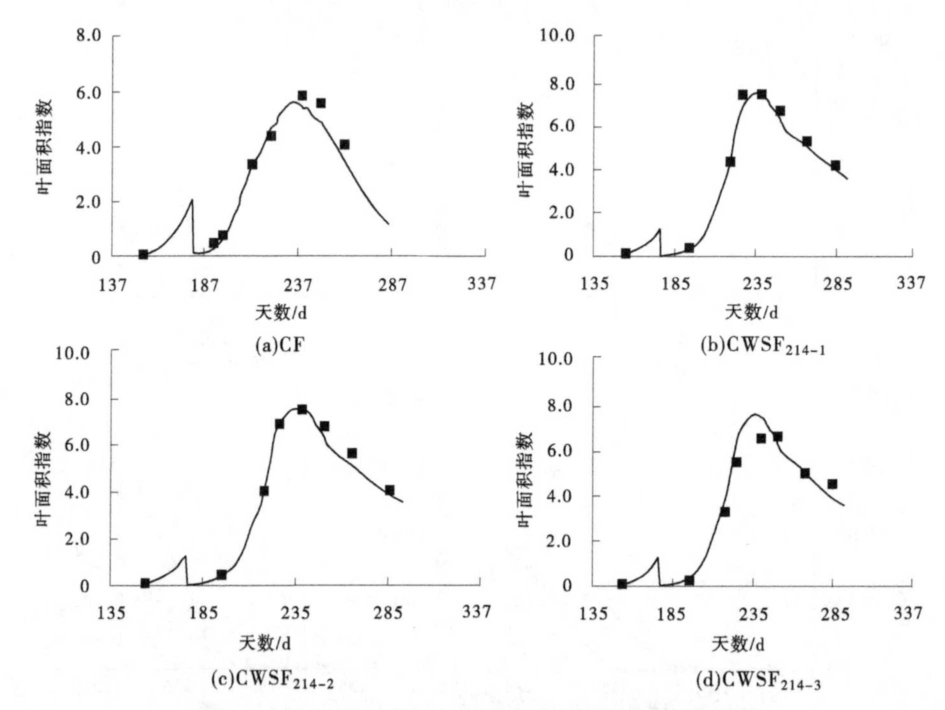

图 4-5　验证期不同处理条件下水稻叶面积指数动态模拟

表 4-5　ORYZA v3 对验证期干物质量和叶面积指数的模拟效果评价(2019 年)

处理	变量	N	X_{av}	X_{sd}	Y_{av}	Y_{sd}	β	α	R_{sq}	P_t	RMSE	RMSEn
CF	WAGT	7	5 919	4 851	5 352	4 627	−265	0. 95	0. 99	0. 03*	750. 88	12. 69
	WSO	4	1 930	2 120	1 693	1 983	−110	0. 93	1. 00	0. 13	270. 66	14. 03
	WST	7	2 716	2 179	2 738	2 217	−24	1. 02	1. 00	0. 49	76. 00	2. 80
	WLVG	7	1 684	1 118	1 417	913	70	0. 80	0. 96	0. 05	378. 47	22. 48
	LAI	7	3. 54	1. 85	3. 45	1. 98	−0. 17	1. 02	0. 91	0. 69	0. 56	15. 85
$CWSF_{214-1}$	WAGT	7	9 043	6 205	8 547	5 930	−33	0. 95	0. 99	0. 15	879. 91	9. 73
	WSO	4	4 187	3 584	4 019	3 379	73	0. 94	1. 00	0. 22	252. 55	6. 03
	WST	7	3 587	2 047	3 340	2 001	−146	0. 97	0. 99	0. 03*	321. 31	8. 96
	WLVG	7	2 346	1 057	2 132	914	121	0. 86	0. 98	0. 03*	280. 44	11. 95
	LAI	7	5. 16	2. 50	4. 91	2. 42	−0. 06	0. 96	0. 99	0. 04*	0. 35	6. 77
$CWSF_{214-2}$	WAGT	7	8 299	6 257	8 548	5 931	761	0. 94	0. 98	0. 51	894. 89	10. 78
	WSO	4	4 384	3 709	4 021	3 381	25	0. 91	1. 00	0. 12	465. 60	10. 62
	WST	7	3 556	2 167	3 340	2 001	87	0. 91	0. 98	0. 13	368. 38	10. 36
	WLVG	7	2 303	1 044	2 132	914	163	0. 86	0. 95	0. 12	288. 09	12. 51
	LAI	7	5. 02	2. 44	4. 91	2. 42	−0. 02	0. 98	0. 98	0. 41	0. 31	6. 20

续表 4-5

处理	变量	N	X_{av}	X_{sd}	Y_{av}	Y_{sd}	β	α	R_{sq}	P_t	RMSE	RMSEn
$CWSF_{214-3}$	WAGT	7	7 696	5 553	8 550	5 935	360	1.06	0.99	0.01*	1 043.78	13.56
	WSO	4	4 175	3 512	4 025	3 386	1	0.96	1.00	0.14	199.08	4.77
	WST	7	3 513	2 161	3 340	2 001	110	0.92	0.99	0.17	322.82	9.19
	WLVG	7	2 223	1 060	2 132	914	316	0.82	0.90	0.52	337.86	15.20
	LAI	7	4.55	2.17	4.91	2.42	0.08	1.06	0.91	0.24	0.77	16.90

注:“ * ”表示 $P_t<0.05$,即模拟值和实测值在 $P<0.05$ 水平上有显著性差异。

4.3.3.2　验证期水稻氮素动态模拟评价

图 4-6 为 ORYZA v3 模型参数验证期水稻移栽后整个生育期 ANCR、ANLV、ANST 和 ANSO 模型模拟曲线与实测值拟合。图中的散点值(-OBS)为试验实测值,曲线(-SIM)代表模型模拟值。从 4 个图形总体上看,模型基本上反映了水稻整体氮素和各器官氮素的动态变化趋势,实测值与模拟值略有出入。CF 处理在植株地上部分含氮量模拟过程中,生育前期(天数<190 d)表现为实测值近似等于模拟值;生育后期(天数>190 d)实测值略低于模拟值。在绿叶部含氮量模拟过程中,整个生育期的实测值均略高于模拟值,这与前文分析由于施用液态有机肥在气温逐渐升高时,部分氮素在田间有水层的情况下直接由叶片吸收,导致实测值略高相一致。在茎鞘部含氮量的模拟过程中也出现类似的情况,导致后期实测值高于模型模拟值。在穗部含氮量模拟中,实测数据与模拟值始终吻合较好。

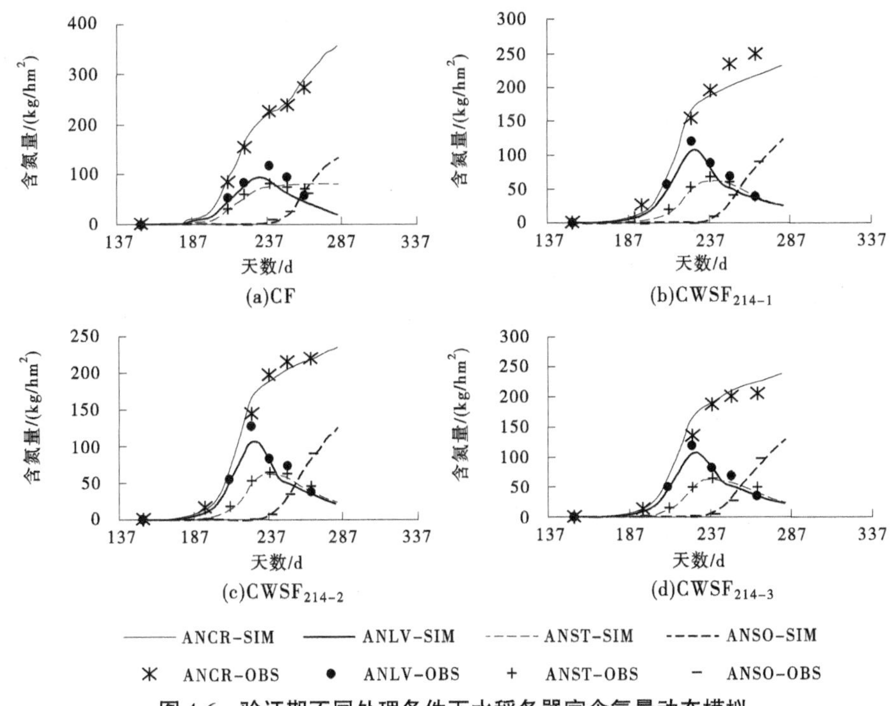

图 4-6　验证期不同处理条件下水稻各器官含氮量动态模拟

表 4-6 为验证期 ORYZA v3 对水稻移栽后整个生育期植株 ANCR、ANLV、ANST 和 ANSO 指标模拟效果评价。可以看出，作物变量模拟平均值与实测平均值比较接近，ORYZA v3 模型在模拟植株 ANCR、ANLV、ANST 和 ANSO 时，决定系数 R^2 为 0.75~0.99。在模拟 CF 处理时，ANLV 的 R^2 值最低，为 0.75，这与 2018 年结果保持一致。同时各变量指标 OBS 与 SIM 值的归一化均方根误差 RMSEn 值都在 5.85~26.22，最低值为 CF 处理的地上部植株含氮量 ANCR，最大值为 CF 处理的绿叶部含氮量 ANLV，其余变量的 RMSEn 值都在 7~20。进一步分析发现，模型对绿叶部含氮量 ANLV 模拟效果最差，这可能是由液态有机肥结合灌水施肥造成氮素在叶片聚集造成的。

综合判断，$CWSF_{214-2}$ 处理校正后的参数模拟效果较好，适宜作为进一步研究的基准参数。

表 4-6 验证期 ORYZA v3 对水稻含氮量的模拟效果评价

处理	变量	N	X_{av}	X_{sd}	Y_{av}	Y_{sd}	β	α	R_{sq}	P_t	RMSE	RMSEn
CF	ANCR	5	195	75	201	78	1	1.03	0.98	0.22	11.39	5.85
	ANSO	4	31	28	30	35	−9	1.23	0.99	0.74	6.13	19.66
	ANST	5	64	20	64	22	−4	1.07	0.91	0.99	6.03	9.45
	ANLV	5	82	27	65	18	18	0.57	0.75	0.06	21.48	26.22
$CWSF_{214-1}$	ANCR	5	172	90	158	82	3	0.90	0.96	0.18	22.49	13.08
	ANSO	4	47	41	39	38	−4	0.92	1.00	0.08	8.29	17.79
	ANST	5	49	19	44	19	−4	0.98	0.99	0*	4.80	9.89
	ANLV	5	75	31	65	29	−3	0.90	0.96	0.02*	11.51	15.36
$CWSF_{214-2}$	ANCR	5	159	85	159	83	5	0.97	0.97	0.97	12.34	7.77
	ANSO	4	44	43	40	38	1	0.89	1.00	0.29	5.38	12.34
	ANST	5	50	19	44	19	−4	0.97	0.98	0.01*	5.97	11.94
	ANLV	5	76	35	65	29	4	0.80	0.93	0.07	14.73	19.30
$CWSF_{214-3}$	ANCR	5	148	80	161	85	6	1.05	0.98	0.10	17.63	11.89
	ANSO	4	44	47	41	38	6	0.81	0.99	0.73	8.28	18.95
	ANST	5	50	20	45	19	−2	0.93	0.97	0.04*	6.02	12.00
	ANLV	5	72	33	65	29	4	0.85	0.93	0.17	10.46	14.63

注："*"表示 $P_t<0.05$，即模拟值和实测值在 $P<0.05$ 水平上有显著性差异。

4.4 基于情景模拟的液态有机肥水氮调控方案比选

4.4.1 情景设置

4.4.1.1 水文年型选择

由中国气象数据网（http://data.cma.cn/）获得苏州地区近 50 年（1970—2019 年）的

水文气象资料，包括最高气温 T_{max}、最低气温 T_{min}、平均温度 T_{av}、相对湿度 RH、相对大气压 P、平均风速 v_w、降雨量 R 和日照实数 H 等数据，包含了 ORYZA v3 模型进行模拟所需的 Weather 文件信息，生育期资料来自试验站历史资料。表 4-7 为苏州地区 1970—2019 年生育期降雨量。

表 4-7　1970—2019 年苏州地区生育期降雨量

年份	生育期/d	生育期降雨量/mm	年份	生育期/d	生育期降雨量/mm
1970	137	690.2	1995	143	584.6
1971	148	543.1	1996	134	775.3
1972	140	461.1	1997	137	560.1
1973	137	703.1	1998	136	636.1
1974	145	593.7	1999	136	1 253.6
1975	129	724.2	2000	132	476.8
1976	146	619.9	2001	136	664.7
1977	138	666.1	2002	134	425.7
1978	137	280.4	2003	136	361.4
1979	137	396.3	2004	138	449.1
1980	150	1 017.4	2005	134	471.3
1981	148	709.1	2006	135	469.8
1982	138	534.7	2007	133	669.9
1983	143	977	2008	134	909.1
1984	135	731	2009	132	778.4
1985	133	700.1	2010	137	555.3
1986	143	698.7	2011	136	760.5
1987	140	804.9	2012	136	626.7
1988	141	581.3	2013	142	593.7
1989	140	722.8	2014	142	724.2
1990	138	616.5	2015	141	619.9
1991	138	735.5	2016	138	664.7
1992	148	595.4	2017	142	469.8
1993	142	1 050.3	2018	137	778.9
1994	137	473.4	2019	137	809.1

经过生育期降雨量排频（见图 4-7）分析得到 P-Ⅲ配线结果如下：$P=90\%$时降雨量为 430.1 mm，$P=75\%$时降雨量为 508.37 mm，$P=50\%$时降雨量为 622.89 mm，$P=25\%$时降雨量为 776.13 mm。

根据降雨量频率曲线进行拟合后的曲线选点确定：1972 年与 2005 年代表苏州地区枯水年（$P=90\%$），生育期总降雨量为 461.1 mm 和 462.4 mm；选择 1976 年和 2012 年代表苏州地区平水年（$P=50\%$），生育期总降雨量为 619.9 mm 和 626.7 mm；选择 1996 年和 2009 年代表苏州地区丰水年（$P=25\%$），生育期总降雨量为 775.3 mm 和 778.4 mm。

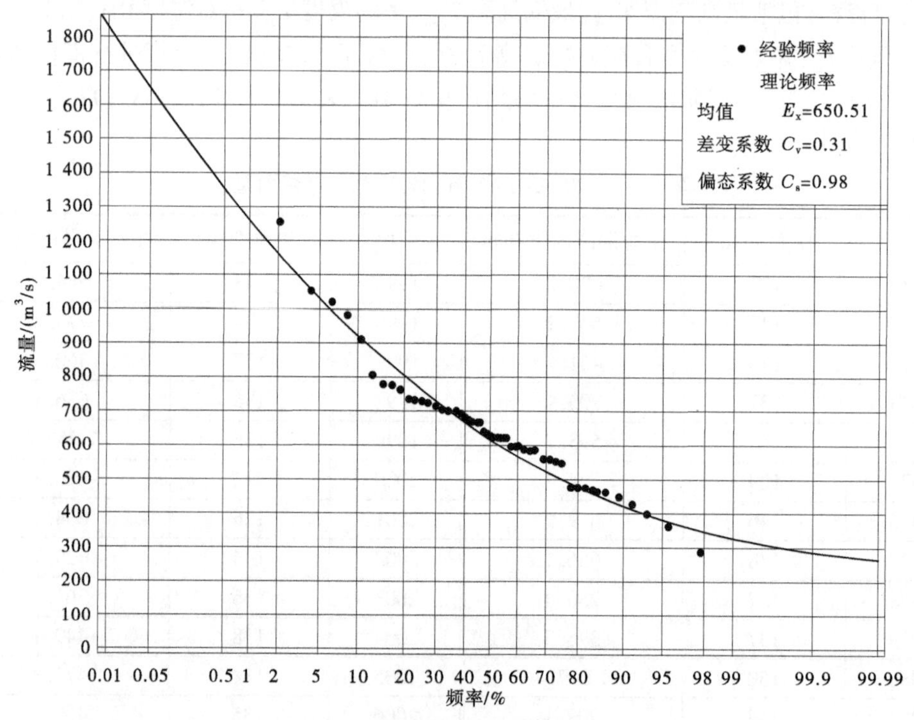

图 4-7 生育期降雨量频率曲线

4.4.1.2 水氮情景设置

本节对不同水氮处理模拟方案设置主要考虑土壤水分阈值、施氮肥量、生育期不同施氮比例 3 个因素。考虑控制灌溉灌水定额不宜设置过高,故所有处理灌水定额设为 60 mm。土壤水分阈值也充分考虑控制灌溉所设置的指标,不宜设置过低,施肥方案应符合实际,过低或过高施氮量不仅会过分改变当地习惯,也会影响模型模拟的结果。

1. 灌溉处理情景设计

本节灌溉处理情景主要考虑灌水下限,即控制灌溉中土壤根区的体积含水率,当土壤含水率降低至 85%、80%、75%、70%、65%、60%、55%和 50%时再进行灌溉。与控制灌溉一样,水稻返青期的灌水下限是 10 mm,灌水上限是 30 mm,黄熟期后也不再进行灌溉,自然落干,其他时期设计对应的土壤水分阈值。

2. 施肥方案情景设计

设计 9 种施氮总量,范围在 160~320 kg/hm^2,每种施氮总量以 20 kg/hm^2 的水平递增,设置 3 种不同施肥比例,其中不同生育阶段施肥比例基肥:返青肥:蘖肥:穗肥分别为 FR1(0.35:0.1:0.4:0.15)、FR2(0.3:0.1:0.4:0.2)、FR3(0.25:0.1:0.35:0.3)。通过不同施氮模式处理的对比分析,以了解适量前氮后移、增施穗肥对水稻水分生产率、氮素吸收利用率和产量的影响。其中,返青肥按计划需灌 2 次,2 次施肥浓度保持一致,蘖肥按计划需灌 3 次,3 次施肥浓度保持一致,穗肥按计划需灌 3 次,3 次施肥前、中、后施肥浓度保持 2:1:1。

4.4.2　不同水氮处理的产量、水分生产率及氮素吸收利用率

本节暂不考虑分次施肥比例对产量、水分生产率及氮素吸收利用率的影响，选取 FR2 方案，按基肥∶返青肥∶蘖肥∶穗肥＝0.3∶0.1∶0.4∶0.2 进行施肥。

4.4.2.1　不同水氮处理的产量

根据不同灌溉模式和施肥方案处理，构建水稻产量在枯水年、平水年和丰水年的动态响应关系，并由此讨论获得较高产量(最高产量 95%)条件下苏南地区适宜的灌溉土壤水分阈值和施肥方案。

图 4-8～图 4-10 为选取不同水文年条件下，水稻产量与土壤水分阈值和施氮量的响应关系。如图所示，一定范围内土壤水分阈值的变化对水稻产量的影响较小。当采用同种施肥方案时，不同灌溉处理的水稻产量的极差不大，为该条件下最大产量的 4.5%～5.6%。当土壤水分阈值为 60%～70%时，已经能获得最高产量 95%的较高产量，原因是当土壤中水分为饱和含水率的 60%～70%时再进行灌溉，有利于水稻在适当干旱胁迫下进一步吸收水分和肥料，进而增加产量，而高土壤水分阈值的水稻田在灌溉后，土壤始终有较高的湿润度，没有适量的水分胁迫作用。当土壤水分阈值低于 60%时，水分胁迫程度加剧，会影响水稻的正常生理活动，降低产量。

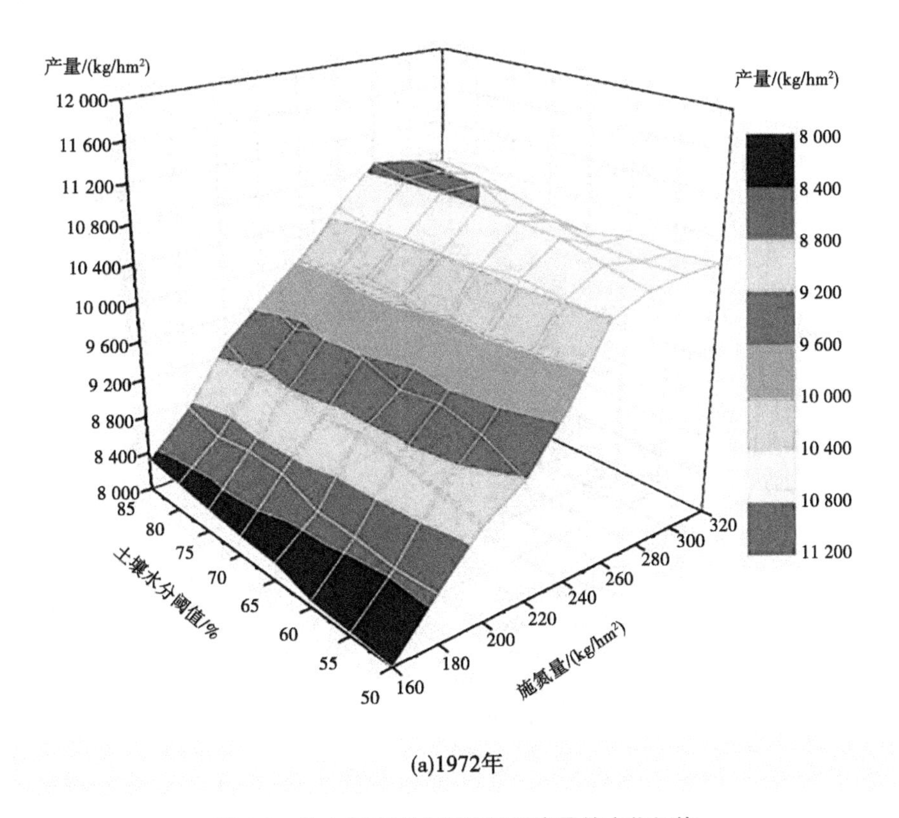

(a)1972年

图 4-8　枯水年不同水氮处理下产量的变化规律

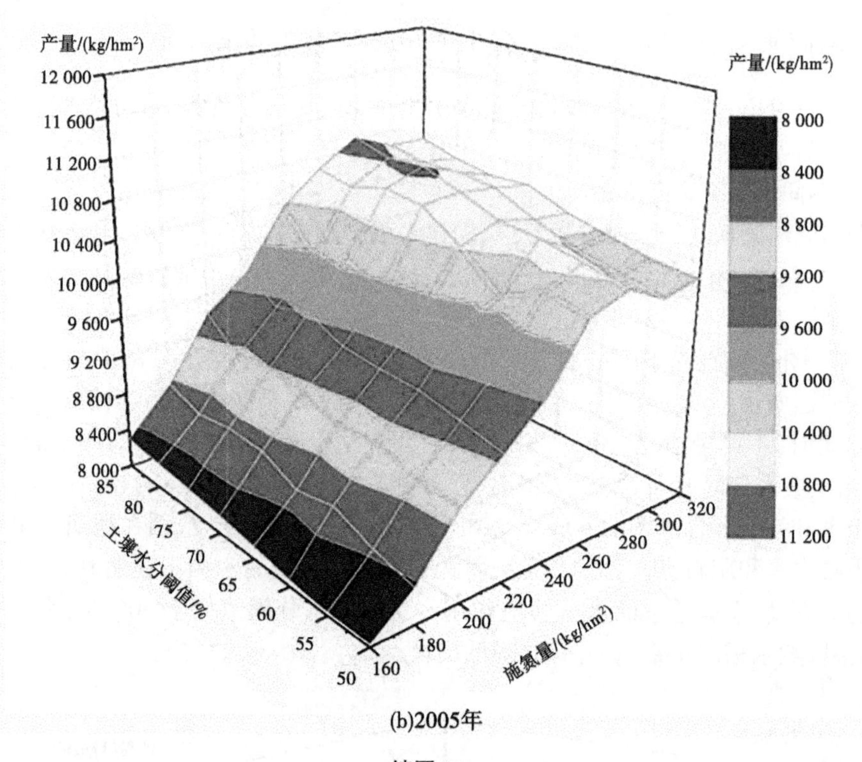

(b)2005年

续图 4-8

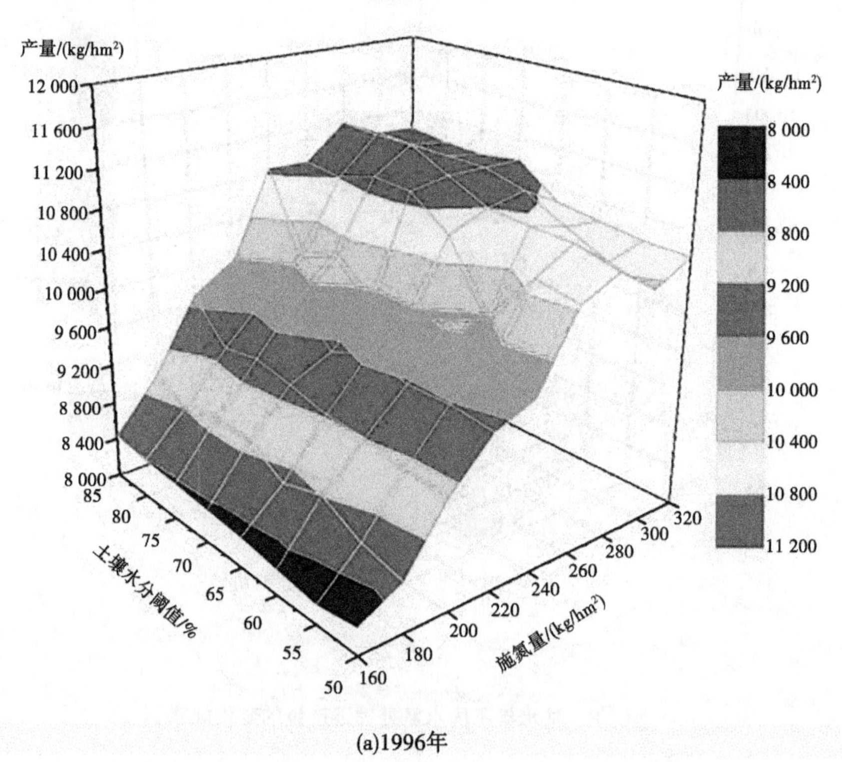

(a)1996年

图 4-9　平水年不同水氮处理下产量的变化规律

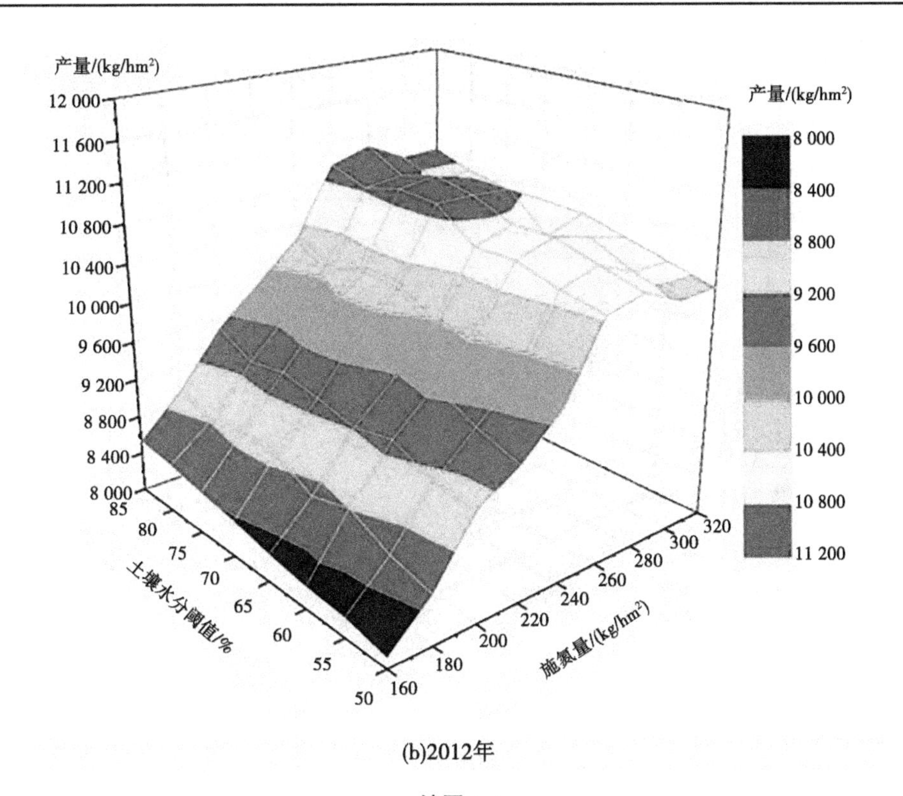

(b)2012年

续图 4-9

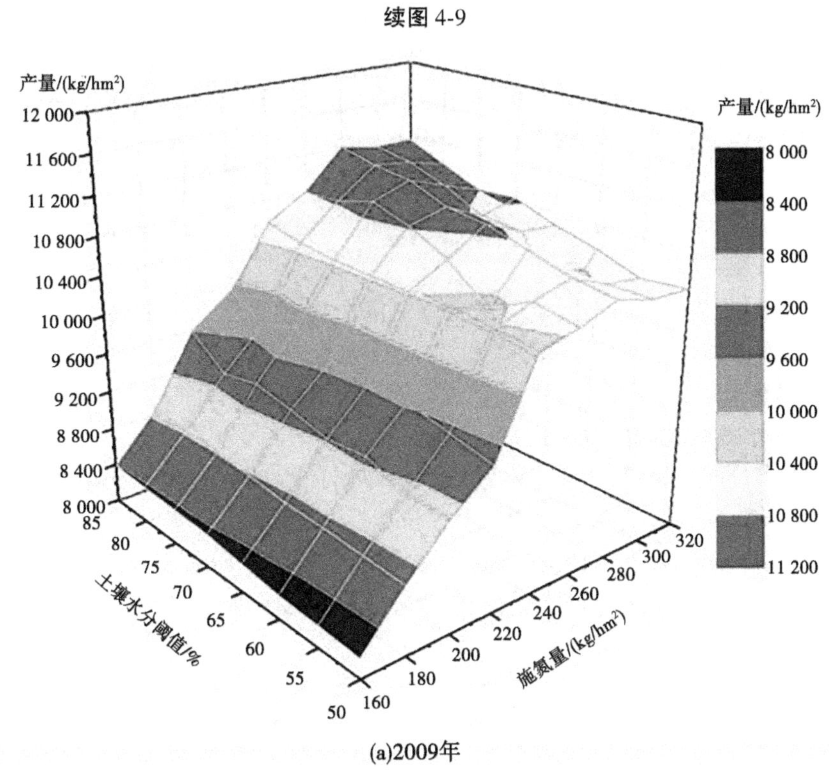

(a)2009年

图 4-10　丰水年不同水氮处理下产量的变化规律

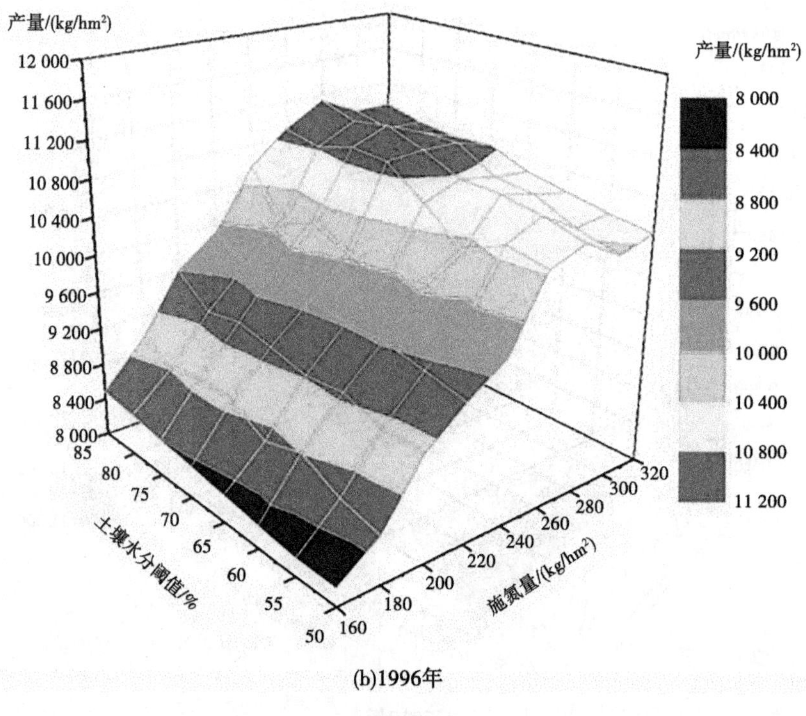

(b)1996年

续图 4-10

当采用相同土壤水分阈值的灌溉方式时,随着施氮量的增加,水稻的年均产量呈现上升趋势,但当施氮量超过 260 kg/hm² 时,上升速度明显下降,当施氮量增加到 280~300 kg/hm² 时,水稻产量开始下降,且在较低土壤水分阈值时,这种现象越明显。原因是在同一土壤水分阈值灌溉模式下,施氮量的增加会有效促进水稻植株生长,叶面积指数增大,蒸腾作用提高,对水分需求较大,较低的水分供给会减少水稻产量的形成。这种现象在 2005 年枯水年尤为明显,产量降低接近 2%。相同灌水处理下,水稻最高产量和最低产量差值为 2 292~2 820 kg/hm²。

根据模拟结果,表 4-8 对不同土壤水分阈值灌溉模式处理下的水稻年均产量与施氮量变化进行二次曲线拟合,得到不同施氮量(x)与水稻平均产量(y)的二次曲线拟合表。图 4-11 为土壤水分阈值为 65%时平水年施氮量与产量拟合关系曲线。

4.4.2.2　不同水氮处理的水分生产率

本节使用单位耗水量条件下所获得的产量即作物产量下的水分利用效率(YWUE, yield water use efficient)作为水分生产率的评价指标,根据单位耗水量的经济产量对不同氮处理方案的用水进行分析,研究在不同条件下水氮有效利用的结合方式。其产量对应于经济产量或作物的净产量,而耗水量通常对应于作物发育期间叶面蒸腾与棵间蒸发消耗量。

表 4-8　施氮量(x)与平均产量(y)二次曲线拟合

水文年	阈值/%	拟合公式	R^2
枯水年	85	$y=-0.1169x^2+74.430x-636.9$	0.986 53
	80	$y=-0.1122x^2+72.102x-465.7$	0.968 67
	75	$y=-0.1375x^2+83.211x-1617$	0.967 82
	70	$y=-0.1212x^2+74.999x-707.6$	0.962 25
	65	$y=-0.1250x^2+76.472x-908.6$	0.963 9
	60	$y=-0.1312x^2+77.125x-829.2$	0.907 17
	55	$y=-0.1366x^2+80.585x-1334$	0.954 3
	50	$y=-0.1228x^2+74.192x-658.4$	0.956 11
平水年	85	$y=-0.1114x^2+69.640x+103.4$	0.960 16
	80	$y=-0.0992x^2+63.502x+694.3$	0.949 88
	75	$y=-0.1277x^2+77.353x-837.4$	0.955 6
	70	$y=-0.1265x^2+77.042x-864.2$	0.960 24
	65	$y=-0.1003x^2+64.110x+465.5$	0.962 91
	60	$y=-0.1210x^2+73.718x-545.9$	0.978 29
	55	$y=-0.1106x^2+66.691x+115.7$	0.960 67
	50	$y=-0.1053x^2+65.844x+143.2$	0.952 41
丰水年	85	$y=-0.1294x^2+78.667x-916.8$	0.977 4
	80	$y=-0.0960x^2+63.049x+649.5$	0.954 92
	75	$y=-0.1225x^2+75.680x-718.6$	0.960 38
	70	$y=-0.1009x^2+65.615x+324.9$	0.951 31
	65	$y=-0.0976x^2+63.243x+542.3$	0.968 52
	60	$y=-0.0991x^2+63.064x+645.6$	0.984 53
	55	$y=-0.1061x^2+66.729x+101.7$	0.961 92
	50	$y=-0.0969x^2+61.947x+615.6$	0.952 66

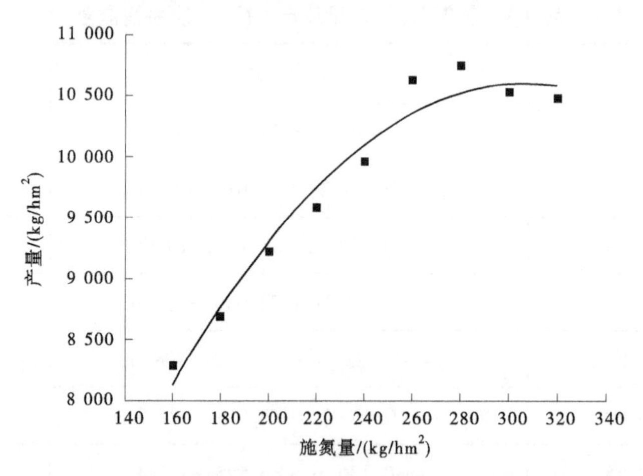

图 4-11　土壤水分阈值为 65%时平水年施氮量与产量拟合关系曲线

图 4-12～图 4-14 是不同水文年、不同水氮处理水分生产率关系。从整体上看，随着生育期施氮总量的增加，将不断提高此时的水分生产率。当施氮量为 160～200 kg/hm^2 时，水分生产率增速最大；当施氮量超过 200 kg/hm^2 时，水分生产率与施氮量近似呈线性关系，这意味着当施氮量已经较高时，再增加氮肥施用量，并不能显著增加作物生产率。

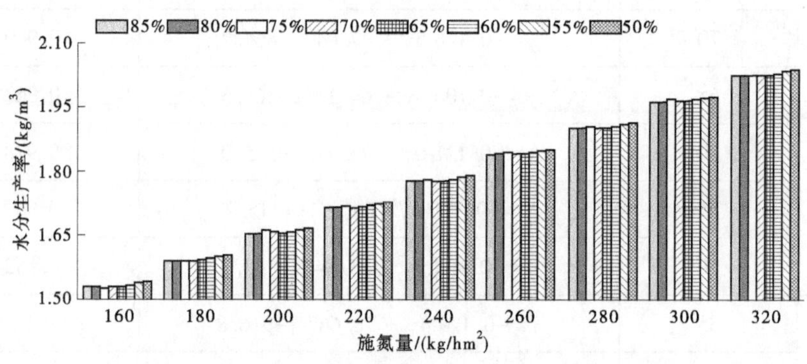

图 4-12　平水年不同水氮处理下水分生产率变化规律

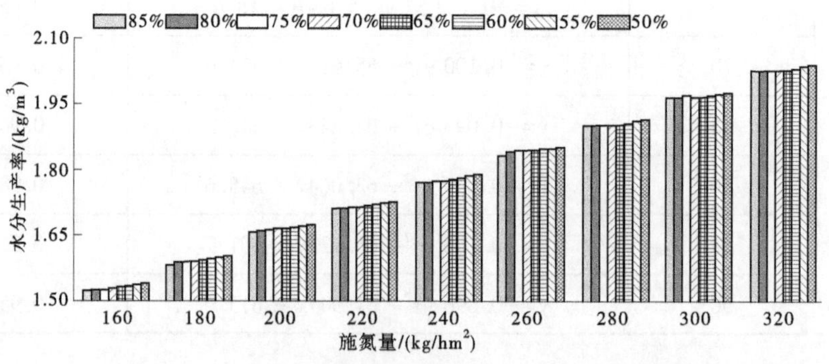

图 4-13　丰水年不同水氮处理下水分生产率变化规律

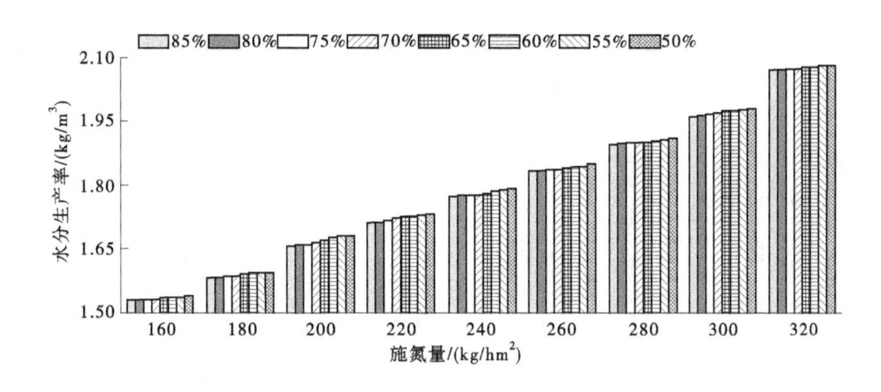

图 4-14　枯水年不同水氮处理水分生产率变化规律

平水年,整体水分生产率为 1.548~2.054 kg/m³。当施氮量一定时,采用 50%的土壤水分阈值时水分生产率最大,从阈值系列上看,土壤水分阈值越小,水分生产率越高,但是当阈值为 75%~80%时,水分生产率会略有上浮,这可能是适当的水分胁使作物加强吸收营养、充分利用水分造成的。当阈值为 50%~75%时,水分生产率变化不大。

丰水年,整体水分生产率为 1.530~2.013 kg/m³。当施氮量一定时,规律同平水年。从阈值系列上来看,水分生产率随着土壤水分阈值的减少逐渐增加,当施氮量超过 260 kg/hm² 时,出现明显的平台期,即改变土壤水分的阈值并不能明显提高水分生产率,这是因为在丰水年土壤水分充足,水稻所需的养分供给足够,不影响正常生长。

枯水年,整体水分生产率为 1.570~2.087 kg/m³。水稻水分生长率随施氮量的提高而提高,近似呈线性。当施氮量一定时,土壤水分阈值与水分生产率也近似呈线性关系,且不存在异变值,具有良好的一致性,原因是较低的降雨量与低土壤水分阈值的组合,将对水稻产生较高的水分胁迫,此时每一次灌水,水稻对水分的吸收程度高,而在一定范围内使用更高的氮肥也一定程度上提高了水分生产率。

4.4.2.3　不同水氮处理的氮素利用效率

本节采用氮素吸收利用效率(NRE)评价不同水氮处理的氮素利用效率。NRE 计算方法是,用施氮处理最终水稻内氮素总量与空白不施氮区水稻内氮素总量的差值除以施氮处理的施氮总量,单位为百分数。通过 ORYZA v3 模拟分析液态有机肥试用下不同水氮处理下的氮素利用效率,有助于分析出更加高效的水稻氮肥管理方式,减少氮肥的损失,最大化利用氮肥。

图 4-15~图 4-17 是不同水文年、不同水氮处理的氮素吸收利用效率响应变化。从整体上看,不同水文年氮素吸收利用效率变化趋势较为一致。当施氮量处于 180~240 kg/hm² 时,水稻对氮素的利用效率已经明显相对较高,而高氮素的投入不利于水稻对氮素的吸收利用。

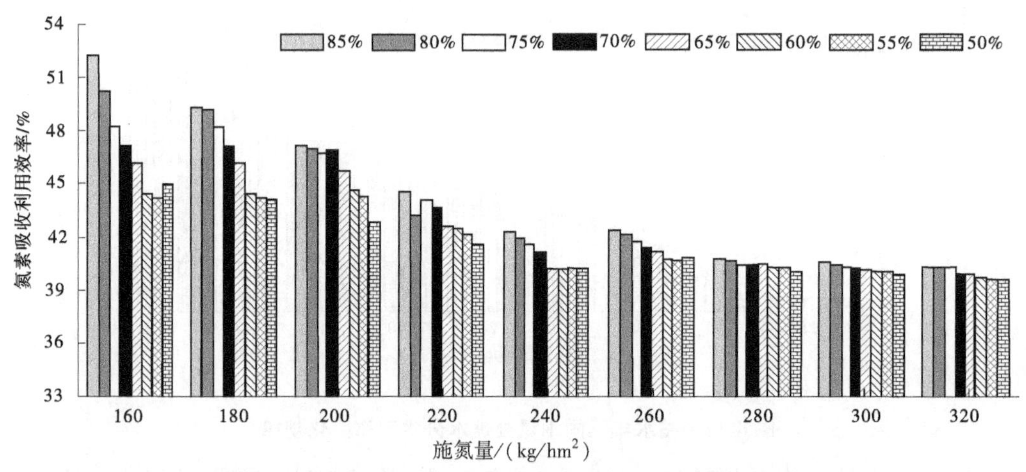

图 4-15　枯水年不同水氮处理氮素利用效率变化规律

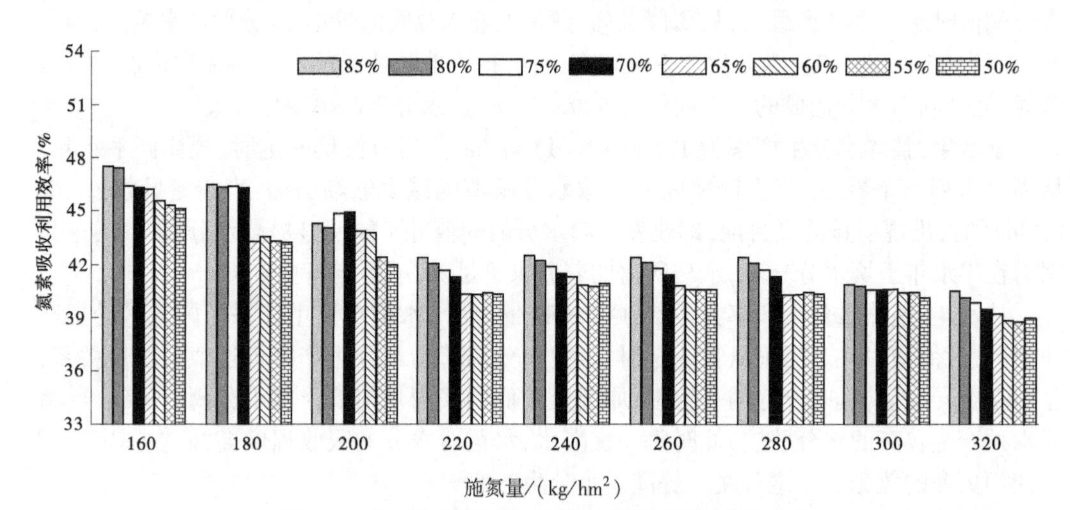

图 4-16　平水年不同水氮处理氮素利用效率变化规律

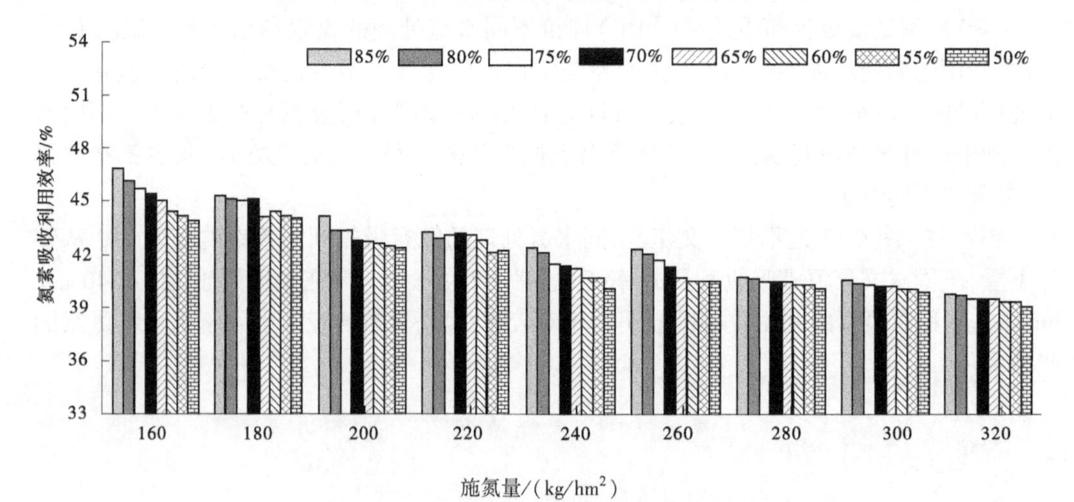

图 4-17　丰水年不同水氮处理氮素利用效率变化规律

枯水年中,NRE 为 39.6%~52.4%。当施氮量处于 160~200 kg/hm^2 时,NRE 保持在较高的水平,最小值为 42.9%,且随着土壤水分阈值的减小,NRE 也不断减小。当施氮量处于 200~320 kg/hm^2 时,NRE 始终保持 40%左右的较低水平,且随土壤水分阈值的变化不大。同一施氮量下,NRE 与土壤水分阈值有着良好的正相关性。

平水年中,NRE 为 38.7%~47.4%。NRE 变化情况与枯水年相似,随着施氮量的增加,NRE 逐渐变小。与枯水年不同的是,较高水平土壤水分阈值的变化并没有显著改变氮肥的利用效率,甚至出现土壤水分阈值较低而 NRE 较高的情况,这里可能是水氮耦合的高效点。

丰水年中,NRE 为 39.1%~46.9%。丰水年 NRE 最大值在不同水文年最大值中最小,这是由于丰水年水量较多,会形成氮肥径流流失。当土壤水分阈值一定时,随着施氮量的增加,NRE 呈现下降的趋势。

对比不同水文年 NRE 响应规律发现,无论施氮量高低,土壤水分阈值在 50%和 55%时的氮素吸收利用效率最低,这可能是由于 50%和 55%的土壤水分阈值会导致水稻在生育期里水分亏缺严重,阻碍水稻的生长及对氮素的利用。因此,想要让水稻高效的利用水分,同时促进对氮肥的吸收利用,不应设置过低的土壤水分阈值。

4.4.3　施肥比例对产量、水分生产率及氮素吸收利用率的影响

前氮后移、增施穗肥是水稻栽培技术中一种重要增产举措,该技术对水稻群体质量和产量都有积极的影响。在水稻施肥管理中,适量降低生育前期的氮肥用量比例,提高水稻分蘖、成穗时期的施氮比例,能提高茎蘖数量和穗部产量。谢芳等研究表明,在一定的施肥量范围内,氮肥按不同追施次数使用时,氮素吸收利用效率、产量性状及产量均随着氮肥追施次数增加呈上升趋势。钟旭华等研究表明,虽然施用穗粒肥使氮素产谷效率下降,但由于改善了作物的生长发育,且稻谷产量、氮素吸收利用效率、农学利用率和氮肥偏生产力都有所提高。李木英认为,穗肥的适当施用可以延长下位叶功能期,增加茎鞘的贮藏能力,抽穗期增加总储藏能力和单位叶面积的储藏能力,提高成穗率、结实率与抗倒伏性,还能提高 N 素的物质生产力和稻谷生产力,提高 N 素吸施比和 N 素总积累量。此外穗肥也需适量施用,以免追肥过多引起贪青晚熟以致减产。

4.4.3.1　施肥比例对水分生产率的影响

表 4-9 为平水年 3 种施氮比例下水分生产率的结果。从整体上看,在相同施氮量的条件下,FR3 种施氮比例的水分生产率变化不明显,说明较高的土壤水分阈值情况下,施肥比例的变化对水分生产率影响不明显。FR1 较 FR2 的水分生产率小,说明穗肥施氮量比例的增加可以提升水分生产率,而 FR2 较 FR3 的水分生产率高,说明过量地增施穗肥也会降低水稻的水分生产率。

4.4.3.2　施肥比例对氮素利用效率的影响

表 4-10 为平水年 3 种施氮比例下不同施氮量和土壤水分阈值组合的作物氮素吸收利用率。从整体上看,在相同施氮量的条件下,氮素吸收利用效率 FR1<FR2<FR3,在低施氮量、高土壤水分阈值的情况下,氮素吸收利用效率随前氮后移的比例增大而增加,最高可以增加 2.1%;在高施氮量、低土壤水分阈值的情况下,这种增加并不明显。这说明,在

适宜的施氮量范围内，尤其在 160～280 kg/hm² 时，适当的前氮后移、增施穗肥可以有效地提高水稻对氮素的吸收利用效率。

表 4-9　平水年不同施氮比例下的水分生产率　　　　单位：kg/m³

阈值	施氮量														
	160 kg/hm²			200 kg/hm²			240 kg/hm²			280 kg/hm²			320 kg/hm²		
	FR1	FR2	FR3	FR1	FR2	FR3	FR1	FR2	FR3	FR1	FR2	FR3	FR1	FR2	FR3
50%	1.538	1.540	1.540	1.664	1.674	1.677	1.788	1.788	1.789	1.908	1.912	1.912	2.035	2.047	2.035
55%	1.534	1.537	1.537	1.661	1.671	1.677	1.781	1.785	1.786	1.904	1.909	1.909	2.033	2.047	2.033
60%	1.534	1.533	1.535	1.657	1.667	1.674	1.782	1.781	1.784	1.902	1.905	1.903	2.029	2.046	2.029
65%	1.534	1.530	1.531	1.653	1.663	1.668	1.775	1.778	1.778	1.900	1.902	1.901	2.026	2.044	2.026
70%	1.532	1.528	1.528	1.655	1.665	1.664	1.771	1.774	1.776	1.900	1.902	1.902	2.025	2.043	2.025
75%	1.532	1.527	1.527	1.658	1.661	1.659	1.780	1.774	1.776	1.898	1.904	1.902	2.026	2.042	2.026
80%	1.530	1.529	1.526	1.654	1.658	1.659	1.777	1.771	1.776	1.897	1.902	1.902	2.031	2.039	2.026
85%	1.530	1.528	1.522	1.652	1.656	1.654	1.776	1.771	1.774	1.895	1.900	1.900	2.029	2.041	2.028

表 4-10　平水年不同施氮比例下的氮素吸收利用率　　　　单位：%

阈值	施氮量														
	160 kg/hm²			200 kg/hm²			240 kg/hm²			280 kg/hm²			320 kg/hm²		
	FR1	FR2	FR3	FR1	FR2	FR3	FR1	FR2	FR3	FR1	FR2	FR3	FR1	FR2	FR3
50%	44.0	45.0	45.0	41.9	42.4	42.9	40.9	40.1	40.2	40.2	40.1	40.1	38.9	39.1	39.6
55%	44.2	45.2	44.2	42.3	42.5	44.3	40.7	40.7	40.3	40.3	40.4	40.4	38.7	39.4	39.6
60%	44.5	45.5	44.5	43.7	42.7	44.7	40.8	40.7	40.2	40.2	40.4	40.4	38.8	39.4	39.7
65%	45.1	46.1	46.2	43.8	42.8	45.8	41.2	41.2	40.2	40.2	40.5	40.5	39.2	39.5	40.0
70%	45.5	46.2	47.2	44.9	42.9	46.9	41.4	41.4	41.2	41.2	40.5	40.5	39.5	39.4	40.0
75%	45.8	46.3	48.3	44.8	43.4	46.8	41.8	41.5	41.6	41.6	40.5	40.5	39.5	39.8	40.3
80%	46.2	47.3	49.3	44.0	43.4	47.0	42.1	42.1	42.0	42.0	40.7	40.7	39.7	40.1	40.3
85%	46.9	47.4	49.4	44.2	44.2	47.2	42.4	42.4	42.3	42.3	40.8	40.8	39.8	40.4	40.3

4.4.3.3　施肥比例对产量的影响

表 4-11 为平水年 3 种施氮比例下的产量模拟结果。由表 4-11 可知，整体上产量 FR2>FR3>FR1，说明适当的前氮后移、增施穗肥可以提高水稻产量。当施氮量大于 280 kg/hm² 时，FR3 的产量相较 FR2 下降 200～300 kg/hm²，这说明较高的施氮总量下，过高地提高穗肥比例、降低生育前期用氮比例，也会造成产量的下降。

综合比较，FR2 施肥比例下的水分生产率、氮素利用效率以及产量均达到较高水平，是理想的施肥比例。

表 4-11　平水年不同施氮比例下的产量　单位：kg/hm^2

阈值	施氮量														
	160			200			240			280			320		
	FR1	FR2	FR3	FR1	FR2	FR3	FR1	FR2	FR3	FR1	FR2	FR3	FR1	FR2	FR3
50%	8 198	8 111	8 002	8 923	9 105	9 014	9 313	10 109	10 048	10 066	10 445	10 145	10 458	10 450	10 445
55%	8 256	8 198	8 142	9 036	9 118	9 077	9 297	10 165	10 075	10 106	10 536	10 201	10 515	10 506	10 453
60%	8 270	8 282	8 167	9 107	9 208	9 157	9 328	10 169	10 041	10 227	10 701	10 344	10 530	10 584	10 562
65%	8 225	8 310	8 281	9 123	9 215	9 169	9 377	10 164	10 130	10 437	10 751	10 410	10 552	10 671	10 671
70%	8 337	8 492	8 395	9 127	9 309	9 218	9 790	10 184	10 121	10 837	11 072	10 823	10 570	10 804	10 683
75%	8 361	8 367	8 340	9 131	9 313	9 222	9 680	10 132	10 149	10 920	11 142	10 991	10 605	10 834	10 684
80%	8 392	8 427	8 386	9 197	9 385	9 291	10 021	10 158	10 121	11 115	11 576	11 151	10 704	10 850	10 754
85%	8 438	8 538	8 422	9 338	9 698	9 518	10 045	10 243	10 125	11 092	11 481	11 115	10 713	10 945	10 734

4.4.4　氮肥投入的边际产量和边际氮素损失量

边际产量指在技术和其他生产要素投入量保持不变的条件下，每增加一单位生产要素投入量所得到的产量的增加量。边际氮素损失量指每增加一单位氮素，未能被作物吸收而损失的氮素含量。在较低的供氮水平情况下，边际产量会随施肥量的增加而递增，在较高的供氮水平下，边际产量随施氮量的增加而递减，而氮素的边际损失量则随着氮素投入迅速上升，这在高施氮量阶段更为明显。根据环境经济学的科斯（Coase）理论，边际产量曲线与边际氮素损失量曲线的交点，就是理想的施肥点，施肥量超过该值，虽然能增加产量，但是氮素的利用效率不高，同时会造成大量的氮肥污染，若低于该值，兼顾提升产量和充分利用氮肥考虑仍有上升空间。

同一土壤水分阈值处理下，用 ORYZA v3 模型模拟出不同水氮处理下水稻的生长过程，计算出该条件下的边际产量与边际氮素损失量，输入 Excel 表格中，拟合曲线并得到函数方程求解，得出该土壤水分阈值条件下理想施肥点，列入表 4-12～表 4-14 中。结果表明，对于不同的水文年型，施用液态有机肥达到较高水稻产量、较低氮素损失的理想施氮量区间为 211.34～256.11 kg/hm^2。

例如，当土壤水分阈值为 75%时，通过 Excel 进行趋势线拟合，得到平水年边际产量、边际氮素损失量的相应方程：

$$y_1 = 0.4162e^{0.0027x} \tag{4-4}$$

$$y_2 = -0.2462x + 61.386 \tag{4-5}$$

式中　y_1——边际氮素损失量；

　　　y_2——边际产量。

将式(4-4)、式(4-5)联立，解方程组得 $x = 246.59$ kg/hm^2，即平水年采用饱和含水率的 75%作为土壤水分阈值进行灌溉时，施用液态有机肥达到较高水稻产量、较低氮素损失的理想施氮量为 246.59 kg/hm^2。

表 4-12　平水年不同水氮处理下边际产量与边际氮素损失量分析

水分阈值/%	变量	拟合方程	决定系数	理想施氮量/(kg/hm²)
50	边际氮损失量	$y = 0.4393e^{-0.0149x}$	$R^2 = 0.8665$	224.68
	边际产量	$y = -0.1724x + 51.36$	$R^2 = 0.6973$	
55	边际氮损失量	$y = 0.405e^{-0.0156x}$	$R^2 = 0.6473$	228.35
	边际产量	$y = -0.1905x + 57.91$	$R^2 = 0.6614$	
60	边际氮损失量	$y = 0.4366e^{0.0147x}$	$R^2 = 0.9635$	234.73
	边际产量	$y = -0.2321x + 67.979$	$R^2 = 0.8639$	
65	边际氮损失量	$y = 0.4528e^{0.0145x}$	$R^2 = 0.5084$	236.85
	边际产量	$y = -0.1632x + 52.464$	$R^2 = 0.619$	
70	边际氮损失量	$y = 0.3672e^{0.0032x}$	$R^2 = 0.5387$	245.75
	边际产量	$y = -0.2442x + 60.643$	$R^2 = 0.8542$	
75	边际氮损失量	$y = 0.4162e^{0.0027x}$	$R^2 = 0.4857$	246.59
	边际产量	$y = -0.2462x + 61.386$	$R^2 = 0.8166$	
80	边际氮损失量	$y = 0.5267e^{0.0018x}$	$R^2 = 0.508$	248.97
	边际产量	$y = -0.2110x + 53.155$	$R^2 = 0.5026$	
85	边际氮损失量	$y = 0.6246e^{0.0012x}$	$R^2 = 0.576$	251.27
	边际产量	$y = -0.2371x + 60.367$	$R^2 = 0.701$	

表 4-13　丰水年不同水氮处理下边际产量与边际氮素损失量分析

水分阈值/%	变量	拟合方程	决定系数	理想施氮量/(kg/hm²)
50	边际氮损失量	$y = 0.4389e^{0.0154x}$	$R^2 = 0.8873$	219.15
	边际产量	$y = -0.1788x + 52.126$	$R^2 = 0.8365$	
55	边际氮损失量	$y = 0.4579e^{0.0143x}$	$R^2 = 0.9763$	227.99
	边际产量	$y = -0.1984x + 58.812$	$R^2 = 0.8984$	
60	边际氮损失量	$y = 0.4049e^{0.0141x}$	$R^2 = 0.6784$	233.14
	边际产量	$y = -0.2304x + 66.382$	$R^2 = 0.8687$	
65	边际氮损失量	$y = 0.4164e^{0.0138x}$	$R^2 = 0.7085$	235.99
	边际产量	$y = -0.1919x + 57.975$	$R^2 = 0.7563$	
70	边际氮损失量	$y = 0.4203e^{0.0136x}$	$R^2 = 0.5002$	244.12
	边际产量	$y = -0.1861x + 58.51$	$R^2 = 0.6446$	
75	边际氮损失量	$y = 0.4628e^{0.0127x}$	$R^2 = 0.6059$	249.35
	边际产量	$y = -0.1981x + 60.812$	$R^2 = 0.7043$	
80	边际氮损失量	$y = 0.4993e^{0.0124x}$	$R^2 = 0.5897$	250.62
	边际产量	$y = -0.1766x + 55.406$	$R^2 = 0.6129$	
85	边际氮损失量	$y = 0.506e^{0.0116x}$	$R^2 = 0.6847$	253.80
	边际产量	$y = -0.2339x + 68.996$	$R^2 = 0.7965$	

表 4-14　枯水年不同水氮处理下边际产量与边际氮素损失量分析

水分阈值/%	变量	拟合方程	决定系数	理想施氮量/(kg/hm²)
50	边际氮损失量	$y = 0.4131e^{0.0171x}$	$R^2 = 0.7092$	211.34
	边际产量	$y = -0.1454x + 45.783$	$R^2 = 0.7021$	
55	边际氮损失量	$y = 0.3084e^{0.0033x}$	$R^2 = 0.9374$	225.98
	边际产量	$y = -0.1764x + 54.404$	$R^2 = 0.7646$	
60	边际氮损失量	$y = 0.2741e^{0.0339x}$	$R^2 = 0.9481$	236.12
	边际产量	$y = -0.2214x + 65.646$	$R^2 = 0.7766$	
65	边际氮损失量	$y = 0.2683e^{0.0241x}$	$R^2 = 0.9361$	237.96
	边际产量	$y = -0.1932x + 59.289$	$R^2 = 0.7281$	
70	边际氮损失量	$y = 0.2332e^{0.0246x}$	$R^2 = 0.9734$	245.63
	边际产量	$y = -0.1702x + 53.886$	$R^2 = 0.5501$	
75	边际氮损失量	$y = 0.3052e^{0.0136}$	$R^2 = 0.9184$	252.35
	边际产量	$y = -0.2194x + 65.313$	$R^2 = 0.8228$	
80	边际氮损失量	$y = 0.4161e^{0.0123x}$	$R^2 = 0.7969$	254.19
	边际产量	$y = -0.1797x + 55.632$	$R^2 = 0.5831$	
85	边际氮损失量	$y = 0.3766e^{0.0125x}$	$R^2 = 0.5945$	256.11
	边际产量	$y = -0.1979x + 59.852$	$R^2 = 0.7614$	

4.4.5　不同水文年液态有机肥施用下水氮联合调控方案

本节使用参数校正后 ORYZA v3 模型模拟不同水文年、不同水氮条件下的水稻生长，探究水稻产量、水分生产率和氮素吸收利用率在不同条件下的变化规律，在此基础上，确定不同水文年下施用液态有机肥达到较高水氮利用效率、较高产量的节水灌溉水氮联合调控模式。根据 4.4.2 节内容的分析可知，将土壤水分阈值设置在 60%~70%，全生育期施用氮肥设置在 180~240 kg/hm² 时已经可以达到较高的水分生产率和氮素吸收利用效率。根据 4.4.2 节内容内容分析可知基肥∶返青肥∶蘖肥∶穗肥＝0.3∶0.1∶0.4∶0.2 的施肥比例对水稻群体质量和产量都有积极的影响。根据 4.4.4 节内容分析可知，施用液态有机肥达到较高水稻产量、较低氮素损失量的理想施氮量为 211.34~256.11 kg/hm²。综合以上结果，本节使用 ORYZA v3 模型针对水稻潜在产量、95%潜在产量及 90%潜在产量进行模拟分析，以确定不同产量下合理高效的液态有机肥水氮管理模式，所确定的灌溉用水指标以及理想施氮量列入表 4-15 中。

由表 4-15 可知，若使用达到潜在产量的 95%的方案，与潜在产量水肥用量相比，灌溉定额可以减少 14.8%~20.8%，液态有机肥用量减少 6.3%~7.8%。因此，本书推荐使用获得 95%潜在产量的液态有机肥水氮管理措施作为苏南地区使用液态有机肥下节水灌溉水氮联合调控方案。根据第 3 章和第 4 章的分析和结果，本节使用 $CWSF_{214}$ 处理校正后参数,对选取的平水年、丰水年和枯水年进行模拟,给出田间水层及水稻根系土壤含水率联合变化曲线,以作参照。

表 4-15　不同水文年苏南地区施用液态有机肥下节水灌溉水氮调控模式

水文年	目标产量	理想施肥量/(kg/hm²)	土壤水分阈值/%(占饱和含水率)	灌水定额/mm	灌溉定额/mm
平水年	100%QF	251.27	85	60	480
	95%QF	235.45	70	60	380
	90%QF	210.23	60	60	300
丰水年	100%QF	253.80	85	60	320
	95%QF	234.03	70	60	260
	90%QF	210.74	65	60	180
枯水年	100%QF	256.11	85	60	540
	95%QF	236.39	75	60	460
	90%QF	216.25	60	60	400

注:1. 控制灌溉在水稻返青期保有水层,一般为 20 mm。
2. 需要采集相应根层深度的土壤含水率平均值。
3. 当测得土壤体积含水率达到表中土壤水分阈值时进行灌水。
4. 若有强降雨,除分蘖后期外田间可有蓄水层,但不应超过 5 cm,若超过或者田间连续蓄水超过 5 d,则及时排水。打药用水应结合控制灌溉同时进行,不另外用水。
5. QF 为潜在产量。

4.4.5.1　平水年苏南地区施用液态有机肥下节水灌溉水氮调控模式

当土壤水分达到饱和含水率的 70%时进行灌溉,灌溉定额为 60 mm,总灌水量为 380 mm,全生育期施氮总量为 235.45 kg/hm²,采用基肥:返青肥:蘖肥:穗肥= 0.3:0.1:0.4:0.2 的施肥比例,返青肥按灌 2 次,其中一次结合降雨灌肥,蘖肥按计划需灌 3 次,3 次施肥浓度保持一致,穗肥按计划需灌 3 次,3 次施肥前、中、后施肥浓度保持在 2:1:1。平水年达到 95%潜在产量的灌水方案如图 4-18 所示。

4.4.5.2　丰水年苏南地区施用液态有机肥下节水灌溉水氮调控模式

当土壤水分达到饱和含水率的 70%时进行灌溉,灌溉定额为 60 mm,总灌水量为 260 mm,全生育期施氮总量为 234.03 kg/hm²,采用基肥:返青肥:蘖肥:穗肥= 0.3:0.1:0.4:0.2 的施肥比例,返青肥按计划需灌 2 次,2 次施肥浓度保持一致,蘖肥按计划需灌 3 次,3 次施肥浓度保持一致,穗肥按计划需灌 3 次,3 次施肥前、中、后施肥浓度保持在 2:1:1。丰水年达到 95%潜在产量的灌水方案如图 4-19 所示。

4.4.5.3　枯水年苏南地区施用液态有机肥下节水灌溉水氮调控模式

当土壤水分达到饱和含水率的 75%时进行灌溉,灌溉定额为 60 mm,总灌水量为 460 mm,水稻全生育期施氮总量为 236.39 kg/hm²,采用基肥:返青肥:蘖肥:穗肥= 0.3:0.1:0.4:0.2 的施肥比例,返青肥按计划需灌 2 次,2 次施肥浓度保持一致,其中一次结合降雨灌肥,蘖肥按计划需灌 3 次,3 次施肥浓度保持一致,其中 2 次结合降雨灌肥,穗肥按计划

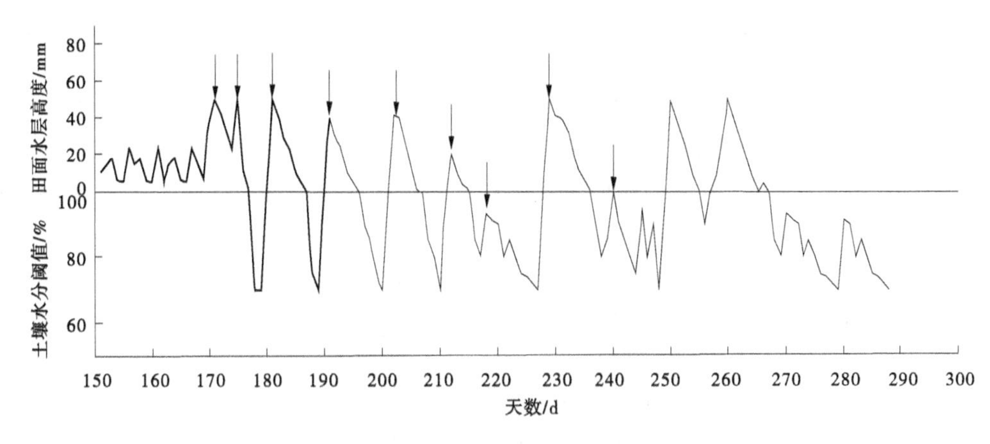

注：箭头表示灌溉，余同。

图 4-18　平水年达到 95%潜在产量的灌水方案

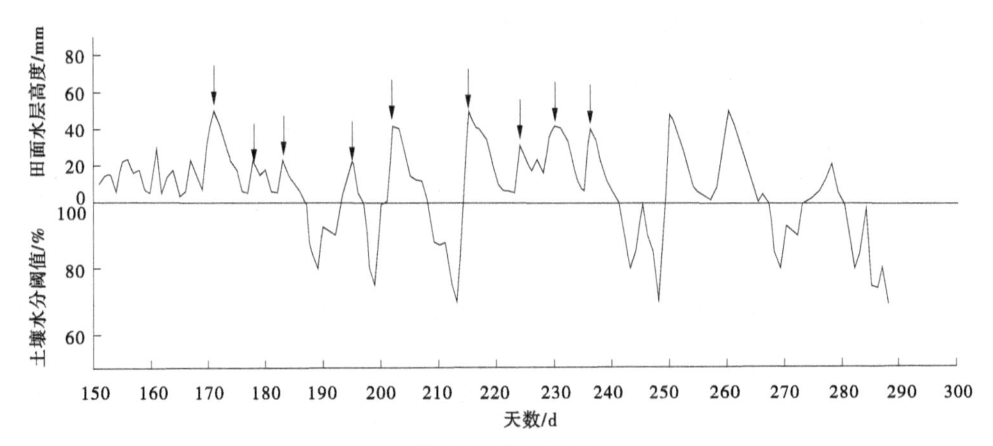

注：箭头表示灌溉，余同。

图 4-19　丰水年达到 95%潜在产量的灌水方案

需灌 3 次，3 次施肥前、中、后施肥浓度保持在 2∶1∶1。枯水年达到 95%潜在产量的灌水方案如图 4-20 所示。

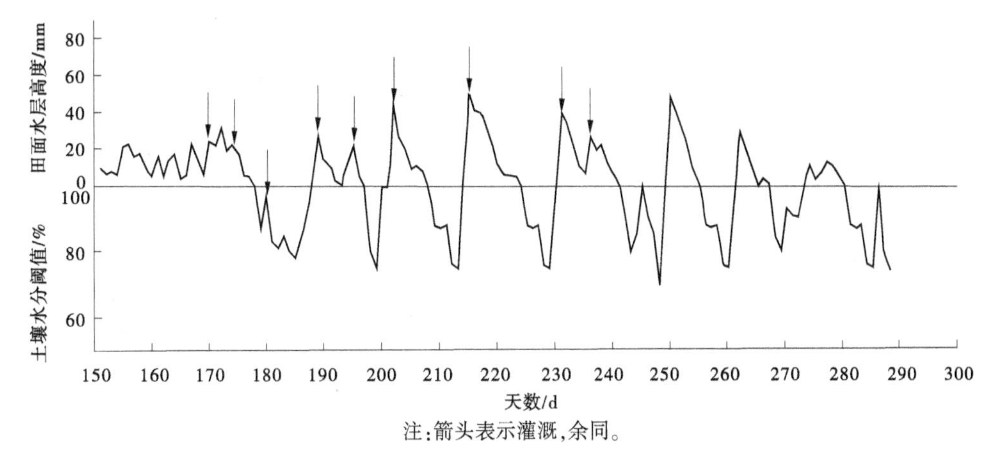

注：箭头表示灌溉，余同。

图 4-20　枯水年达到 95%潜在产量的灌水方案

4.5 小　结

(1)对 ORYZA v3 模型进行了校正和验证,结果表明:模型在农民习惯施肥和施用液态有机肥下参数差异较大,在不同施肥量梯度和不同施肥比例上参数变异性较低,整体模拟效果较好。

(2)使用 ORYZA v3 模型模拟得出液态有机肥基肥:返青肥:蘖肥:穗肥= 0.3:0.1:0.4:0.2 的施肥比例对水稻群体质量和产量都有积极的影响。一定范围内土壤水分阈值的变化对水稻产量影响较小,水稻最高产量和最低产量相差值为 2 292~2 820 kg/hm^2。土壤水分阈值相同时,增加施氮量,液态有机肥处理下的水分生产率不断提高。当施氮量为 160~200 kg/hm^2 时,水分生产率增速最大,当施氮量超过 200 kg/hm^2 时,水分生产率与施氮量近似呈线性关系,再增加氮肥施用量,并不能显著增加作物的生产率。当施氮量处于 180~240 kg/hm^2 时,水稻对氮素的利用效率已经明显相对较高,而高氮素的投入不利于水稻对氮素的吸收利用。

(3)使用 ORYZA v3 模型模拟得出不同施肥比例对水稻产量、水分生产率、氮素吸收利用效率有明显影响,适当的前氮后移、增施穗肥可以在较高水氮利用率的状态下提高水稻产量。但在较高的土壤水分阈值情况下,施肥比例的变化对水分生产率影响不明显。

(4)研究不同土壤水分阈值下边际产量和边际氮素损失量的规律表明,水稻的边际产量随施氮量的提高不断降低,边际氮素损失量随施氮总量的提高不断增加。对于不同的水文年型,施用液态有机肥达到较高水稻产量、较低氮素损失的理想施氮量为 211.34~256.11 kg/hm^2,不同水文年高产、节水、省肥的水氮调控方案分别为:①平水年,当土壤水分达到饱和含水率的 70%时进行灌溉,灌溉定额为 60 mm,全生育期施氮总量为 235.45 kg/hm^2。②丰水年,当土壤水分达到饱和含水率的 70%时进行灌溉,灌溉定额为 60 mm,全生育期施氮总量为 234.03 kg/hm^2。③枯水年,当土壤水分达到饱和含水率的 75%时进行灌溉,灌溉定额为 60 mm,水稻全生育期施氮总量为 236.39 kg/hm^2。

第 5 章　稻田灌溉施肥一体施肥器开发与应用

水肥一体化施肥器常见于喷灌、滴灌等节水灌溉技术领域。主流的水肥一体化施肥设备有文丘里施肥器、比例施肥泵、全自动注肥设备和压差式施肥罐等。依据控制方式，可将现有水肥一体化施肥设备分为两类：一类是以施肥总量为控制目标，实现定量施肥，另一类则是固定施肥比例，在施肥过程中保持施肥比例的固定不变或者阶段性可控。前者在实际施肥过程中的施肥浓度随时间的增加而逐步减小，后者可以针对作物不同生育时期的养分需求进行施肥比例的控制。考虑到农业现代化与自动化的发展趋势，能够适应不同作物的生长特点，对不同阶段的施肥比例进行调整成为施肥设备重要的发展方向之一，因此后者逐渐成为水肥一体化施肥装置领域的主流设备。

结合本研究结果以及对水稻现有施肥技术的归纳分析可知，发展适用于水稻灌区的低成本水肥一体化施肥技术是水稻施肥技术的重要发展方向之一，开发设计稳定高效的稻田水肥一体施肥器则是其中重要的一环。基于试验和未来的应用需求，研究团队自主研发了一款可以广泛应用于水稻灌区的水肥一体化施肥器，实现了精确控制施肥过程中的肥液浓度，并可以完成对灌溉数据、灌水时间、施肥量等数据的自动记录，而且运行效果良好，可以有效实现稻田水肥一体化施肥及灌水、施肥利用效率的提高。

5.1　水肥一体化施肥器原理及可行性分析

为了从理论角度来分析水肥一体化施肥器的构成原理及运行的可行性，建立了如图 5-1 所示的水肥一体化施肥器。从图 5-1 中可以看出，整个水肥一体化施肥器包含储肥罐、蠕动泵、单片机、触摸显示屏幕、电源、电磁流量计(或测流堰)、低压管道(灌溉渠道)、出肥管路。在图 5-1 所示的水肥一体化灌溉系统中，提前通过水肥一体化施肥器的触摸屏幕输入本次灌溉、施肥田块的面积、灌水深度与施肥量，由单片机计算得到本次施肥过程中需要保持的水肥比例；通过电磁流量计(或测流堰)测得低压管道(灌溉渠道)的输水流量，并将输水流量数据传输至施肥器内单片机，单片机根据实时输水流量与之前计算得到的水肥比计算出瞬时施肥量，并驱动蠕动泵泵送对应的肥料至低压管道(灌溉渠道)放水口，完成灌水施肥操作，实现水肥一体化施肥。

根据以往研究及现行稻田水肥管理情况来看，稻田水肥一体化技术应用的关键在于以下几点：获取实时灌溉流量数据、开发可靠的水肥一体化比例施肥装置、选择合适的肥料类型。

据统计，目前低压管道灌溉技术在南方稻区得到了广泛的推广与应用。低压管道具有节水省地、便于实现农业自动化与信息化的特点，而在低压管道出水端安装流量计，则能够简洁高效地获取瞬时流量数据，以便水肥一体化施肥时的调用。

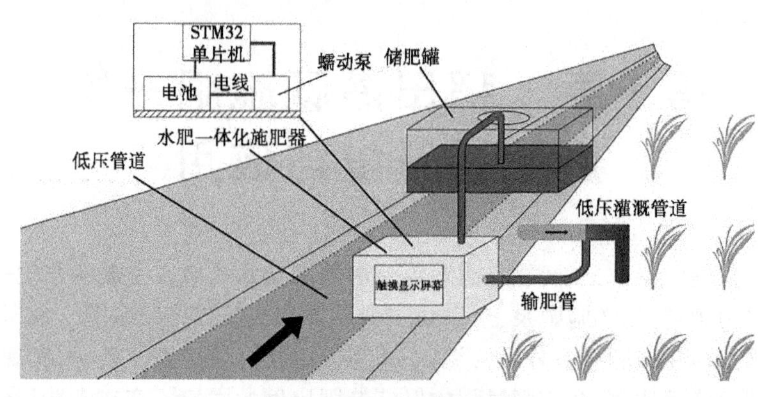

图 5-1　水肥一体化施肥器

本书试验中所使用的水肥一体化施肥器，由团队自行研发，其核心内容在于施肥器中执行比例施肥步骤的程序与触摸屏幕的编辑和控制逻辑，所外接的施肥泵、储肥罐等硬件，可以根据作物类型和实际环境的不同而进行对应硬件替换，如可以将小流量蠕动泵替换为大流量可调速隔膜泵或离心泵，以便适应更大面积田块的施肥。

目前，国内外针对液态肥料进行了广泛研究，研发出适用范围广泛的多种液态肥料，如液氨、氨水、碳化氨水及氨基酸水溶肥等。相较于传统固体颗粒肥料，液态肥料能够有效地被作物吸收利用。此外，液态肥料亦能促进作物增收与改良土壤，具有广阔的应用前景。

综上所述，稻田水肥一体化施肥器的原理与现有硬件基础均已具备，稻田水肥一体化施肥技术是完全可行的。

5.2　水肥一体化施肥器设计

5.2.1　技术路线

本书试验设计研发的稻田水肥一体化施肥器主要包含以下几个关键组成部分：一块定制的 STM32F103RCT6 单片机控制板（基于意法半导体的 STM32 平台）、一个流量测量单元、两个步进电机驱动的蠕动泵、一块 LCD 触摸屏幕、一张 TF 储存卡和一个实时时钟（见图 5-2）。

控制板是进行数据采集与施肥控制的核心部件，其单片机具体型号为 STM32F103RCT6。在该控制板上集成了模数转换器（ADC），可以实现对流量或水位数据的监测，进而计算得到流量数据。采用与步进电机驱动模块相连接的控制端口来控制由步进电机驱动的蠕动泵。利用控制板上串行通信模块的晶体管-晶体管逻辑（TTL）端口实现与 LCD 触摸屏的数据输入与输出。而控制板上的 RS-485 串口与数据传输单元（DTU）相连接，实现了远程通信。控制板上有一个串行外围接口（SPI）和一个集成电路总线（IIC），分别用于连接 microSD 卡和 DS3231 时钟模块。供电电压 12V。水肥一体化施肥器组成系统部件的详细参数见表 5-1。

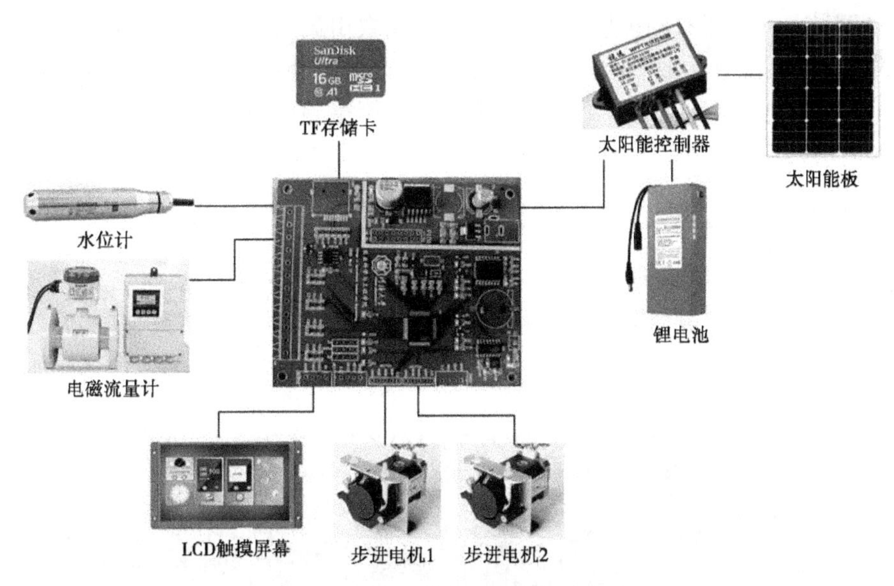

图 5-2　水肥一体化施肥器组成部分

表 5-1　水肥一体化施肥器组成系统部件参数

组成单元	功能	制造商	技术参数	通信方式
流量测量单元（可选）	在渠系灌区采用施肥系统时，测量堰水位，换算成灌溉渠的灌溉流量	CYW11 北京星仪科技	量程：0～1 m 精度：0.5%FS	4-20 mA 模拟信号
	在水渠灌区使用施肥系统时，测量灌溉流量	电磁流量计 杭州美控科技公司	量程：0～4 m^3/h 精度：0.5%FS	
蠕动泵（步进电机驱动）	准确执行定量液肥泵送，按控制板指示操作	KCS 蠕动泵 上海 Kamoer 公司	最大流量： 300 mL/min	PWM 控制
LCD 触摸屏幕	输入施肥控制参数，实时显示操作过程参数	DMT10600C070_07W 北京迪文科技	尺寸：7 英寸 屏幕分辨率： 1 024 * 600P	TTL 接口
TF 存储卡	用于存放配置文件和日志文件	SanDisk SD 卡 闪迪公司	容量：16 G	SPI 接口
实时时钟（RTC）	计时	DS3231，Maxim 集成产品有限公司	精度：$\pm 2\times10^{-6}$ 从 0 ℃ 至 +40℃	IIC 接口
锂电池	供应电力	锂电池（12.6 V、30 AH） 深圳大佳满益	电压：12VDC 容量：30 AH	无

流量测量单元主要有两种形式:一种是直接在农田放水口安装对应规格的电磁流量计(本试验中便是采取此种形式),该形式适用于低压管道灌区;另一种是在农田灌溉渠道末端安装测流堰,该形式适用于明渠渠道灌区。流量测量单元应依照实际情况进行灵活选择。

5.2.2　水肥一体化施肥器运行规则

图 5-3 为水肥一体化施肥器的具体使用场景。水稻灌水施肥前,准备好需要施入的液体肥料,并将其装入储肥罐中。若为固体肥料,则需要将其彻底溶解,并明确计量肥液体积,以备后续在水肥一体化施肥器屏幕上输入肥液体积数据。水肥一体化施肥器则直接安放在稻田灌水口附近。

图 5-3　水肥一体化施肥器的具体使用场景

在通过水肥一体化施肥器的触摸屏幕输入本次需要灌水施肥的灌水深度 h(单位 cm)、田块面积 s(单位亩)与施肥总量 $Q_{肥}$(单位 L),并保存至单片机中。该水肥一体化施肥器的触摸屏幕界面如图 5-4 所示。

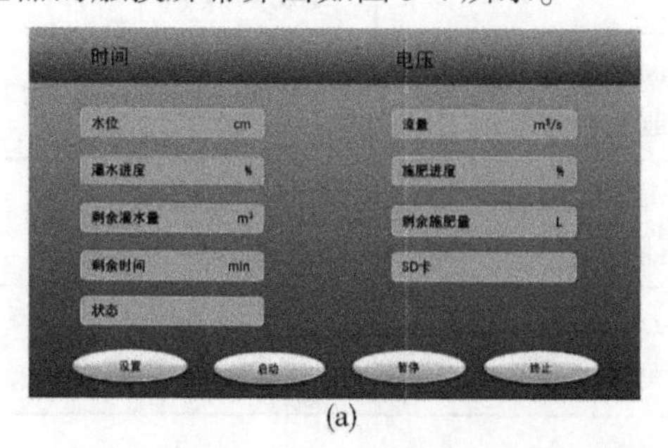

(a)

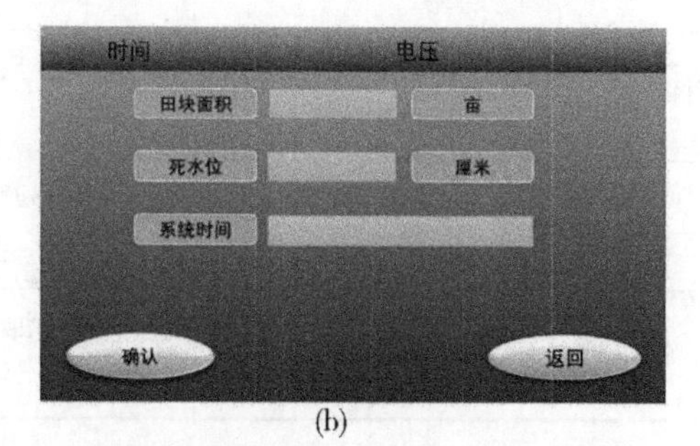

(b)

图 5-4　水肥一体化施肥器的触摸屏幕界面

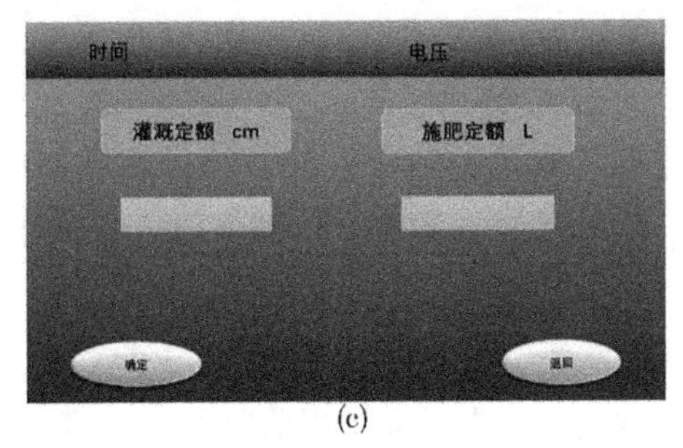

(c)

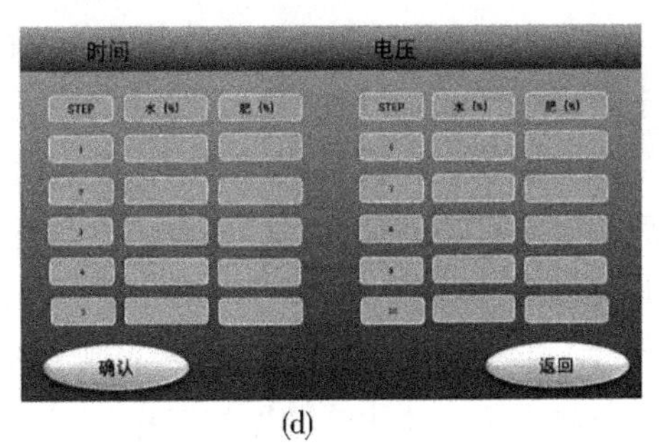

(d)

续图 5-4

通过水肥一体化施肥器触摸屏幕输入的基本数据主要包含图 5-4(b)、(c)、(d)三幅图中的田块面积、灌溉定额、施肥定额、施肥过程的分段情况。当使用该水肥一体化施肥器进行施肥比例设置时，图 5-4(d)中的肥、水比例均设置为 10 段(即灌水全过程分为 10 段，每段内灌水量均为总灌水量的 1/10，而用户可以设定每段内施肥所占总施肥量的比例，进而实现施肥全过程肥水比的设定)。本试验中设置了一个灌溉阶段与一个施肥阶段，即在步数 1 中，施肥比例与灌水比例均为 100%，即控制液态肥流量与灌溉流量比例恒定。单片机根据所输入的灌水水深和田块面积计算得到本次灌水总量 $Q_{水}$，并结合施肥总体积计算得到本次施肥过程中的水肥比 WFR。计算公式见下：

$$Q_{水} = h \cdot s \tag{5-1}$$

$$\mathrm{WFR} = \frac{Q_{水}}{Q_{肥}} \tag{5-2}$$

式中　h——稻田灌水深度，cm；

s——田块面积，m^2；

$Q_{水}$——灌水总量，m^3；

$Q_{肥}$——施肥总量，L；

WFR——水肥比。

若使用者本次未输入，则直接调用存储于单片机 TF 存储卡中上次输入的基本数据作为本次施肥的基础数据。该水肥一体化施肥器在实际运行时，通过安装在田间灌水口的电磁流量计(或者安装在灌溉渠道的测流堰)获得瞬时流量，并将流量数据传输至水肥一体化施肥器单片机，流量数据刷新频率为 1 Hz。单片机根据所采集的瞬时流量 $Q_{水瞬}$计算出该时刻对应的施肥量 $Q_{肥瞬}$，控制蠕动泵泵送对应肥量至灌水口，实现水肥一体化等比例施肥，计算公式见式(5-3)：

$$Q_{肥瞬} = \mathrm{WFR} \cdot Q_{水瞬} \tag{5-3}$$

经过室内试验的测定，明确了步进电机运转步数与泵送肥液体积的关系为：10 000 步对应 25 mL，将这一关系写入单片机程序中。当单片机计算得到 $Q_{肥瞬}$后，需要根据 $Q_{肥瞬}$再计算得到步进电机的运转步数，进而控制步进电机转动的步数来控制蠕动泵泵送肥量。

归纳总结后，水肥一体化施肥器运行逻辑如下：

(1)施肥器开机，系统初始化。

(2)通过触摸屏幕输入本次灌溉施肥的主要参数:灌水总量、田块面积、灌水深度,并设定具体的灌溉-施肥阶段。

(3)对于每个灌溉-施肥阶段,根据设定的水肥比和当前实际流量计算出施肥速率,然后步进电机蠕动泵以对应速率供给适量肥料。当施肥量或灌溉量达到当前阶段的最大值时,蠕动泵停止工作。

(4)重复第(3)步,直到灌溉-施肥结束。如果灌溉结束前施肥完成,则停止灌溉,但继续监测水肥一体化施肥器的工作状态。灌溉流量、肥料消耗量及当前阶段等内容则自动更新至显示屏幕上,并存储到 TF 存储卡,此部分操作的刷新频率为 1 Hz。运行流程见图 5-5。

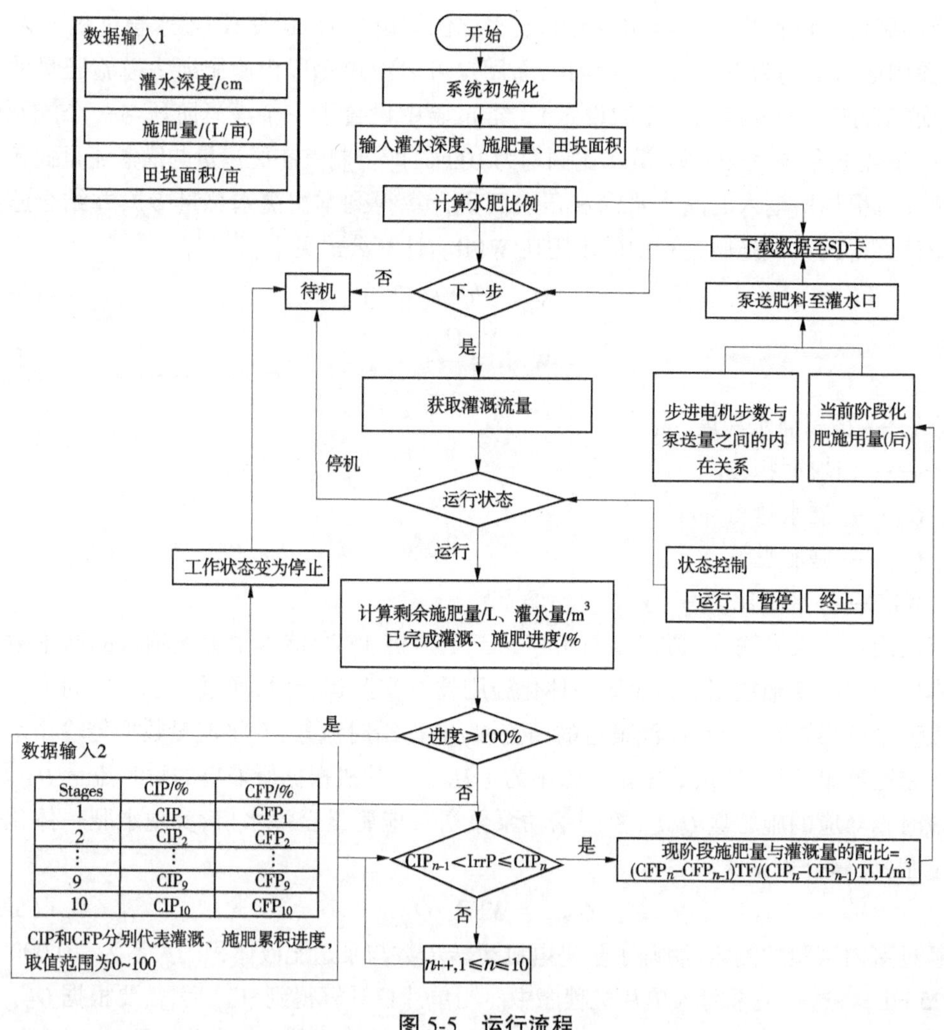

Stages	CIP/%	CFP/%
1	CIP_1	CFP_1
2	CIP_2	CFP_2
⋮	⋮	⋮
9	CIP_9	CFP_9
10	CIP_{10}	CFP_{10}

图 5-5　运行流程

5.3　水肥一体化施肥器出肥浓度控制效果检验

5.3.1　试验设计

5.3.1.1　肥料浓度控制试验

在模拟渠道(长 1.5 m、宽 0.25 m)中对本水肥一体化施肥器进行了肥料浓度控制试验，目的是验证在灌溉流量发生变化时，水肥一体化施肥器可以瞬时响应灌溉流量，以实现对灌溉出口处的肥料浓度的精确控制。模拟渠道中共安装 5 台相同规格的泵(每台泵额定流量 1.8 m^3/h)，通过开启泵的台数来模拟灌溉渠道中的流量变化，渠道灌溉流量由模拟渠道的矩形堰与水位关系计算获得。相关计算公式见式(5-4)～式(5-8)。

$$F_{\mathrm{I}} = 3\,563.4H^3 + 11\,071H^2 + 306.47H \tag{5-4}$$

$$F_{\mathrm{f}}^{\mathrm{t}} = \frac{F_{\mathrm{I}}}{3.6 \cdot \mathrm{WFR}} \times 10^3 \tag{5-5}$$

$$C_{\mathrm{t}} = \frac{C_{\mathrm{s}}}{\mathrm{WFR} + 1} \times 10^3 \tag{5-6}$$

$$C_{\mathrm{a}} = \frac{F_{\mathrm{f}}^{\mathrm{a}} \times C_{\mathrm{s}}}{1\,000F_{\mathrm{I}}/3.6 + F_{\mathrm{f}}^{\mathrm{a}}} \times 10^3 \tag{5-7}$$

$$C_{\mathrm{a}} = 0.163\,46 \times (EC_{\mathrm{a}} - EC_0) \quad (R^2 = 0.999\,5) \tag{5-8}$$

式中　F_{I}——渠道灌溉流量，m^3/h；

H——模拟渠道的水位，m；

$F_{\mathrm{f}}^{\mathrm{t}}$——目标施肥流量，mL/s；

C_{t}——目标肥料浓度，mg/L；

C_{a}——实际肥料浓度，mg/L；

C_{s}——注入灌溉水的液态肥中的 NH_4^+ 浓度，g/L；

$F_{\mathrm{f}}^{\mathrm{a}}$——实际施肥流量，mL/s；

WFR——水肥比；

EC_{a}——实际测得的电导率，μS/cm；

EC_0——小区水层电导率背景，μS/cm。

电导率的测量方法有两种：①通过每 5 s 测量一次肥料罐减少的重量与肥料密度，依据式(5-7)计算得到实际肥料浓度 C_{a}，并将此 C_{a} 记为 $C_{\mathrm{a}}^{\mathrm{w}}$；②使用便携式电导率仪 SPECTRUM EC450 直接测得实际肥料电导率 EC，再依据式(5-8)计算得到实际肥料浓度 C_{a}，并将其记为 $C_{\mathrm{a}}^{\mathrm{EC}}$。

使用标准化平均绝对误差(NMAE)和范围偏差(DR)评价水肥一体化施肥器对肥料浓度控制的准确与误差。二者的计算公式见式(5-9)、式(5-10)。

$$\mathrm{NMAE} = \frac{1}{N}\sum_{i=1}^{N} |C_{\mathrm{a}}^{i} - C_{\mathrm{t}}|/C_{\mathrm{t}} \times 100\% \tag{5-9}$$

$$DR = \{\min[(C_a^i - C_t)/C_t], \max[(C_a^i - C_t)/C_t]\} \quad (5\text{-}10)$$

式中　N——观测次数；

C_a^i——第 i 次观测的实际肥料浓度 C_a。

5.3.1.2　动态施肥控制试验

在低压管道灌溉系统中，通过调整阀门开启程度进行动态施肥，以检验所开发的水肥一体化施肥器是否能够立即响应低压管道灌溉流量的变化，并实时对施肥速率进行调整控制。试验过程中，灌溉流量在 0～6 m^3/h 随机波动，施肥器内单片机将灌溉、施肥数据记录至 TF 存储卡中，刷新频率为 1 s/次。将 TF 存储卡中记录的数据与称重后的肥料累积量进行比较，并观察其累计误差，以衡量所开发的水肥一体化施肥器在动态施肥过程中对肥料浓度的控制精确程度。

5.3.1.3　运行稳定性试验

考虑到实际施肥过程中，无论是明渠灌溉还是低压管道灌溉，其流量均会在一定范围内波动，因此水肥一体化施肥器能否在流量波动的情况下稳定运行，将直接关系到施肥效果，同时这也是本试验能否顺利进行的必备条件。因此，依据大田实际灌溉水流量的变化范围，选择在 $Q=1$ m^3/h、$Q=2$ m^3/h、$Q=3$ m^3/h、$Q=4$ m^3/h、$Q=5$ m^3/h 5 个流量下进行流量梯度变化模式施肥，以验证水肥一体化施肥器能够针对灌溉水流量的变化进行可靠、稳定的调整，保证在不同流量下，该水肥一体化施肥器施入田内的肥液浓度基本恒定，实现等比例施肥的目标。具体测定方法为：在变流量施肥条件下，于每个流量下，使用烧杯直接接取灌水口处的肥水混合液，测量其电导率数值，并换算成肥料浓度，与肥料浓度的理论值相对照。

5.3.1.4　田间施肥均匀度测试

2020 年开展了田间施肥均匀度测试试验，共设置 6 个施肥情景。选取施肥方式、施肥量和田间初始水分状况作为稻田施肥试验设计情景的设计因素。施用化肥为当地生产的友谊牌农业用碳酸氢铵，含氮量≥17%（目前稻田常用追肥类型为尿素，本节试验为保证施肥后水层电导率变化较为明显，使用碳酸氢铵作为氮肥，仅作为试验研究）。施肥方式设置为传统人工撒施施肥 HF（Hand broadcasting fertilization）、水肥一体化施肥器施肥 AF（Automatic fertilization）。单次施肥量设置为常规施氮量 5.5 kg/小区（62.6 kg/hm^2）和减施氮量 2.0 kg/小区（22.7 kg/hm^2），田间初始水分状况设置为有 1～3 cm 淹没水层 W（Water）和无水层有裂缝 D（Dry）两种。HF 处理直接称取固定量碳酸氢铵肥料（5.5 kg 或 2.0 kg），待灌水完成后，以手撒方式完成施肥；AF 处理直接称取固定量（5.5 kg 或 2.0 kg）肥料分别配制成 22.5 L 和 45.0 L 肥料溶液，在田间管道出水口处使用水肥一体化施肥器完成施肥。各处理设置如表 5-2 所示。

有研究指出，田间灌溉施肥水层的电导率在一定范围内可以反映土壤肥力的变化，这是由于肥料溶于水后会分解为离子态，对田间水层的电导率产生显著影响，因此可以通过对电导率的观测来推断田内水层中肥料的分布情况。因此，本研究同样通过观测田内水层电导率来换算水层中肥料浓度。

表 5-2　试验因素与水平

施肥情景	因素		
	施肥方式	田间初始水分状况	施肥量/(kg/hm^2)(以纯氮计)
AFD5.5	水肥一体化施肥器施肥	无水	62.6
AFW5.5	水肥一体化施肥器施肥	有水(1.5 cm)	62.6
HFW5.5	传统人工撒施	有水(6.0 cm)	62.6
AFD2.0	水肥一体化施肥器施肥	无水	22.7
AFW2.0	水肥一体化施肥器施肥	有水(1.8 cm)	22.7
HFW2.0	传统人工撒施	有水(6.0 cm)	22.7

采用自行设计制作的电导率监测网对施肥后小区不同采样点处水层电导率进行长时间尺度下的观测。电导率传感器监测网布置形式为：沿田块长度方向布置 6 个传感器，间距为 3 m；沿田块宽度方向布置 3 个传感器，间距为 4 m，均匀布置 3 行 6 列，共计 18 个传感器。数据记录仪布置于各行中间位置的防水电箱内。具体布置形式见图 5-6。

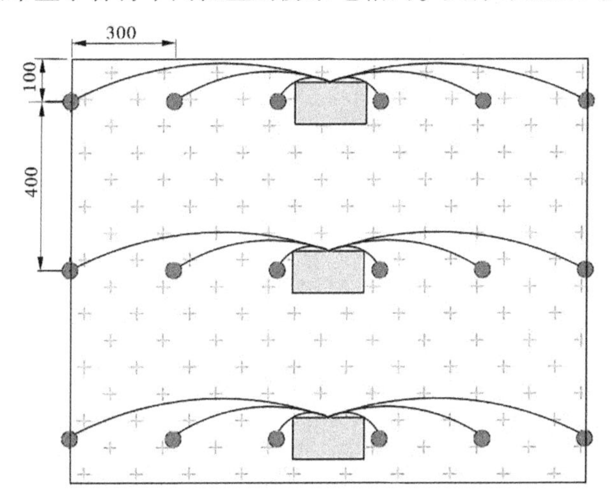

图 5-6　电导率传感器监测网布置图　(单位：cm)

在夏季水稻的蘖肥与穗肥阶段进行单次追施氮肥的田间水层肥料分布均匀度监测。具体操作过程为：每次灌水时采用传统人工撒施或者水肥一体化施肥器施肥。灌水开始前，将电导率传感器监测网安置于田间，并打开数据记录仪，开始进行电导率监测。灌水开始后，通过传感器采集数据，并由数据记录仪进行记录。结束施肥后，电导率传感器持续观测至 12 h 后结束观测，关闭数据记录仪并使用 U 盘导出试验数据，对试验数据进行处理和分析。

为了将监测得到的电导率换算为肥料溶液浓度，通过室内试验，建立了电导率 EC 与碳酸氢铵肥液浓度 C 之间的关系。在 0~800 mg/L 浓度区间，以 100 mg/L 为梯度进行递增变化，观测对应浓度下的电导率值 EC，进而得到碳酸氢铵肥液浓度与电导率之间的函数关系：

$$C = \frac{m}{V} \times 1\ 000 \tag{5-11}$$

$$EC = 15.91 \times C + 149.74 \quad (R^2 = 0.999\ 3) \tag{5-12}$$

式中 C——模拟施肥状态时配置肥液质量-体积浓度，mg/L；

m——碳酸氢铵质量，kg；

V——溶液体积，L；

EC——电导率，μS/cm。

通过所测得的多个取样点处电导率，按照式(5-11)、式(5-12)计算肥液浓度，进而根据所有测点信息计算得到肥料分布均匀度指标。

国内外诸多学者对肥料田间分布均匀度的评价来源于外供氮肥溶解分解后附着于土壤中的氨态氮。而本章关注于田间水层肥料分布均匀度，因此经过查阅本领域的相关文献后，结合喷灌、滴灌等微灌领域的施肥均匀度评价标准体系，选用以下4个指标组成施肥均匀度的评价指标体系：

(1) Christiansen 均匀度 CU(%)。

$$\mathrm{CU} = \left(1 - \frac{\sum_{i=1}^{N} |x_i - \bar{x}|}{N\bar{x}}\right) \times 100 \tag{5-13}$$

式中 x_i——第 i 个观测值；

$\bar{x}$—均值；

N—观测点个数。

(2) 分布均匀系数 DU。

$$\mathrm{DU} = \frac{\bar{x}_{\mathrm{lq}}}{\bar{x}} \tag{5-14}$$

式中 $\bar{x}_{\mathrm{lq}}$——N 个观测值中较小的1/4个观测值的均值。

(3) 变异系数 C_{v}。

$$C_{\mathrm{v}} = \frac{S_x}{\bar{x}} \tag{5-15}$$

$$S_x = \left\{\frac{1}{N-1}\left[\sum_{i=1}^{N} x_i^2 - N\left(\frac{1}{N}\sum_{i=1}^{N} x_i\right)^2\right]\right\}^{\frac{1}{2}} \tag{5-16}$$

式中 S_x——观测值的标准差。

(4) 统计均匀度 U_{s}(%)。

$$U_{\mathrm{s}} = (1 - C_{\mathrm{v}}) \times 100 \tag{5-17}$$

5.3.2 肥料浓度控制试验结果分析

管道灌溉和渠道灌溉施肥试验的结果分别见表5-3和表5-4。结果表明，在不同水肥比和灌溉流量条件下，称量法测定NH_4^+浓度 $C_{\mathrm{a}}^{\mathrm{w}}$与目标值$C_{\mathrm{t}}$间误差较小：管道灌溉系

表 5-3　管道灌溉不同水肥比和灌溉流量下肥料浓度控制性能

目标水肥比	F_I/(m³/h)	F_f^t/(mL/s)	C_t/(mg/L)	C_a^{EC}/(mg/L)	F_f^a/(mL/s)	C_a^w/(mg/L)	实际水肥比	C_a^{EC} vs. C_t		C_a^w vs. C_t	
								NMAE/%	DR/%	NMAE/%	DR/%
	1.000	0.694		171.3	0.695	170.0	399.7				
	2.019	1.402		171.0	1.403	170.0	399.7				
400	2.997	2.081	169.8	171.1	2.085	170.2	399.3	0.78	-1.15~1.09	0.21	-0.32~0.32
	3.999	2.777		170.8	2.771	169.5	400.9				
	4.996	3.469		168.2	3.478	170.3	399.0				
	1.006	0.466		114.8	0.464	112.9	602.3				
	1.995	0.924		114.5	0.924	113.4	599.7				
600	3.011	1.394	113.3	113.4	1.378	112.0	607.0	0.78	-0.99~1.65	0.34	-1.17~0.15
	4.003	1.853		112.5	1.851	113.2	600.7				
	4.996	2.313		114.1	2.311	113.2	600.5				
	1.004	0.349		87.1	0.347	84.6	803.7				
	2.028	0.704		87.3	0.698	84.3	807.1				
800	3.001	1.042	85.0	83.5	1.046	85.4	797.0	1.51	-2.15~2.90	0.58	-0.98~0.67
	4.000	1.389		85.2	1.381	84.5	804.6				
	4.986	1.731		84.5	1.741	85.5	795.5				
	1.000	0.278		66.5	0.277	67.9	1 002.8				
	2.032	0.564		67.5	0.565	68.1	999.0				
1 000	2.997	0.833	68.0	68.3	0.833	68.1	999.4	1.32	-2.56~0.97	0.15	-0.35~0.86
	4.001	1.111		66.4	1.109	67.9	1 002.2				
	5.001	1.389		68.5	1.389	68.0	1 000.1				
	1.012	0.234		57.7	0.232	56.2	1 211.7				
	2.023	0.468		56.2	0.471	57.0	1 193.1				
1 200	2.984	0.691	56.7	57.2	0.696	57.1	1 190.9	1.18	-1.78~2.27	0.52	-1.08~0.86
	3.997	0.925		56.5	0.925	56.7	1 200.3				
	5.011	1.160		56.9	1.164	56.9	1195.8				

注：F_I 为灌溉流量；F_f^t 为目标施肥流量；C_t 为目标肥料浓度；C_a^{EC} 为实际肥料浓度，由 EC_a 计算得出；F_f^a 为实际施肥流量，通过称量肥料损失来测量；C_a^w 为实际肥料浓度，由 F_f^a 导出；C_a^{EC} vs. C_t 和 C_a^w vs. C_t 分别表示实际肥料浓度和目标肥料浓度之间的差异。其中，上标 EC 和 W 分别表示基于 EC 测定和重量方法测算的肥料浓度值。

统的 NMAE 值为 0.15%~0.58%，DR 值为-1.17%~0.86%；渠道灌溉系统的 NMAE 值为 0.22%~0.63%，DR 值为-1.45% ~ 0.97%，表明该水肥一体化施肥器具有较高的施肥精度。利用灌水出口电导率 C_a^{EC} 计算 NH_4^+ 浓度时，管灌系统 NMAE 和 DR 分别为 0.78%~1.51%和-2.56%~2.90%，渠灌系统 NMAE 和 DR 分别为 0.58%~1.90%和-2.84%~2.

88%。结果表明，C_a^w 和 C_a^{EC} 与 C_t 的误差较小，说明该施肥系统在多种肥水比和不同灌溉流量下均能准确输送液肥，且肥料与灌溉水的混合效果良好。

各指标计算方法见前文 5.3.1。

表 5-4　渠道灌溉不同水肥比和灌溉流量下肥料浓度控制性能

目标水肥比	F_l/ (m^3/h)	F_f^t/ (mL/s)	C_t/ (mg/L)	C_a^{EC}/ (mg/L)	F_f^a/ (mL/s)	C_a^w/ (mg/L)	实际水肥比	C_a^{EC} vs. C_t		C_a^w vs. C_t	
								NMAE/%	DR/%	NMAE/%	DR/%
400	1.799	1.249	169.8	167.9	1.257	170.8	397.7	0.58	-1.27~0.80	0.22	-0.21~0.62
	3.596	2.497		170.8	2.498	169.9	399.9				
	5.399	3.749		170.7	3.757	170.2	399.2				
	7.196	4.997		170.5	4.988	169.5	400.8				
	8.999	6.249		169.5	6.252	169.9	399.8				
600	1.803	0.835	113.3	114.9	0.840	114.1	595.9	0.63	-0.64~1.83	0.22	-0.11~0.77
	3.604	1.669		114.2	1.668	113.3	600.3				
	5.413	2.506		112.9	2.507	113.4	599.8				
	7.210	3.338		113.7	3.344	113.5	598.9				
	9.011	4.172		113.4	4.172	113.3	600.0				
800	1.806	0.627	85.0	83.5	0.619	83.9	810.7	1.43	-2.04~2.32	0.50	-1.45~0.67
	3.610	1.253		85.6	1.260	85.5	796.0				
	5.419	1.882		86.4	1.876	84.8	802.4				
	7.226	2.509		86.7	2.513	85.2	798.8				
	9.034	3.137		84.1	3.130	84.9	801.7				
1 000	1.797	0.499	68.0	69.6	0.503	68.6	992.2	1.90	-2.27~2.88	0.63	-1.38~0.97
	3.598	0.999		70.0	0.990	67.4	1 009.6				
	5.390	1.497		68.7	1.507	68.5	993.7				
	7.184	1.996		66.8	2.002	68.3	996.8				
	8.982	2.495		67.1	2.487	67.8	1 003.1				
1 200	1.803	0.417	56.7	56.5	0.413	56.1	1 212.5	1.03	-2.84~1.57	0.44	-1.43~0.33
	3.607	0.835		55.5	0.841	57.1	1 191.7				
	5.410	1.252		56.4	1.247	56.5	1 204.9				
	7.208	1.669		57.2	1.662	56.5	1 204.8				
	9.018	2.088		56.3	2.090	56.8	1 198.4				

注：表中各指标与表 5-3 中各指标计算方式一致。

5.3.3　动态施肥控制试验结果分析

图 5-7 为整个施肥过程中施肥流量随灌溉流量变化的动态过程。结果表明，施肥流

量能够对灌溉流量产生瞬时响应,以维持稳定的水肥比,其稳定性优于相关研究结果。当灌溉流量持续变化时,施肥流量会受到较为明显的影响;总体来看,实际水肥比与目标水肥比之间的偏差为-0.53% ~ 0.56%,其中92%以上的记录保持在±0.1%以内,表明该水肥一体化施肥器在动态施肥过程中具有极高的稳定性。

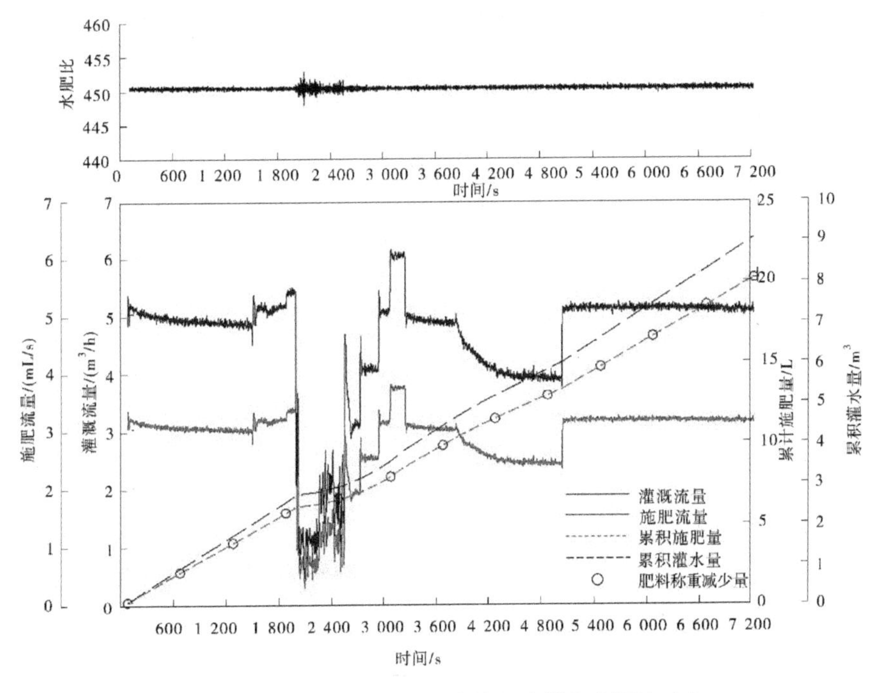

图 5-7　不同灌溉流量过程中施肥流量和水肥比动态

5.3.4　施肥器运行稳定性试验结果分析

在大田试验开始前,对水肥一体化施肥器运行稳定性进行了验证。由图 5-8 可知,监测时间段内,水肥一体化施肥器所施入的肥料浓度与理论肥料浓度基本一致,波动范围稳定在 1.0%~9.26%,证明该施肥器运行时间内具有一定的稳定性与可靠性。

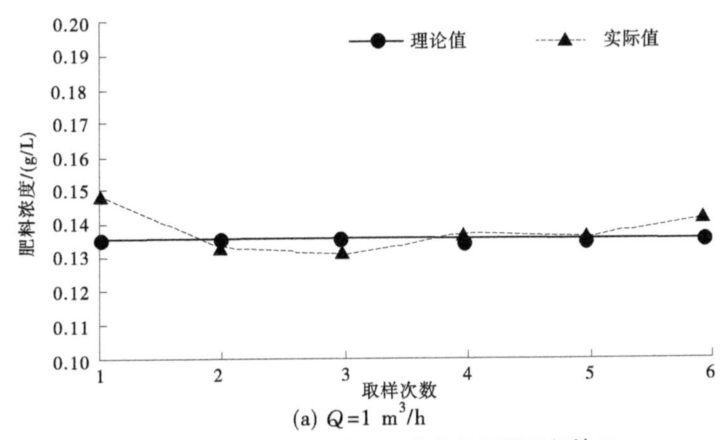

图 5-8　不同流量下水肥一体化施肥器运行情况

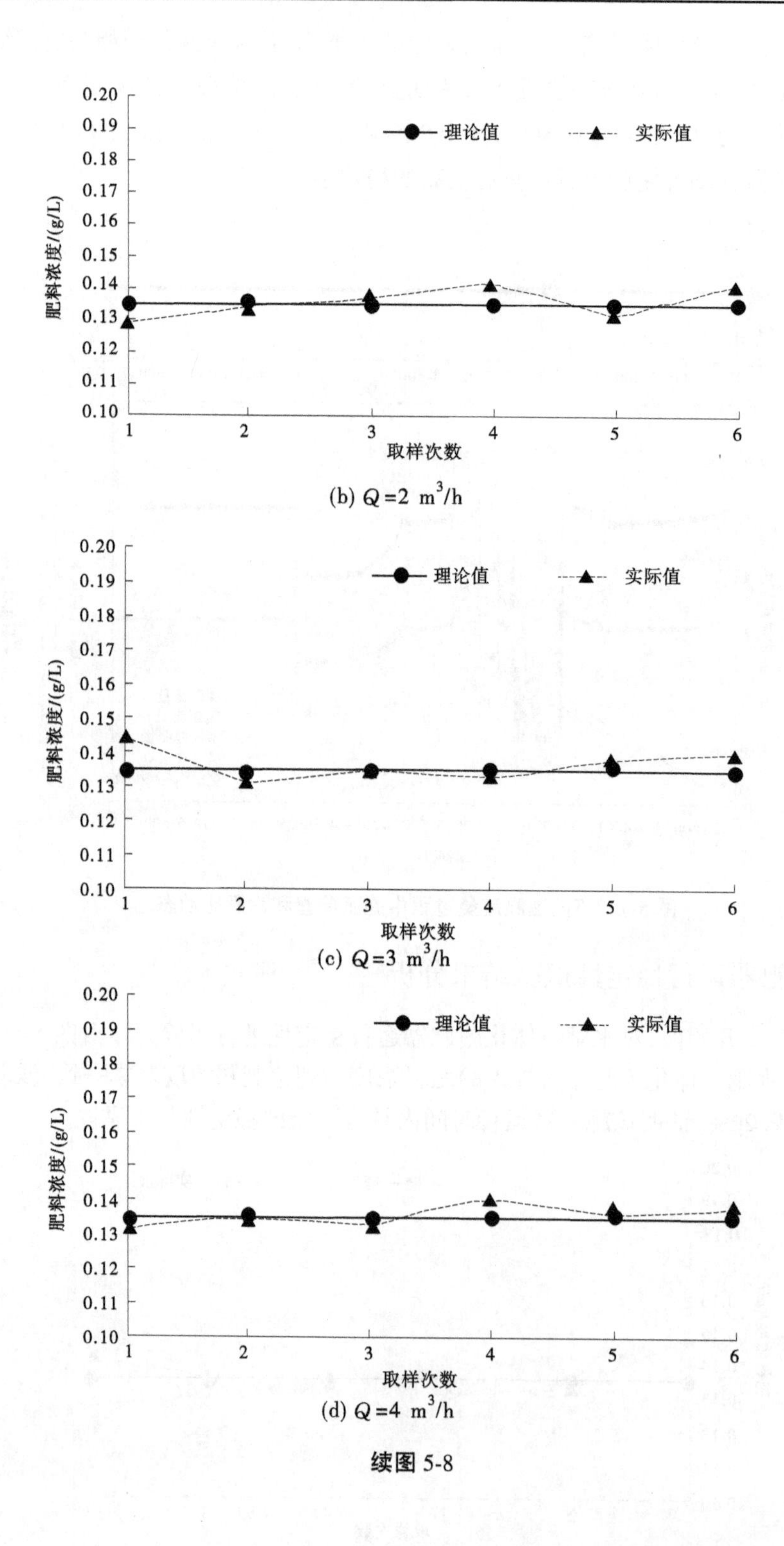

(b) Q=2 m³/h

(c) Q=3 m³/h

(d) Q=4 m³/h

续图 5-8

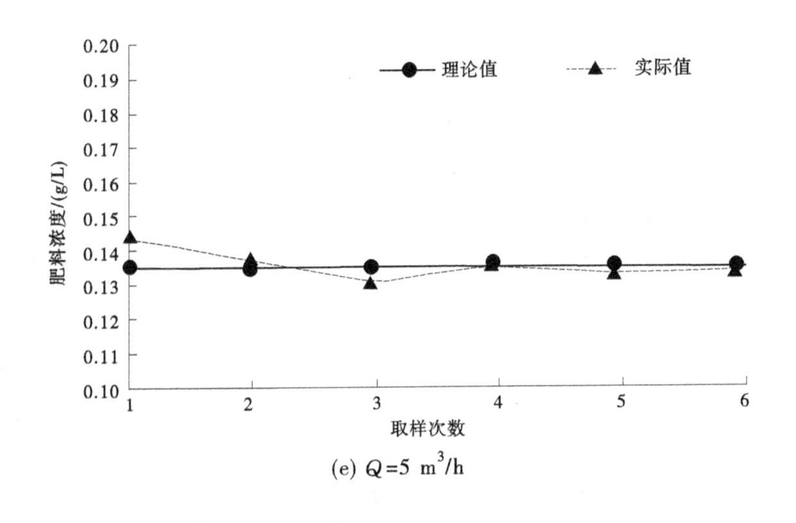

(e) $Q=5\ m^3/h$

续图 5-8

5.3.5　田间均匀度试验结果分析

5.3.5.1　不同条件下田间肥料浓度变化规律

在试验进行前，难以明确施肥后田内肥料浓度及其分布均匀度达到稳定所需的具体时间，进而导致无法明确各处理施肥均匀度的观测时刻。因此，在预试验中，使用自制的电导率监测网对各处理进行了为期 12 h 的连续观测，以明确其田间水层肥料浓度与施肥均匀度稳定的时间，便于后续试验简化观测频率与明确观测时刻。

不同施肥处理对应的田间肥料浓度随时间变化规律如图 5-9 所示，可以看出，自结束施肥时刻起，不同施肥处理对于田内的肥料浓度的变化具有不同程度的影响。HFW5. 5 处理与 HFW2. 0 处理肥料浓度先增加，后出现大幅度减小，并最终趋于稳定。这是因为人工撒施过程中，肥料颗粒先沉入水底，而后逐步溶解并向水面扩散，浓度上升是由于碳酸氢铵溶解并逐渐扩散至电导率传感器的高度，而浓度下降则是因为递增高浓度区域逐渐向水面扩散、稀释，使得浓度有所降低。说明在人工施肥的情况下需要 2~3 h 才能基本溶解并完成田间扩散。而 AFW5. 5、AFW2. 0、AFD5. 5、AFD2. 0 处理田间肥料浓度基本不发生明显变化，仅随时间的推移肥料浓度出现小幅度的降低。

各处理基本上在施肥后 4 h 左右达到稳定状态，此时各处理田间肥料浓度的峰值范围是 237~412 mg/L。此后随着时间的推移，各处理田间肥料浓度有所降低。各处理田内水层中的肥料浓度存在一定差别，这是因为各处理田块内的基础状况有所不同，如同一施肥方式和施肥量下，田间无水层处理的水层肥料浓度普遍较高，这是因为施肥前田内含有初始水层时会对施入的肥料产生稀释作用。

图 5-10 中从(a)到(i)分别代表施肥后 0、1 h、2 h、4 h、8 h、12 h、16 h、20 h、24 h 对应时刻的肥料分布特征，可以看出，在施肥后 0~8 h 内，肥料离子不断扩散运移，施肥均匀度有所增高，但在施肥 8 h 后，田间肥料浓度基本不再发生较大变化。经过对施肥后各处理田间肥料浓度的连续观测，最终明确：在无外界干扰的条件下，各处理在结束施肥 12 h

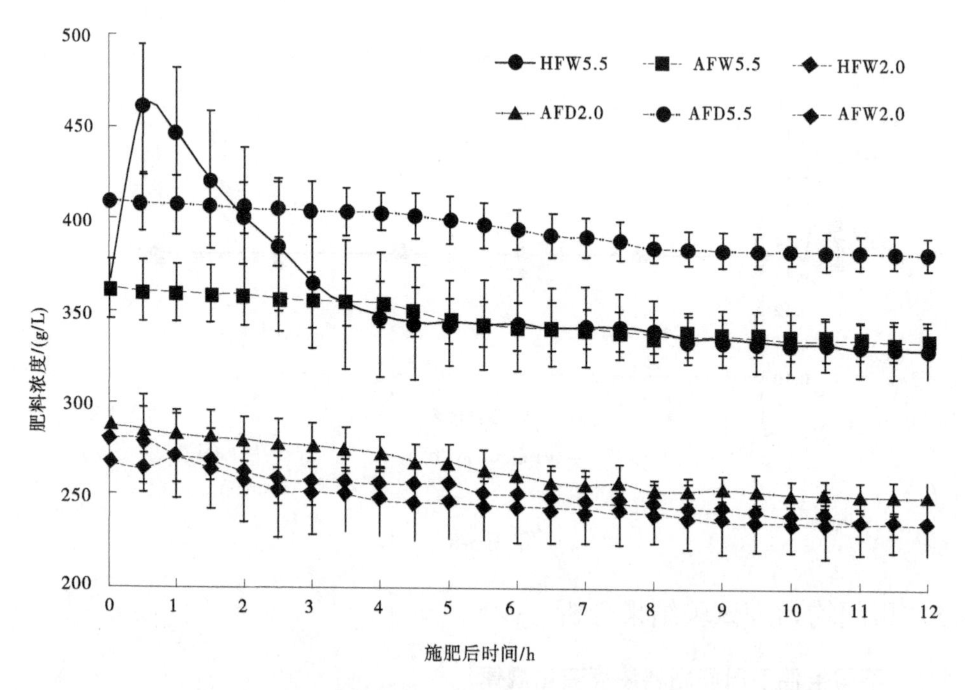

图 5-9　不同施肥处理对应的田间肥料浓度随时间变化规律

后，田内肥料浓度与施肥均匀度达到稳定状态。经过分析后，明确出施肥均匀度的观测时刻为施肥后 0、1 时、2 时、3 时、6 时、12 时，共计 6 个时刻，以表现各处理施肥均匀度的变化过程。

5.3.5.2　不同条件对施肥均匀度的影响

在实际施肥过程中，为研究不同施肥条件对施肥均匀度的影响，试验针对单次施肥过程进行了长时间的连续观测。图 5-11 为常规施肥量下不同处理施肥后不同时刻肥料空间分布，图中(a)～(f)分别代表同一处理 0 时、1 时、2 时、3 时、6 时、12 时。

从图 5-11 可以看出，常规施肥量下各处理田内肥料分布趋于稳定状态后，AFD5.5 处理的肥料浓度分布均匀程度最高，AFW5.5 处理次之，HFW5.5 处理最低。AFD5.5 处理从结束施肥时刻起，至 12 h 后，田内肥料浓度分布情况基本没有发生明显变化，仅仅表现为肥料浓度值有细微减小，考虑其原因为夏季水稻追肥期间，夏秋季节苏南地区气温较高，而氨挥发与温度呈正相关关系，因此其氨挥发速率较大，存在一定程度的肥料损失，使肥料浓度有所降低。此外，由于施肥前田内无水层，施肥后出现了一定程度的渗漏损失，这也是导致施肥 12 h 后 AFD5.5 处理肥料浓度有所降低的原因之一。

AFW5.5 处理施肥后田块中部和右下部出现了高浓度区域，其肥料浓度分布范围为 304～492 mg/L。随着时间的推移，中部的高浓度区域逐渐扩散运移，补偿了其他低浓度区域，至结束施肥 6 h 后，肥料浓度分布范围缩小至 366～497 mg/L，后续未再发生较大变化。

在 HFW5.5 处理中，高肥料浓度区域位于田块右上、右下区域，整体上田块右侧肥料浓度较高，说明在人工撒施的过程中，该区域所获得的肥量远远高于其他区域。随着时间

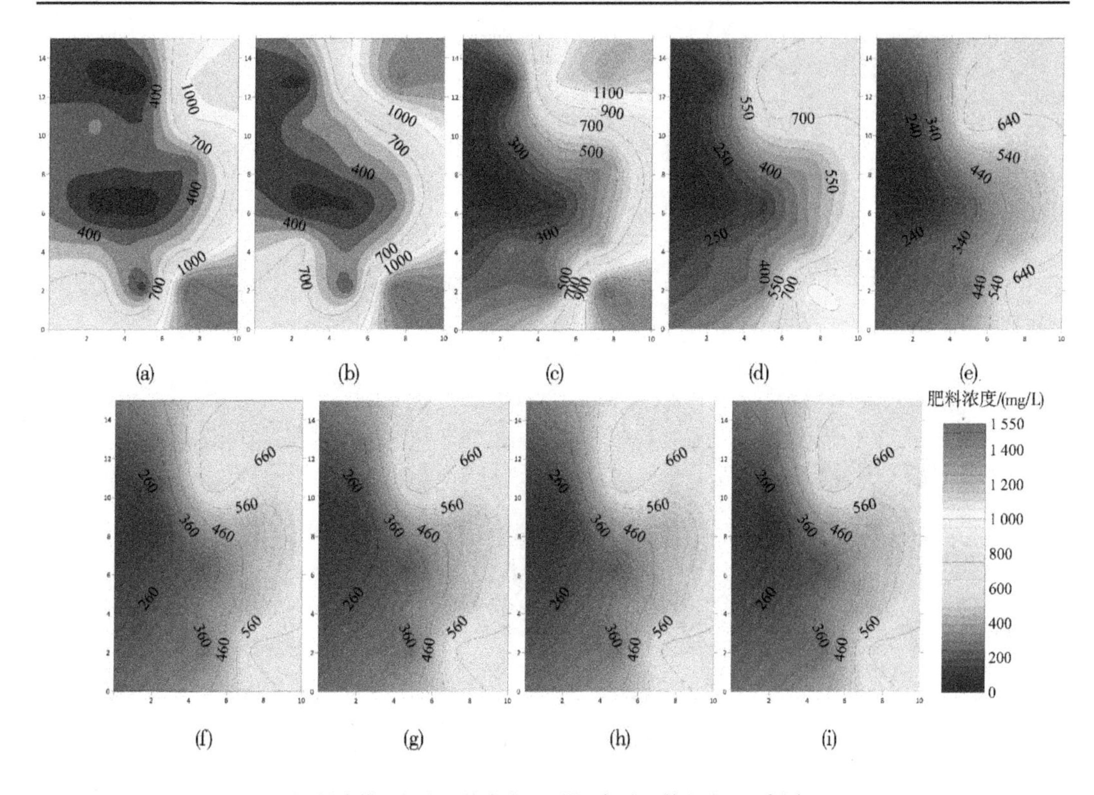

注：图中横坐标为田块宽度，m；纵坐标为田块长度，m，余同。

图5-10 HFW5.5处理沿时间变化下不同肥料浓度分布特征

的推移，该高浓度区域逐渐向田块中部扩散，且浓度逐渐降低。经过4 h后，田块内水层肥料分布基本达到稳定状态，至结束施肥12 h后，肥料浓度分布区间为210～730 mg/L。但田块内肥料浓度分布不均仍存在，高浓度区域主要集中于田块右侧，这种情况可能会导致田块左侧区域的水稻养分供给不足，进而导致水稻生长受阻，并最终对该区域水稻产量产生影响。

图5-12为减量施肥下不同处理施肥后不同时刻肥料空间分布。从图5-12可以看出，减量施肥下各处理田内肥料分布趋于稳定状态后，AFD2.0处理的肥料浓度分布均匀程度最高，AFW2.0处理次之，HFW2.0处理最低。AFD2.0处理田内肥料分布变化情况与AFD5.5处理基本一致，从结束施肥时刻起，至12 h后，田内肥料浓度分布情况基本没有明显变化，仅仅出现了肥料浓度值小幅度减小，原因也与AFD5.5处理一致，一方面是由于夏秋季节高温导致的稻田氨挥发通量增加，另一方面则是施肥前田间无水层导致出现渗漏损失。

AFW2.0处理施肥后高浓度区域主要集中在田头灌水口处，其田内肥料浓度分布范围为58～231 mg/L。随着时间的推移，田头灌水口处高浓度区域逐渐扩散运移，补偿了田尾及其他低浓度区域，至结束施肥12 h后，肥料浓度分布范围缩小至120～204 mg/L。与AFW5.5处理有所不同，由于施肥量较少，因此AFW2.0施肥后肥料在田间水层中的扩散运移速率较低，灌水推进过程降低了肥料分布均匀度，使田间原有清水被推至田尾，肥料却没有同步运移至此。

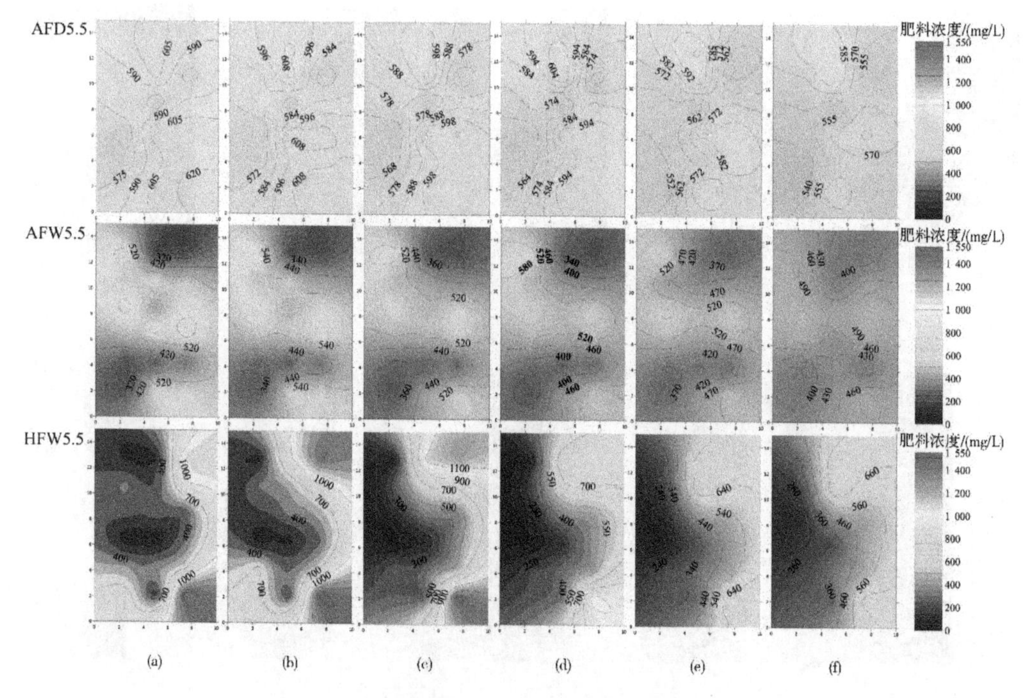

图 5-11　常规施肥量下各处理肥料浓度分布特征

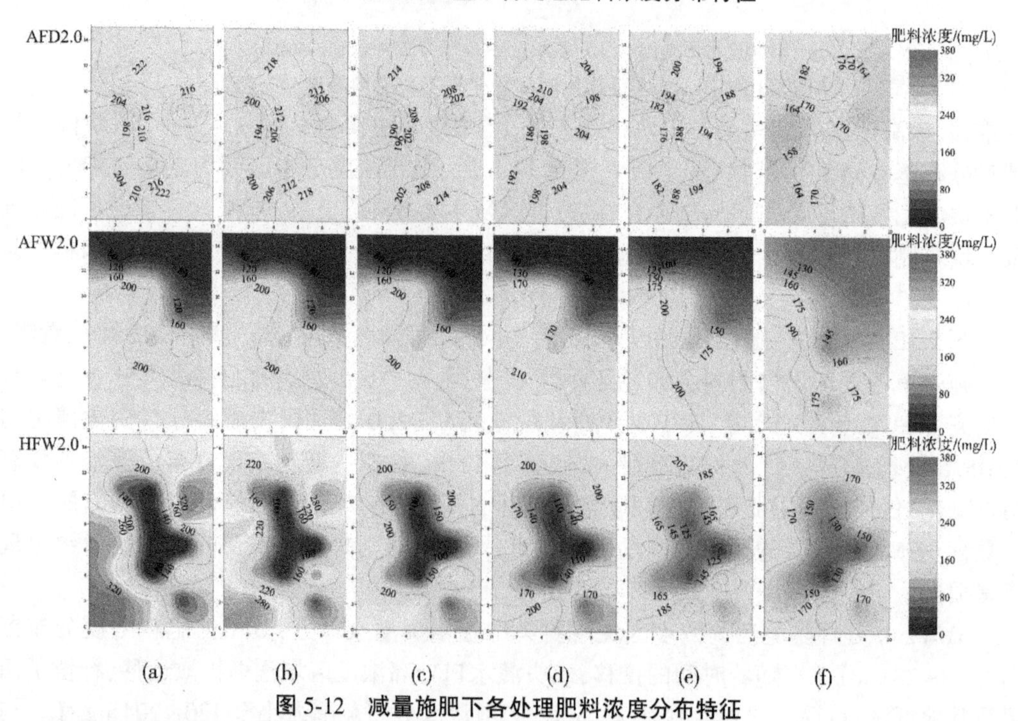

图 5-12　减量施肥下各处理肥料浓度分布特征

在 HFW2.0 处理中，高肥料浓度区域位于田块左右两侧区域，整体上田块左侧肥料浓度最高，说明在人工撒施的过程中，该区域所获得的肥量远远高于其他区域。随着时间的推移，左右两侧高浓度区域逐渐向田块中部扩散，且浓度逐渐降低。经过 6 h 后，田块内水层肥料分布基本达到稳定状态，至结束施肥 12 h 后，肥料浓度分布区间为 90~218 mg/L。但田块内肥料浓度分布不均仍存在，田块中心处肥料浓度始终偏低，这种情况可能会导致田块中心区域的水稻养分供给不足，进而导致水稻生长受阻，并最终对该区域水稻产量产生影响。

表 5-5 为各处理肥料分布均匀度指标变化特征。

表 5-5　各处理肥料分布均匀度指标变化特征

处理	历时/h	CU/%	DU	C_v	U_s/%
AFD5.5	0	97.12	0.96	0.03	97.00
	1	97.15	0.96	0.03	97.03
	2	97.36	0.96	0.03	97.00
	3	97.26	0.96	0.03	97.00
	6	96.98	0.96	0.03	97.00
	12	96.77	0.96	0.04	96.00
AFW5.5	0	71.42	0.55	0.32	68.00
	1	75.34	0.61	0.28	72.00
	2	77.88	0.67	0.25	75.00
	3	79.86	0.69	0.23	77.00
	6	83.48	0.76	0.19	81.00
	12	88.89	0.84	0.13	87.00
HFW5.5	0	40.86	0.30	0.81	29.00
	1	46.50	0.34	0.71	29.00
	2	44.60	0.39	0.75	25.00
	3	58.25	0.45	0.54	46.00
	6	65.70	0.57	0.40	60.00
	12	68.04	0.59	0.38	62.00
AFD2.0	0	95.34	0.92	0.05	95.00
	1	95.42	0.92	0.05	95.00
	2	95.47	0.92	0.05	95.00
	3	95.52	0.93	0.05	95.00
	6	95.66	0.93	0.05	95.00
	12	95.36	0.93	0.06	94.00

续表 5-5

处理	历时/h	CU/%	DU	C_v	U_s/%
AFW2.0	0	71.37	0.50	0.34	66.00
	1	71.73	0.51	0.34	66.00
	2	71.92	0.51	0.34	66.00
	3	72.94	0.53	0.33	67.00
	6	78.13	0.62	0.26	74.00
	12	85.48	0.79	0.17	83.00
HFW2.0	0	49.21	0.27	0.57	43.00
	1	52.46	0.35	0.53	47.00
	2	61.34	0.45	0.44	56.00
	3	68.35	0.53	0.37	63.00
	6	78.66	0.68	0.26	74.00
	12	82.26	0.72	0.22	78.00

结合图 5-11、图 5-12 与表 5-5,从 6 个处理的 0 时肥料浓度分布来看,不论施肥量如何变化,水肥一体化施肥方式在提高施肥均匀度方面与人工施肥相比存在显著的优势。至结束施肥 12 h 后,HFW5.5 处理肥料浓度分布区间为 210~730 mg/L,AFW5.5 处理肥料浓度分布区间为 366~522 mg/L;HFW2.0 处理肥料浓度分布区间为 90~218 mg/L,AFW2.0 处理肥料浓度分布区间为 130~204 mg/L。显然,水肥一体化处理在田内肥料分布趋于稳定后,肥料浓度分布区间更小,表明其施肥均匀度更高。此外,施肥 12 h 后,AFW5.5 处理的均匀度指标 CU、DU、U_s 分别比 HFW5.5 高出 20.85%、0.25、25.25%,其变异系数 C_v 则较 HFW5.5 降低了 0.25;AFW2.0 处理的均匀度指标 CU、DU、U_s 分别比 HFW2.0 高出 3.22%、0.07、5.00%,其变异系数 C_v 则较 HFW2.0 降低了 0.05。分析其原因为:采用水肥一体化施肥器能够实现施肥全过程等比例施肥,因此肥料离子能随着灌溉水流的推进而均匀地扩散至田块内各个区域,从而能够得到较高的施肥均匀度。而人工撒施施肥对于施肥人员的施肥经验倚重较大,同时在施肥过程中还会受到外界风速、水稻植株截留的影响,肥料颗粒的落点难以控制,导致施肥均匀度较低且无法保证。

对比表 5-5 中 AFW 处理和 AFD 处理,在不同施肥量下,施肥前田间存在淹没水层均会显著降低水肥一体化施肥的均匀度。至结束施肥 12 h 后,AFW5.5 处理肥料浓度分布区间为 366~522 mg/L,AFD5.5 处理肥料浓度分布区间为 563~623 mg/L;AFW2.0 处理肥料浓度分布区间为 120~204 mg/L,AFD2.0 处理肥料浓度分布区间为 153~186 mg/L。显然,田间无水层处理在田内肥料分布趋于稳定后,肥料浓度分布区间更小,表明其施肥均匀度更高。此外,施肥 12 h 后,AFD5.5 处理的均匀度指标 CU、DU、U_s 分别比 AFW5.5 高出 7.88%、0.12、9.00%,其变异系数 C_v 则较 AFW5.5 降低了 0.09;AFD2.0 处理的均匀度指标 CU、DU、U_s 分别比 AFW2.0 高出 9.88%、0.14、11.00%,其变异系数 C_v 则较 AFW2.0 降低了 0.11。从图 5-11 分布来看,AFW5.5 处理和 AFW2.0 处理是从施肥口灌入的含肥料的水将田面原有清水推向一个或多个区域,导致施入田内的肥液在短时间内无法与田内原有水层充分混合,并最终导致田尾处水层肥料浓度远远低于灌水口附近水层肥料浓度,参照图 5-11 和图 5-12 中 AFW5.5 和 AFW2.0 两处理 0~12 h 内不同时刻肥料浓度分布情况,可以看出,这种现象不会随时间的延长而有所缓解。长期作用下,田尾处水稻养分吸收量将远远低于田首处,并最终导致两处的产量出现差异。因此采用等比例施肥模式的水肥一体化施肥器在田间无水层的节水灌溉稻田中使用效果最佳。

图 5-11、图 5-12 中各处理施肥后 0 时、1 时、2 时、3 时、6 时、12 时的肥料浓度分布表明,随着施肥后时间的推移,各个处理田间水层的肥料浓度分布均匀程度均会出现一定程度的增长。从每个处理施肥均匀度随时间变化的情况来看,AFD 处理在施肥结束时刻便能获得极高的施肥均匀度,在 12 h 的观测期间,其施肥均匀度几乎没有发生明显变化,始终都保持极高的施肥均匀度。而 AFW 处理和 HFW 处理的施肥均匀度在结束施肥后 12 h 内,提升幅度较为明显,这表明,肥料在施入田内后存在一个扩散运移再分布的过程。至结束施肥 12 h 后,各处理施肥均匀度由高到低依次为 AFD5.5>AFD2.0>AFW5.5>AFW2.0>HFW2.0>HFW5.5。

需要考虑到人工撒施对施肥人员的施肥经验倚重较大,同时在施肥过程中还会受到外界风速、水稻植株截留的影响,肥料颗粒的落点难以控制,因此人工撒施处理的施肥均匀度存在一定程度的随机。但不可否认,人工撒施处理整体施肥均匀度较低,且明显低于水肥一体化施肥处理。这与前人的研究结果一致。

5.4　稻田水肥一体化田间应用

2020 年试验结果表明,施肥方式、施肥量与田间初始含水状况均会对田间水层施肥均匀度产生影响。综合分析后,确定了适用于水肥一体化施肥方式的施肥条件组合:田间无水层结合少量多次施肥模式。2021 年试验重点针对不同施肥模式下土壤氮素分布均匀度及施肥均匀度对水稻生长产量的影响进行研究。

5.4.1　试验设计

试验于 2021 年 6 月至 11 月在江苏省昆山排灌试验基地进行。试验区基本情况与第 2 章 2.1 节所介绍的试验区概况一致,此处不再赘述。试验共设置 4 个处理。选取施肥方式、追肥施肥次数作为稻田施肥试验设计处理的设计因素。施用化肥类型包含复合肥、尿素及农业用硫酸铵(目前稻田常用追肥类型为尿素,本节试验为保证施肥后水层电导率变化较为明显,此外,2020 年试验发现碳酸氢铵挥发较大,因此选择使用硫酸铵作为氮肥,仅作为试验研究)。各处理均采用控制灌溉,记为 C(Controlled irrigation)。施肥方式设置为人工撒施施肥,记为 HF(Hand broadcasting fertilization),水肥一体化施肥器施肥,记为 AF(Automatic fertilization);单次追肥一次施入,记为 1,单次追肥分两次施入,记为 2。HF 处理直接称取各处理单次追肥对应的硫酸铵肥料(5.0 kg 或 2.5 kg),待灌水量达到预设值后,以手撒方式完成施肥;AF 处理直接称取固定量(5.0 kg 或 2.5 kg)肥料溶于水中,配制为 30 L 的肥料溶液,在田间管道出水口处使用水肥一体化施肥器完成施肥。

各处理设置如见表 5-6、表 5-7。

表 5-6　2021 年农民习惯施肥处理氮肥(以纯氮计)施用量及施用时间

类别	施肥种类	施肥时间	施氮比例/%	氮肥施用量/(kg/hm^2)
基肥	复合肥	6 月 24 日	37.50	84.00
分蘖肥	尿素	7 月 11 日	31.25	70.00
穗肥	尿素	8 月 8 日	31.25	70.00
合计	—	—	100	224.00

注:1. 复合肥中 N、P_2O_5 和 K_2O 含量分别为 16%、12%和 17%。
2. 尿素中 N 含量为 46.4%。
3. 所有处理基肥均使用人工撒施,施肥量一致。

表 5-7　2021 年各处理氮肥(以纯氮计)施用量及施用时间

<table>
<tr><td colspan="2">类别</td><td>基肥</td><td colspan="2">蘖肥</td><td colspan="2">穗肥</td></tr>
<tr><td colspan="2">施肥次数</td><td>—</td><td>1</td><td>2</td><td>1</td><td>2</td></tr>
<tr><td colspan="2">施肥时间</td><td>6 月 23 日</td><td>7 月 11 日</td><td>7 月 16 日</td><td>8 月 8 日</td><td>8 月 14 日</td></tr>
<tr><td colspan="2">肥料种类</td><td>尿素</td><td colspan="2">硫酸铵</td><td colspan="2">硫酸铵</td></tr>
<tr><td rowspan="4">氮肥施用量/(kg/hm^2)</td><td>CAF1</td><td>84</td><td>70</td><td>—</td><td>70</td><td>—</td></tr>
<tr><td>CAF2</td><td>84</td><td>35</td><td>35</td><td>35</td><td>35</td></tr>
<tr><td>CHF1</td><td>84</td><td>70</td><td>—</td><td>70</td><td>—</td></tr>
<tr><td>CHF2</td><td>84</td><td>35</td><td>35</td><td>35</td><td>35</td></tr>
</table>

注:1. 尿素中 N 含量为 46.4%、硫酸铵中 N 含量为 21.2%。
2. 所有处理基肥施肥量均一致,施肥方式均为常规撒施。

5.4.2　观测指标与方法

5.4.2.1　不同深度土壤氮素分布均匀度

在各试验小区内均匀选取 9 个取样点,取样点布置形式见图 5-13。CAF1 处理和 CHF1 处理在基肥、蘖肥、穗肥施用 10 d 后采集(0~10 cm、10~20 cm、20~40 cm)土样,CAF2 处理和 CHF2 处理在基肥、第 2 次蘖肥、第 2 次穗肥施用 10 d 后采集相同位置和深度的土壤。将所采集的土样装入自封袋,带回实验室,测定土样中的 NH_4^+-N 和 NO_3^--N 含量。测定方法为氯化钾溶液提取-分光光度法。使用 1 mol/L 氯化钾溶液进行浸提,进而测定土样中的 NH_4^+-N 和 NO_3^--N 含量。土壤氮素均匀度指标计算与水层施肥均匀度指标计算方法一致,参见 5.3.1 小节式(5-13)~式(5-17)。

5.4.2.2　水稻生长与产量观测

1. 茎蘖株高

茎蘖株高:各处理采样点布置形式与土壤氮素采样点一致。各处理田块内均匀选取 9 个取样点,在各取样点附近随机选取一穴水稻,测定其茎蘖动态变化和株高生长数据。在水稻进入分蘖期后取样频率保持为 5 d/次,待进入抽穗开花期后,取样频率降低为 10 d/次。

直至水稻茎蘖动态稳定、株高不再产生变化。茎蘖株高采样点布置形式见图 5-14。

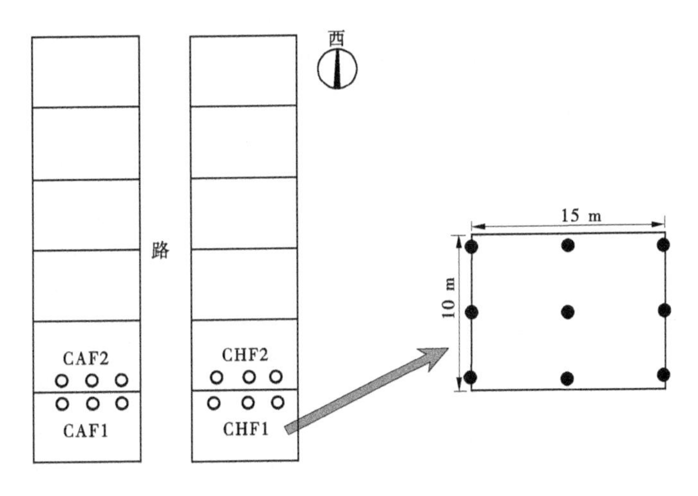

注:白色点为氨挥发取样装置、黑色点则为单个小区内土壤取样点。

图 5-13　土壤氮素、氨挥发取样点布置

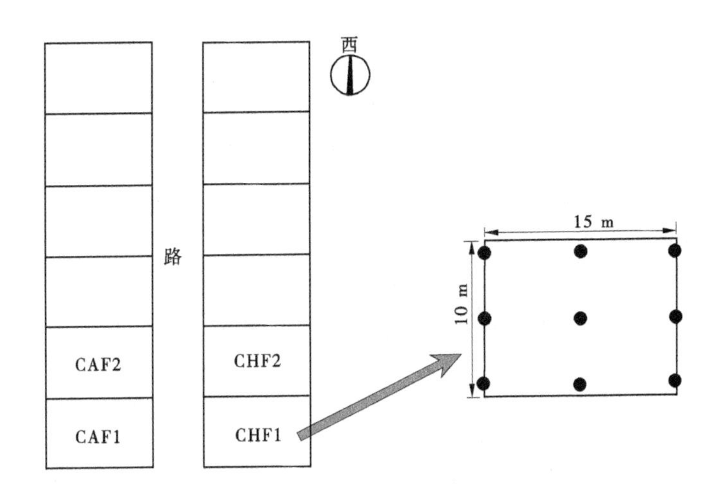

注:黑点为单个小区内水稻生长取样点。

图 5-14　水稻生长、产量取样点布置

2. 地上部分干物质

地上部分干物质:各处理全生育期干物质共计采集 3 次,采集时期分别为拔节孕穗期、抽穗开花期和收获前,采集完成后,在实验室按叶片、茎鞘和穗 3 部分进行裁剪,测定各器官烘干后的干重及总干重。取样点布置形式与茎蘖株高采样点一致。取样点布置形式见图 5-14。

3. 叶绿素含量 SPAD

SPAD:测定仪器为便携式叶绿素测定仪。每株水稻分为上、中、下 3 部分测定,取均值作为该穴水稻的 SPAD 值。每个处理测定 9 穴水稻,9 穴水稻的分布情况与茎蘖株高、干物质的取样点布置形式一致。取样点布置形式见图 5-14。

4. 产量

产量：于水稻收割时，在每小区内均匀选取 9 个样方，测定各处理的产量。取样点布置形式见图 5-15。

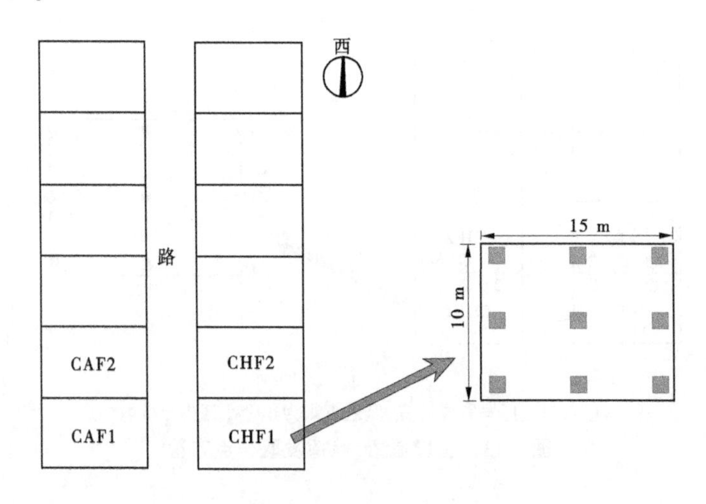

注：方块为单个小区内测产取样点。

图 5-15 水稻产量取样点布置

水稻生长、产量的均匀度指标计算方式与田间水层施肥均匀度、土壤氮素分布均匀度计算方式一致，计算公式参见 5.3.1 小节式(5-13)~式(5-17)。

5.4.2.3 各处理氨挥发采集与测定

氨挥发采集装置使用硬质 PVC 管制作而成(内径 15cm、长 20cm)，使用时将该收集装置一端插入田内土壤约 5 cm，各处理设置 3 个田内重复。NH_3 的收集是通过磷酸甘油溶液浸润后的海绵实现的，海绵尺寸为直径 16 cm、厚 2 cm，在每个氨挥发采集装置中安放两片海绵，上层海绵与氨挥发收集装置外沿平齐。上、下两片海绵直接间隔 1 cm，下层海绵吸收稻田所挥发的 NH_3，上层海绵隔绝外界空气。待降雨时使用管盖进行封闭，避免降雨的干扰。在施肥后，取样频率为 1 d/次，连续取样 7 d，根据氨挥发速率是否趋于稳定状况，再酌情取样 2~3 次，取样频率为 2~3 d 一次。氨挥发取样点布置见图 5-13。

5.4.3 不同施肥处理下田间施肥均匀度

5.4.3.1 基肥后各处理不同深度土层氮素含量分布状况

4 个处理的基肥使用量、施肥条件均一致，且施肥方式均为人工撒施，因此基肥后各处理不同深度土层氮素含量及分布均匀程度基本一致。本章节仅以 CAF1 处理基肥后的土壤氮素分布均匀度、含量作为所有处理的典型代表做简要阐述。

各处理均于 2021 年 6 月 24 日施入基肥，所有处理基肥施用量与施肥类型保持一致。以 CAF1 处理为例，控制灌溉稻田基肥施用后土壤 NH_4^+-N、NO_3^--N 分布规律如图 5-16 和图 5-17 所示，图中(a)、(b)、(c)分别代表 CAF1 处理中 0~10 cm、10~20 cm、20~40 cm 3 个深度的土壤氮素分布情况。由于氮肥施入田内后，对表层土壤氮素含量影响最大，因此以0~10 cm土层为例进行数据分析说明。

图5-16基肥施用后为CAF1处理不同深度土壤NH_4^+-N含量分布情况。从直观上看,表层土壤(0~10 cm)NH_4^+-N含量最高,均匀程度较差,中层土壤(10~20 cm)NH_4^+-N含量较低,均匀程度适中,深层土壤(20~40 cm)NH_4^+-N含量与中层土壤持平,但均匀程度最高。

图5-17为基肥施用后CAF1处理不同深度土壤NO_3^--N含量分布情况。从直观上看,表层土壤(0~10 cm)NO_3^--N含量最高,深层土壤(20~40 cm)中NO_3^--N含量分布均匀度最高。

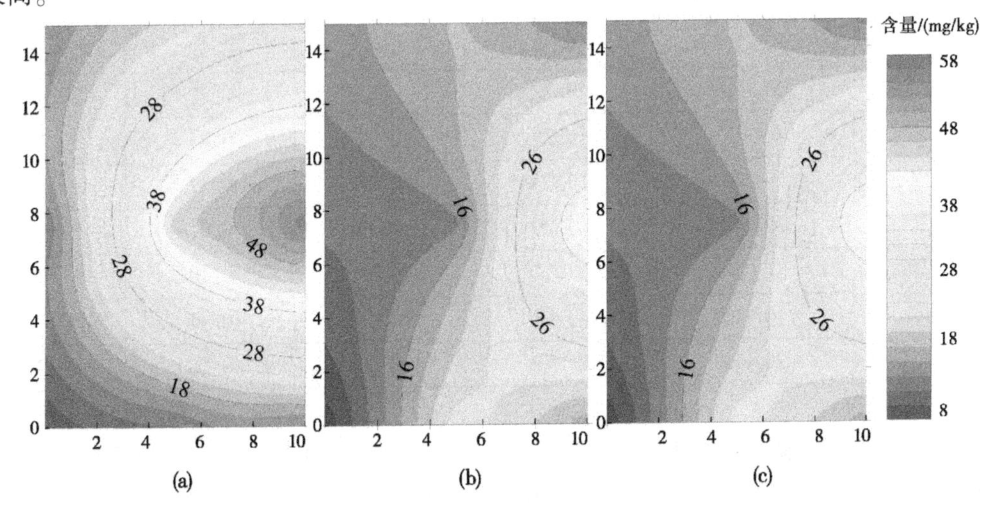

图5-16　基肥施用后CAF1处理不同深度土层NH_4^+-N含量分布情况

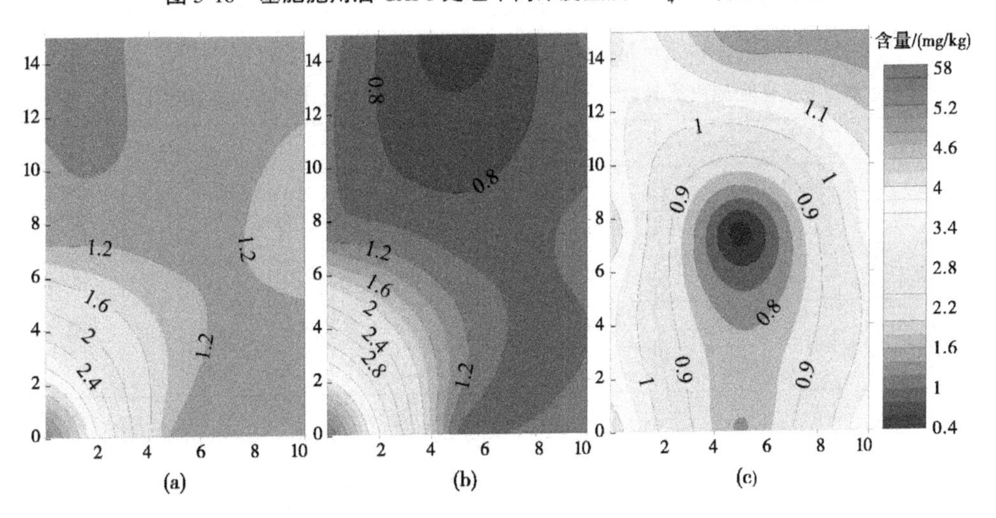

图5-17　基肥施用后CAF1处理不同深度土层NO_3^--N含量分布情况

表5-8为各处理基肥施用后不同深度土壤NH_4^+-N分布均匀度指标计算结果,均匀度CU分布范围为42.58%~77.12%。由于施入田内的基肥为尿素和复合肥,其主要转化形式是NH_4^+-N,因此NH_4^+-N含量在短时间内快速增加,且增幅较大。而由于基肥是通过人

工撒施实现的,因此各处理表层土壤(0~10 cm)的 NH_4^+-N 分布均匀度指标均较低,这也在表 5-8 中有所体现。

表 5-8　基肥施用后各处理不同土层深度 NH_4^+-N 含量分布均匀度指标

处理	土层深度/cm	CU/%	DU	C_v	U_s/%
CAF1	0~10	54.87	0.24	0.34	65.62
	10~20	44.67	0.23	0.42	57.56
	20~40	63.14	0.30	0.33	66.56
CAF2	0~10	64.47	0.27	0.30	70.36
	10~20	61.08	0.24	0.30	69.68
	20~40	59.72	0.24	0.30	70.49
CHF1	0~10	66.25	0.31	0.25	74.74
	10~20	52.73	0.23	0.37	63.00
	20~40	43.30	0.23	0.42	57.98
CHF2	0~10	77.12	0.37	0.19	81.25
	10~20	42.58	0.18	0.41	59.11
	20~40	73.79	0.33	0.20	79.92

表 5-9 为基肥施用后各处理不同土层深度 NO_3^--N 含量分布均匀度指标计算结果,均匀度 CU 分布范围为 59.30%~92.75%。相较于 NH_4^+-N 的均匀度指标而言,基肥施用后 NO_3^--N 分布均匀程度更高,除 CAF1 处理的表层土壤 NO_3^--N 分布均匀度较低(59.30%)外,各处理 3 个土层的 NO_3^--N 分布均匀度 CU 指标基本高于 80%,原因可能是外供氮源

表 5-9　基肥施用后各处理不同土层深度 NO_3^--N 含量分布均匀度指标

处理	土层深度/cm	CU/%	DU	C_v	U_s/%
CAF1	0~10	59.30	0.36	0.41	59.29
	10~20	82.00	0.40	0.15	85.49
	20~40	84.94	0.39	0.12	87.85
CAF2	0~10	81.01	0.36	0.17	82.64
	10~20	90.96	0.43	0.07	93.02
	20~40	80.33	0.37	0.15	85.39
CHF1	0~10	82.52	0.39	0.13	87.37
	10~20	79.57	0.39	0.15	84.92
	20~40	81.53	0.36	0.18	81.59
CHF2	0~10	92.75	0.45	0.06	94.47
	10~20	83.02	0.39	0.13	86.72
	20~40	79.34	0.35	0.22	77.53

主要转化形式为 NH_4^+-N，而基肥后短期内土壤氧气含量较低，硝化作用不明显，因此 NO_3^--N 含量增幅较低，使基肥后土壤 NO_3^--N 均匀度基本恒定。

基肥施用后各处理不同深度土层 NH_4^+-N、NO_3^--N 含量如图 5-18 所示，图 5-18(a)、(b)分别表示 NH_4^+-N、NO_3^--N 含量柱形图。不难看出，3 个土层深度中，NH_4^+-N 含量由高到低依次为表层土壤(0～10 cm)>中层土壤(10～20 cm)>深层土壤(20～40 cm)。这与实际情况较为类似，因为基肥施入后主要集中于表层土壤中，并快速转化为水稻易于吸收的 NH_4^+-N。NO_3^--N 含量由高到低依次为表层土壤(0～10 cm)>中层土壤(10～20 cm)≈深层土壤(20～40 cm)。

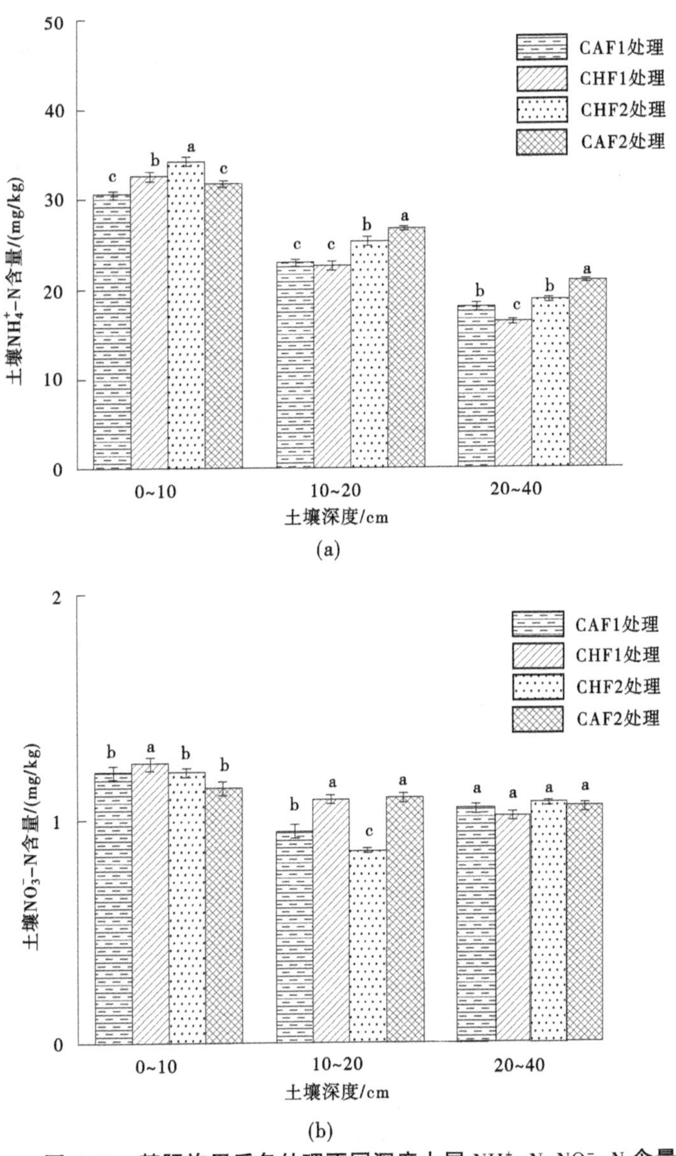

图 5-18　基肥施用后各处理不同深度土层 NH_4^+-N、NO_3^--N 含量

由于各处理基肥施用量与施用时间一致,因此基肥施用后各处理不同土层 NH_4^+-N、NO_3^--N 含量存在差异,但基本没有表现出明显的规律。

5.4.3.2 蘖肥施用 7 d 后各处理不同深度土层氮素含量分布状况

不同施肥处理蘖肥施用 7 d 后土壤 NH_4^+-N 分布情况如图 5-19 所示,图 5-19(a)、(b)、(c)分别代表一个处理中 0~10 cm、10~20 cm、20~40 cm 3 个深度的土壤氮素分布情况。

对图 5-19 进行分析可知,水肥一体化施肥处理(CAF1、CAF2)各深度土壤 NH_4^+-N 分布均匀程度显著高于人工撒施处理(CHF1、CHF2)。在不同施肥次数下,追肥分次施入处理的土壤 NH_4^+-N 分布均匀程度显著高于追肥一次施入处理。由于人工撒施处理施肥过程中,肥料的落点存在较大的随机性,因此小区内存在部分高浓度区域,如 CHF1 处理表层土壤(0~10 cm)小区左侧浓度普遍较高,可能是人工撒施过程中受到夏季东南风的影

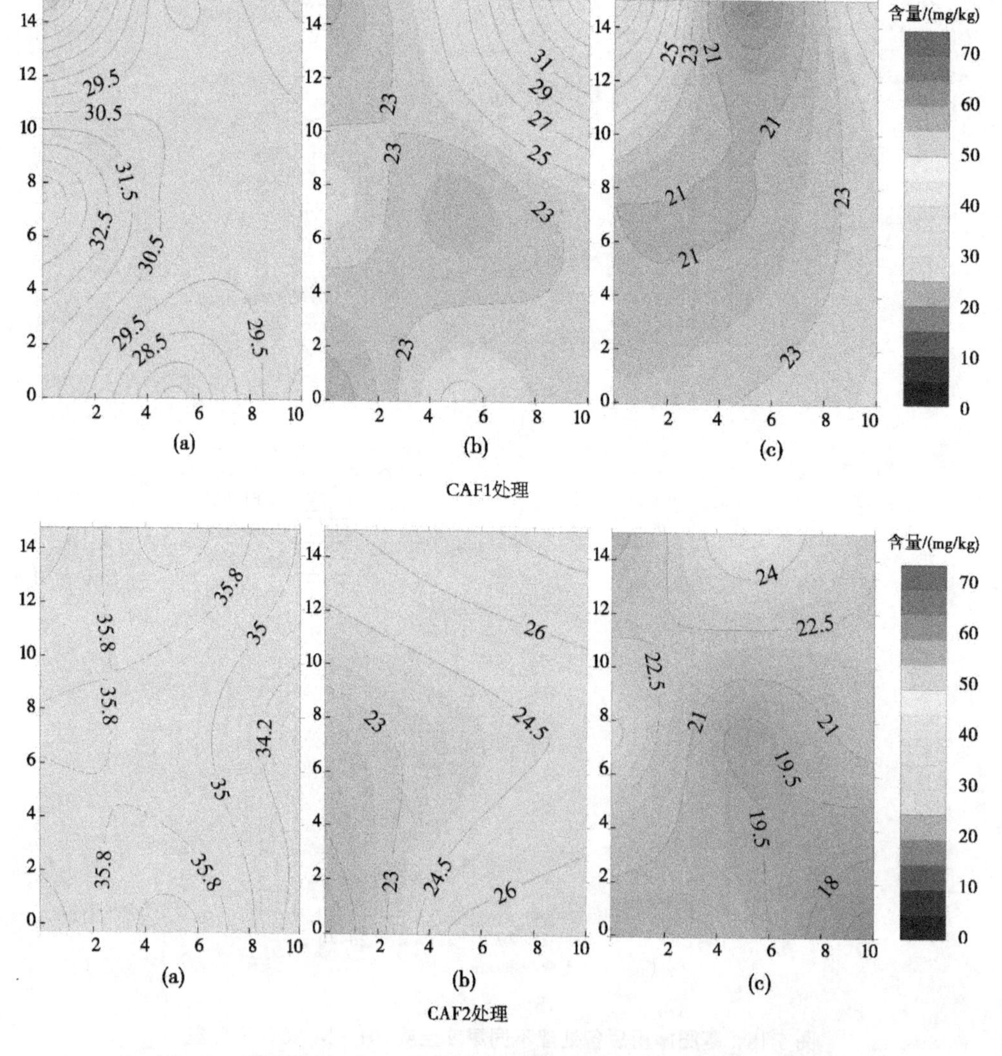

图 5-19　蘖肥施用 7 d 后各处理不同深度土层 NH_4^+-N 含量分布情况

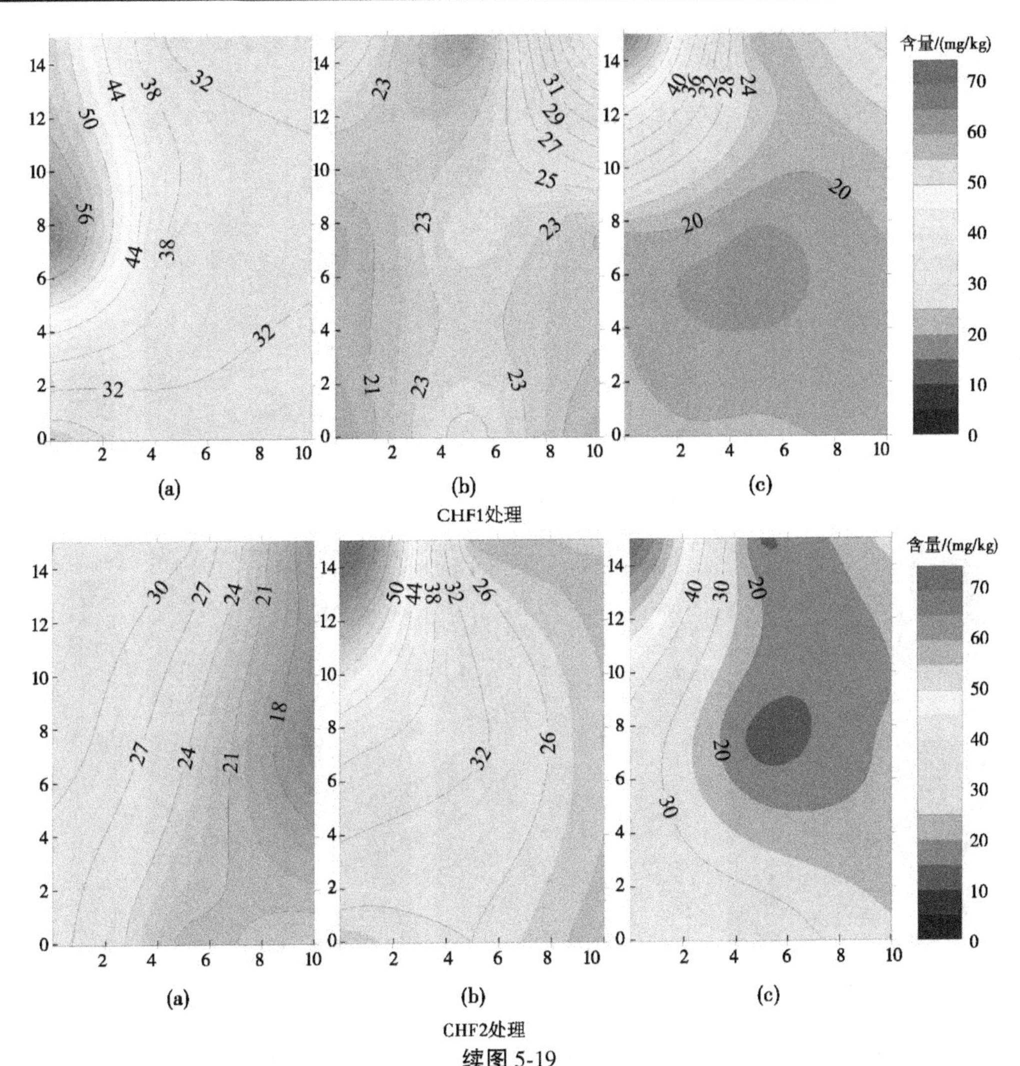

(a)　(b)　(c)

CHF1处理

(a)　(b)　(c)

CHF2处理

续图 5-19

响,因此肥料大部分漂移到田块左侧。对比 CAF1 处理和 CAF2 处理表层土壤 NH_4^+-N 分布情况,CAF2 处理土壤 NH_4^+-N 均匀度 CU 比 CAF1 处理高出 5.93%,但其 NH_4^+-N 含量高于 CAF1 处理,分析其原因主要是 CAF2 处理蘖肥共计分两次施入田内,因此在采集蘖肥后土样时,其田内 NH_4^+-N 含量较高。CHF2 处理与 CHF1 处理也与上述情况类似。

不同施肥处理蘖肥施用 7 d 后土壤 NO_3^--N 分布情况如图 5-20 所示,图 5-20(a)、(b)、(c)分别代表一个处理中 0~10 cm、10~20 cm、20~40 cm 3 个深度的土壤氮素分布情况。对图 5-20 进行分析可知,在不同施肥方式下,水肥一体化施肥处理(CAF1、CAF2)各深度土壤 NO_3^--N 分布均匀程度显著高于人工撒施处理(CHF1、CHF2)。在不同施肥次数下,追肥分次施入处理的土壤 NO_3^--N 分布均匀程度显著高于追肥一次施肥处理。此外,CAF2 处理与 CHF2 处理的土壤 NO_3^--N 含量显著低于 CAF1 处理和 CHF1 处理,说明两次追肥条件下能够抑制土壤的硝化作用及外供氮源向 NO_3^--N 的转化,这一点在水肥一体化施肥方式中体现的尤为明显,表明追肥分次施入模式相较于追肥一次施入模式减少了农业面源污染。

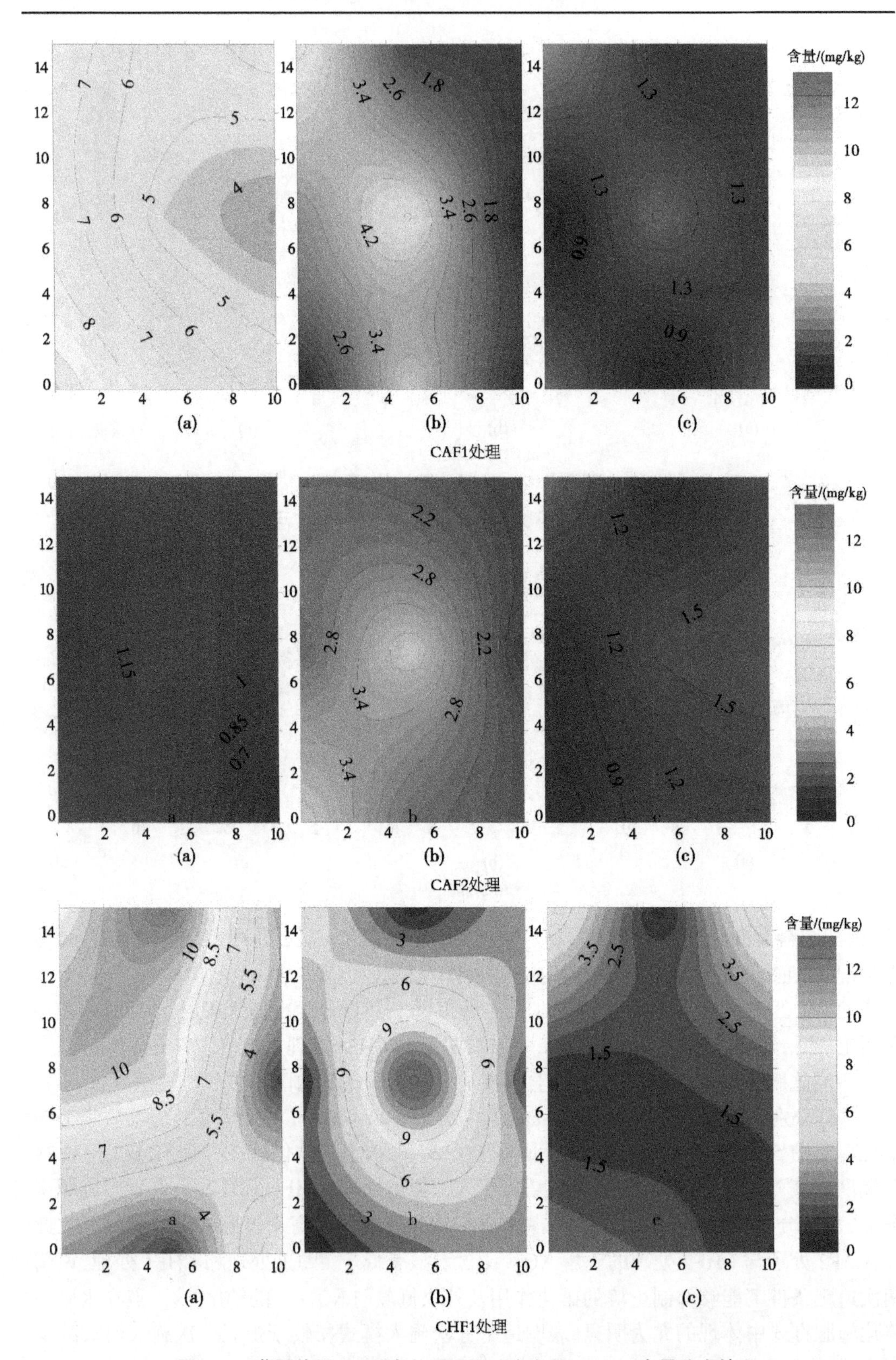

图 5-20 蘖肥施用 7 d 后各处理不同深度土层 NO_3^--N 含量分布情况

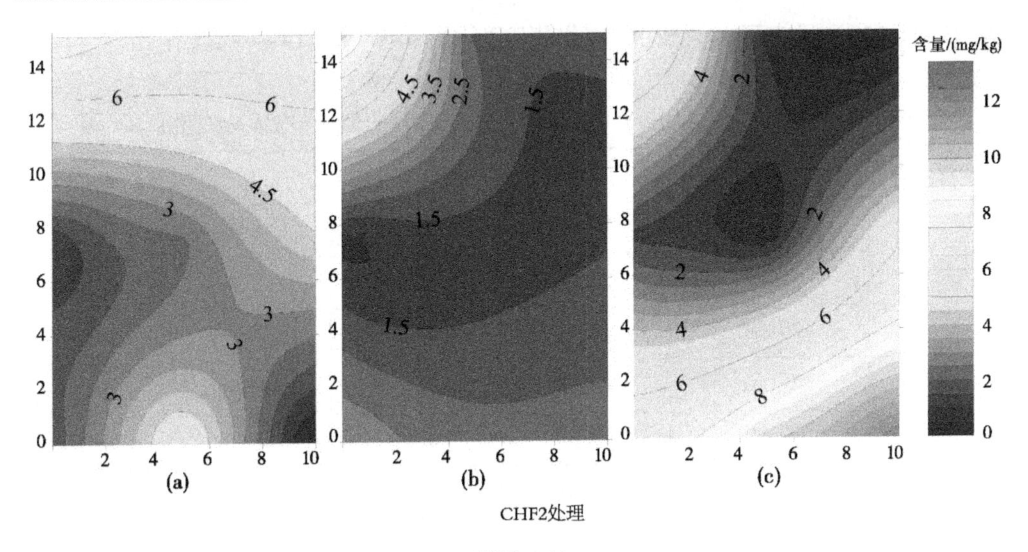

续图 5-20

表 5-10 为各处理蘖肥施用 7 d 后不同深度土壤 NH_4^+-N 分布均匀度指标计算结果，均匀度 CU 分布范围为 58.66%~96.67%，相较于基肥施用后，均匀度 CU 的提升幅度为 16.08%~19.49%。以表层土壤（0~10 cm）为例，相较于基肥施用后土壤 NH_4^+-N 分布均匀度 CU，各处理蘖肥施用后 NH_4^+-N 均匀度 CU 有所提升，其变化范围为 72.20%~96.67%，均匀度 CU 由高到低依次为 CAF2>CAF1>CHF2>CHF1。

表 5-10　蘖肥施用 7 d 后各处理不同土层深度 NH_4^+-N 含量分布均匀度指标

处理	土层深度/cm	CU/%	DU	C_v	U_s/%
CAF1	0~10	90.70	0.86	0.08	92.31
	10~20	85.02	0.82	0.14	85.97
	20~40	84.99	0.81	0.13	86.79
CAF2	0~10	96.67	0.96	0.02	97.58
	10~20	91.46	0.88	0.06	93.74
	20~40	88.96	0.86	0.09	91.38
CHF1	0~10	72.20	0.73	0.22	77.63
	10~20	76.98	0.77	0.19	80.83
	20~40	62.82	0.73	0.35	65.31
CHF2	0~10	77.26	0.70	0.16	83.84
	10~20	60.52	0.66	0.35	65.49
	20~40	58.66	0.49	0.36	64.10

表 5-11 为各处理蘖肥施用 7 d 后不同深度土壤 NO_3^--N 分布均匀度指标计算结果。以表层土壤（0~10 cm）为例，各处理土壤 NO_3^--N 分布均匀度 CU 的分布范围为 72.20%~96.67%，由高到低依次为 CAF2>CAF1>CHF2>CHF1，与 NH_4^+-N 的 CU 变化规律一致。由

于土壤中 NO_3^--N 含量水平一直较低，变化范围为 41.80%~80.13%，因此在其含量出现差异时，均匀度 CU 的变化幅度也极大，使其均匀度 CU 普遍较小。

表 5-11　蘖肥施用 7 d 后各处理不同土层深度 NO_3^--N 含量分布均匀度指标

处理	土层深度/cm	CU/%	DU	C_v	U_s/%
CAF1	0~10	75.85	0.68	0.18	82.38
	10~20	50.23	0.36	0.37	62.83
	20~40	43.56	0.29	0.41	59.14
CAF2	0~10	80.13	0.71	0.20	79.83
	10~20	63.80	0.57	0.29	70.86
	20~40	61.61	0.45	0.29	71.49
CHF1	0~10	41.80	0.28	0.39	60.79
	10~20	29.63	0.15	0.52	47.75
	20~40	28.15	0.30	0.56	44.49
CHF2	0~10	68.12	0.63	0.24	76.03
	10~20	63.30	0.56	0.29	70.90
	20~40	38.47	0.21	0.48	51.97

经分析，水肥一体化施肥方式施入田内的氮肥形式为液态，可以随着灌溉水流的运移扩散而不断提高均匀度，这一过程可以在结束施肥后仍持续较长时间，而人工撒施施入田内的氮肥形式为固体颗粒，往往直接沉入水底，待溶解后逐渐水解成 NH_4^+-N，再逐渐通过土壤的硝化作用转化为 NO_3^--N，其缺点为肥料颗粒落点随机性极大，均匀度难以保证。此外，由于灌水量较大，水稻根系活动层以下会持有大量水分，随着毛管作用不断上升，有助于施肥后氮素的再分布，促进其均匀度的提高。

蘖肥施用 7 d 后各处理不同深度土层 NH_4^+-N、NO_3^--N 含量如图 5-21 所示，图 5-21(a)、(b)分别为 NH_4^+-N、NO_3^--N 含量柱形图。不难看出，除 CAF2 处理外，其余各处理 3 个土层的 NH_4^+-N 含量基本相差不大。随着蘖肥的施用，肥料经由微生物的作用，逐渐分解为 NH_4^+-N 和 NO_3^--N，使土壤中两种氮素的含量呈现较大的增长幅度。相较于基肥施用后土层 NH_4^+-N 含量，蘖肥的施入极大地对中层土壤(10~20 cm)、深层土壤(20~40 cm)的 NH_4^+-N 含量进行了补充。

由图 5-21(a)可知，0~10 cm 土层中，各处理 NH_4^+-N 含量由高到低为 CAF2>CAF1>CHF2>CHF1，CAF2 处理与其余 3 个处理间差异显著，同样的规律也表现在 10~20 cm、20~40 cm 土层中。说明在相同施肥量下，采用水肥一体化施肥方式，结合蘖肥分两次施用的水肥管理模式，可以有效提高稻田土壤 NH_4^+-N 含量，有利于水稻对于氮素的吸收利用。

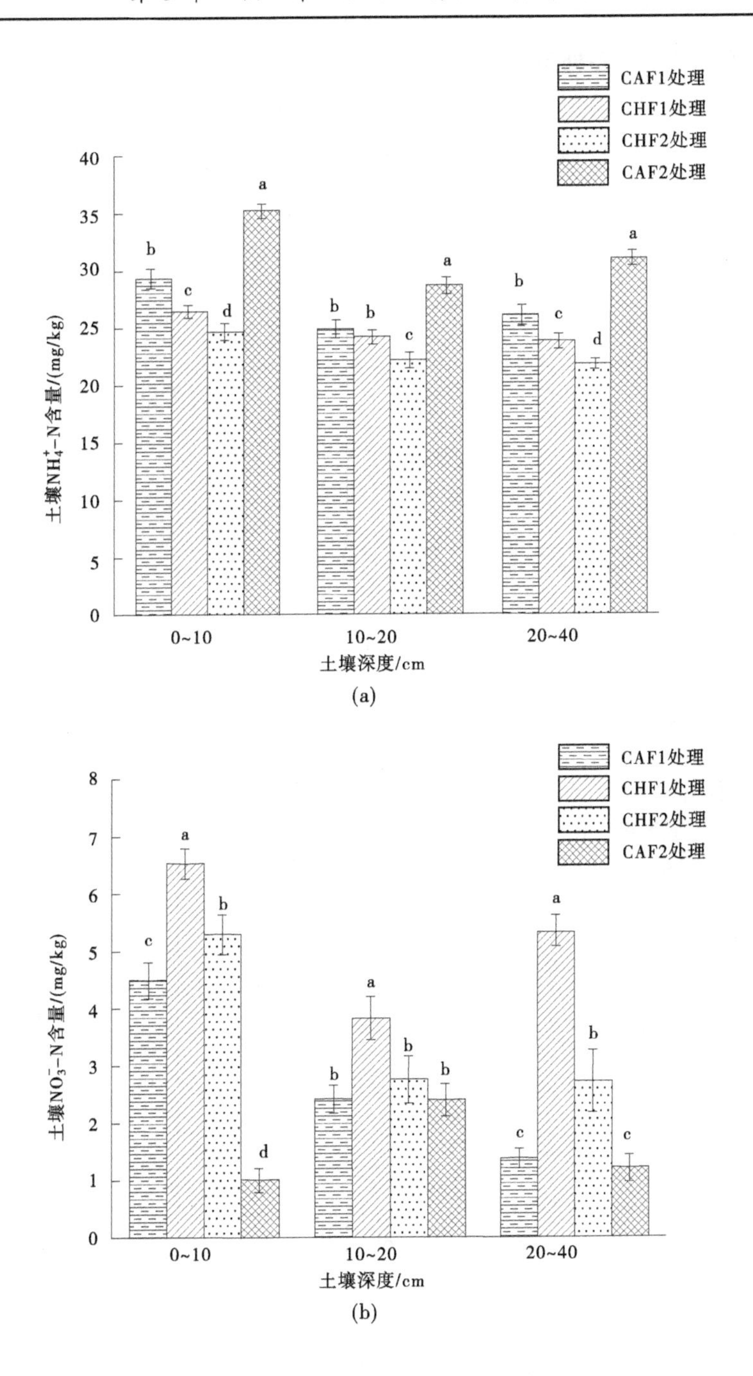

图 5-21　蘖肥施用 7 d 后各处理不同深度土壤 NH_4^+-N、NO_3^--N 含量情况

由图 5-21(b)可知,各处理 NO_3^--N 含量由高到低为 CHF1>CHF2>CAF1>CAF2,CHF1 处理与其余 3 个处理间差异显著,同样的规律也表现在 10~20 cm、20~40 cm 土层中。说明在相同施肥量下,人工撒施处理外供氮源向 NO_3^--N 的转化速率高于水肥一体化处理,易于提高土壤 NO_3^--N 含量,而水肥一体化施肥处理则能有效避免这一情况。此外,施肥分次施入能够有效减缓氮肥向 NO_3^--N 的转化。

5.4.3.3　穗肥施用 7 d 后各处理不同深度土层氮素含量分布状况

不同施肥处理穗肥施用 7 d 后土壤 NH_4^+-N 分布情况如图 5-22 所示，图 5-22(a)、(b)、(c)分别代表同一处理 0~10 cm、10~20 cm、20~40 cm 3 个深度的土壤氮素分布情况。

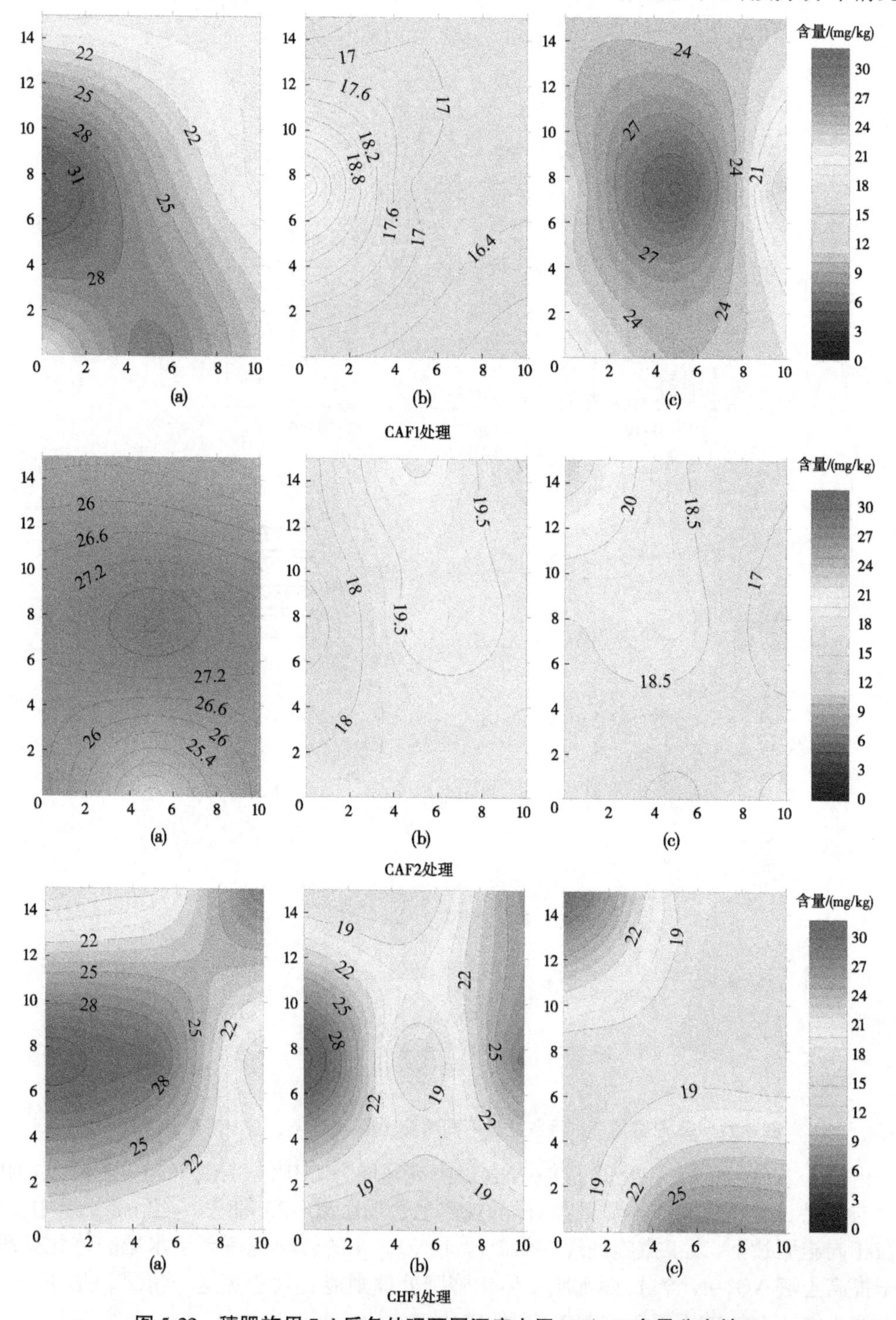

图 5-22　穗肥施用 7 d 后各处理不同深度土层 NH_4^+-N 含量分布情况

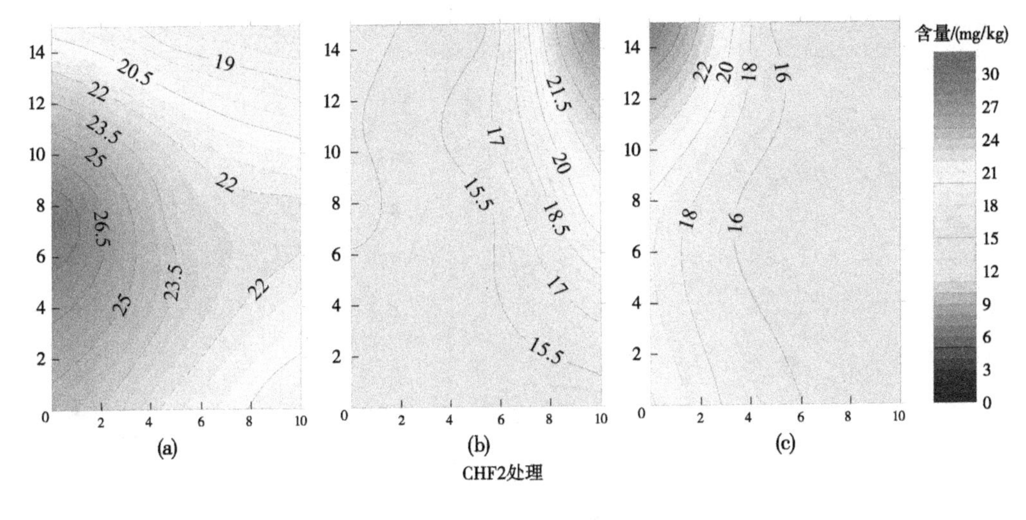

续图 5-22

对图 5-22 进行分析可知,相较于蘖肥而言,穗肥施入后各处理的土壤 NH_4^+-N 含量分布均匀度均得到了有效提升。水肥一体化施肥处理(CAF1、CAF2)各深度土壤 NH_4^+-N 分布均匀度显著高于人工撒施处理(CHF1、CHF2)。在不同施肥次数下,追肥分次施入处理的土壤 NH_4^+-N 分布均匀度显著高于追肥一次施肥处理。以 CHF1 处理为例,蘖肥施用后,表层土壤 NH_4^+-N 含量分布均匀度 CU 为 72.20%,而穗肥施用后该深度土壤 NH_4^+-N 含量分布均匀度 CU 为 76.73%,增幅约为 4.53%。

分析穗肥施用后各处理土壤 NO_3^--N 分布情况(见图 5-23),图 5-23(a)、(b)、(c)分别代表一个处理中 0~10 cm、10~20 cm、20~40 cm 3 个深度的土壤氮素分布情况。以 0~10 cm 土层为例,从图中可以看出,CAF2 处理和 CAF1 处理在含量上均低于 CHF2 处理和 CAF1 处理,但均匀度则前者普遍高于后者。说明在经过大半个水稻生育期的 NO_3^--N 累积与变化后,水肥一体化施肥处理(CAF1、CAF2)对于土壤 NO_3^--N 含量的分布均匀程度仍具有较为明显的影响,而人工撒施处理(CHF1、CHF2)在长期多次追肥的影响下,土壤 NO_3^--N 含量的分布均匀程度也在逐步提升。

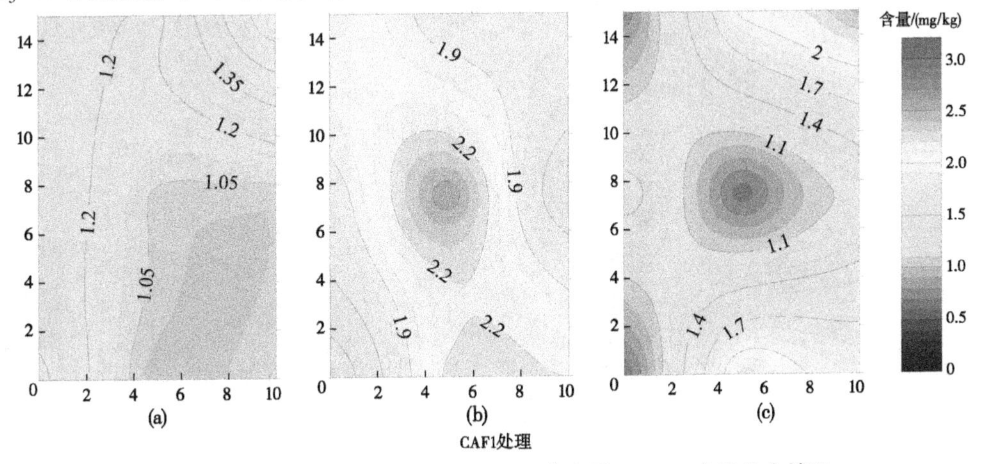

图 5-23 穗肥施用 7 d 后各处理不同深度土层 NO_3^--N 含量分布情况

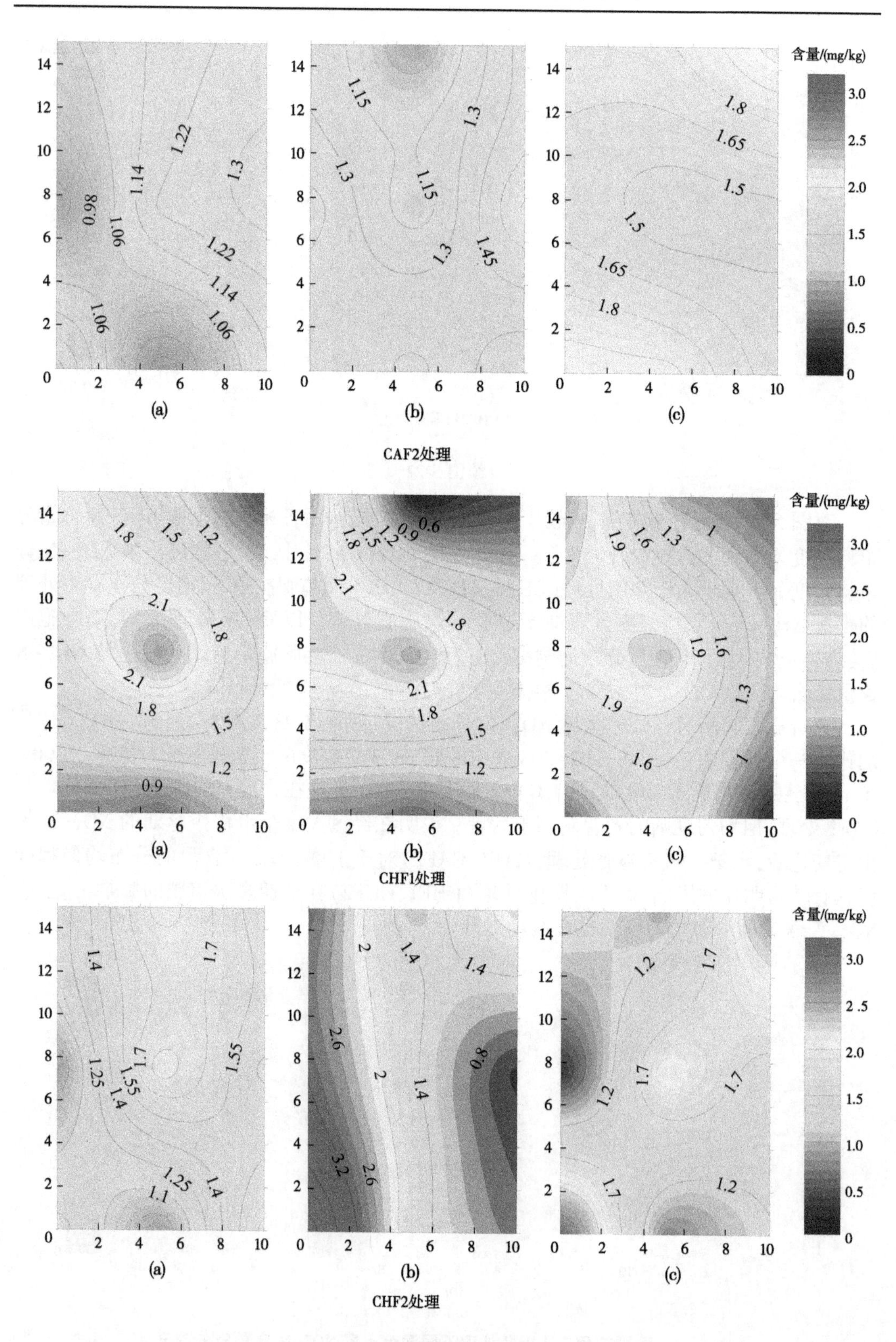

续图 5-23

表 5-12 为各处理穗肥施用 7 d 后不同深度土壤 NH_4^+-N 分布均匀度指标计算结果，均匀度 CU 的分布范围为 71.98%～94.33%。以表层土壤(0～10 cm)为例，各处理土壤 NH_4^+-N 分布均匀度由高到低依次为 CAF2>CAF1>CHF2>CHF1，与蘖肥施用后的变化规律一致。说明采用水肥一体化施肥方式能够显著提高稻田土壤 NH_4^+-N 含量的均匀度。

表 5-12　穗肥施用后各处理不同土层深度 NH_4^+-N 含量分布均匀指标

处理	土层深度/cm	CU/%	DU	C_v	U_s/%
CAF1	0～10	86.84	0.98	0.09	90.67
	10～20	94.12	1.05	0.06	94.05
	20～40	87.71	0.95	0.12	87.72
CAF2	0～10	94.33	0.92	0.04	95.82
	10～20	93.60	0.91	0.05	94.51
	20～40	92.25	0.89	0.07	93.47
CHF1	0～10	76.73	0.76	0.16	83.99
	10～20	71.98	0.76	0.20	80.17
	20～40	75.82	0.78	0.17	83.49
CHF2	0～10	85.14	0.81	0.12	88.42
	10～20	81.25	0.84	0.16	84.48
	20～40	80.37	0.81	0.16	83.59

分析穗肥施用 7 d 后各处理 NO_3^--N 含量分布均匀度指标(见表 5-13)，从表 5-13 中可以看出，由于水肥一体化施肥方式的作用，相同施肥量下，CAF1 处理和 CAF2 处理分别比 CHF1 处理和 CHF2 处理的均匀度 CU 高出 18.12%和 9.61%；同一施肥方式下，CAF2 处理、CHF2 处理比 CAF1 处理、CHF1 处理的均匀度 CU 高出 10.52%、19.03%。说明在相同施肥量下，一次追肥分次施入能够有效提高土壤氮素的分布均匀度，有利于水稻整体长势的均匀提高。

表 5-13　穗肥施用 7 d 后各处理不同土层深度 NO_3^--N 含量分布均匀指标

处理	土层深度/cm	CU/%	DU	C_v	U_s/%
CAF1	0～10	75.26	0.81	0.13	87.26
	10～20	79.96	0.72	0.16	84.45
	20～40	56.92	0.43	0.30	70.43
CAF2	0～10	85.78	0.78	0.11	89.18
	10～20	83.58	0.77	0.12	87.69
	20～40	87.14	0.84	0.09	90.68
CHF1	0～10	57.14	0.42	0.32	67.58
	10～20	49.03	0.42	0.34	65.53
	20～40	45.76	0.36	0.38	62.47
CHF2	0～10	76.17	0.67	0.18	82.07
	10～20	45.22	1.77	0.40	60.01
	20～40	40.64	0.81	0.41	59.11

穗肥施用 7 d 后各处理不同深度土层 NH_4^+-N 含量如图 5-24 所示，图 5-24(a)、(b)分别表示 NH_4^+-N、NO_3^--N 含量柱形图。不难看出，0～10 cm 土层 NH_4^+-N 含量较高，10～20 cm、20～40 cm 土层的 NH_4^+-N 含量基本相差不大。

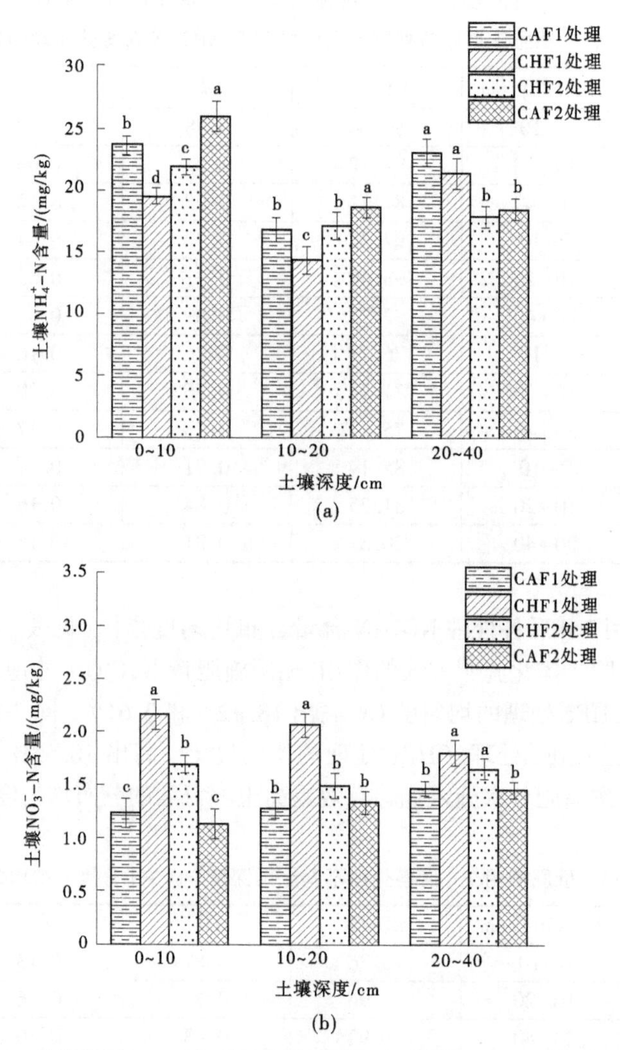

图 5-24 穗肥施用 7 d 后各处理不同深度土层 NH_4^+-N、NO_3^+-N 含量情况

由图 5-24 可知，0～10 cm 土层中，各处理 NH_4^+-N 含量由高到低为 CAF2>CAF1>CHF2>CHF1，CAF2 处理与其余 3 个处理间差异显著，同样的规律也表现在 10～20 cm、20～40 cm 土层中。说明在相同施肥量下，采用水肥一体化施肥方式，结合穗肥分两次施用模式，可以有效提高稻田土壤 NH_4^+-N 含量，有助于水稻对于氮肥的吸收利用。

5.4.4 水肥一体化水稻生长变化及其田间均匀度

5.4.4.1 水稻茎蘖动态变化及其分布均匀度

水稻在分蘖期的分蘖新增及后续生育阶段无效分蘖的消亡共同组成了水稻全生育期

的分蘖数变化过程。分析不同施肥处理下水稻全生育期分蘖数的变化规律(见图 5-25)可以看出,各处理的分蘖数变化规律基本一致:随着水稻生育期的深入,水稻分蘖数不断增加,在分蘖中期达到峰值后(21.48~25.78 个),随着后续水稻生育期开始晒田,无效分蘖逐渐消亡,最终趋于稳定,稳定后分蘖数介于 14.10~18.90 个。

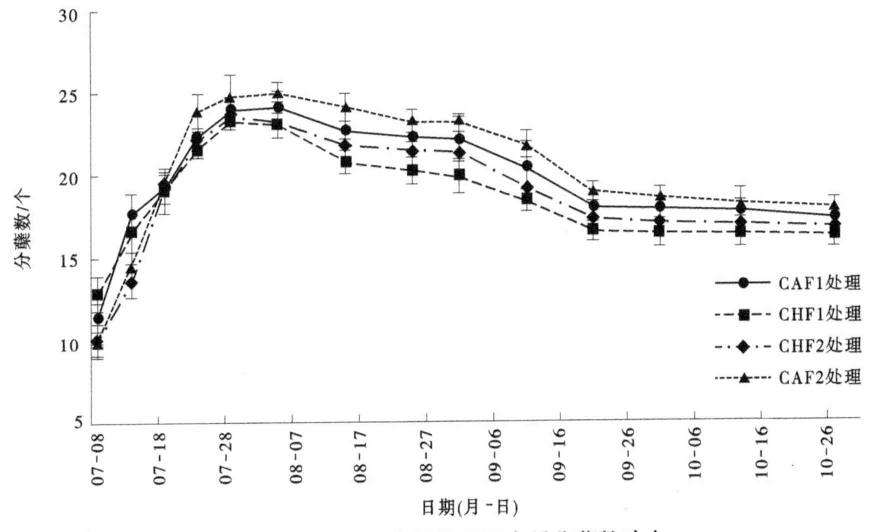

图 5-25　不同施肥处理下水稻分蘖数动态

分析不同施肥处理下水稻分蘖动态(见图 5-25)可以看出,由于各处理的基肥施用量与施用方式保持一致,因此在进入水稻分蘖期前,各处理的株高变化规律基本一致,均呈现出稳步增长的趋势。水稻进入分蘖期,施用蘖肥后,不同处理间分蘖数变化规律逐渐显现,且分蘖数变化规律与蘖肥的施用密切相关。7 月 11 日施用第 1 次蘖肥后,各处理水稻分蘖数规律表现为 CAF1>CHF1>CAF2>CHF2,待 7 月 16 日 CAF2 处理和 CHF2 处理施用第 2 次蘖肥后,两处理的分蘖数反超 CAF1 处理和 CHF1 处理,至分蘖末期,分蘖数由大到小为 CAF2>CAF1>CHF2>CHF1。

同样的规律也表现在穗肥施用阶段,在第 1 次穗肥施用后,CAF2 处理和 CHF2 处理的分蘖数有所增长,但低于 CAF1 处理和 CHF1 处理,待 CAF2 处理和 CHF2 处理的穗肥全部施入后,两处理的分蘖数持续增长并反超 CAF1 处理和 CHF1 处理。CAF2 处理和 CHF2 处理在追肥施用完毕后均能反超 CAF1 处理和 CHF1 处理,单次追肥分次施入处理的分蘖数比单次追肥一次施入处理增加 3.26%~4.18%。说明追肥分多次施入对水稻分蘖数具有一定的促进作用,有助于水稻分蘖数的提高。根据各处理黄熟期的分蘖数结果分析可得,在相同施肥量下,相较于传统人工撒施,水肥一体化施肥方式能够有效促进水稻分蘖。结合以上分析可以看出,水肥一体化施肥方式可以有效促进水稻分蘖;单次追肥分次施入的施肥模式能够有效促进水稻分蘖,两者结合的施肥模式可以得到最高的水稻分蘖数。

分析不同施肥处理下水稻全生育期分蘖均匀度动态变化(见图 5-26)可以看出,各处理水稻分蘖均匀度变化规律基本一致:随着水稻生育期的进行,分蘖均匀度呈现出阶段性下降、总体增大的变化趋势,并最终达到稳定状态。

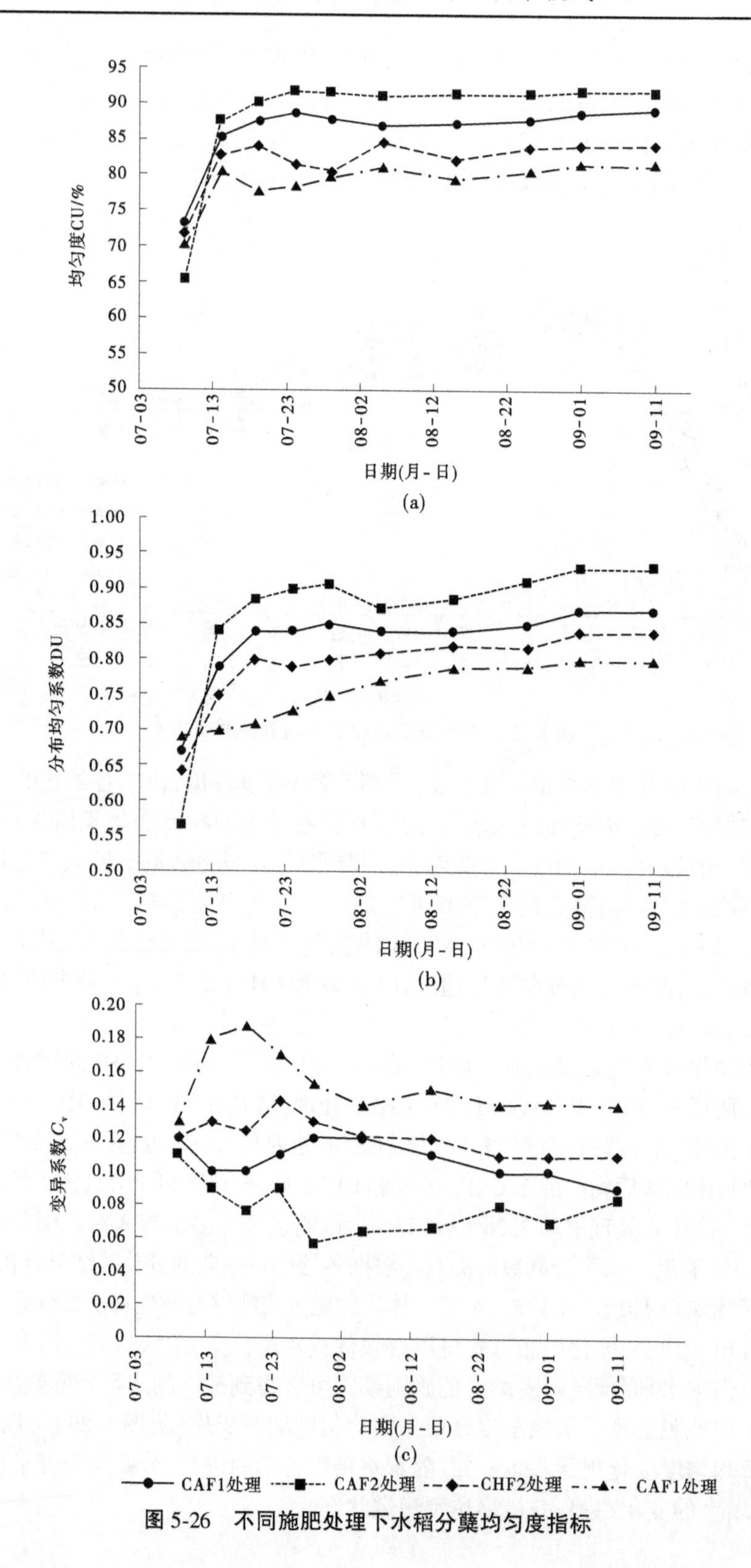

图 5-26　不同施肥处理下水稻分蘖均匀度指标

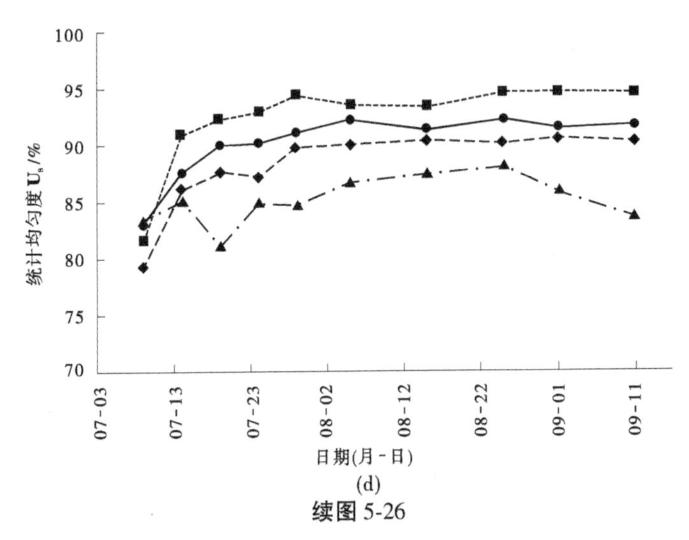

(d)

续图 5-26

以图 5-26(a)中分蘖均匀度 CU 为例,各处理水稻分蘖均匀度与各次施肥关系密切,尤其是在蘖肥施用后一周内,CHF1 处理和 CHF2 处理的分蘖均匀度呈现出明显的下降趋势,下降幅度分别为 2.58%和 2.65%,而后逐渐增长并达到稳定。这是由于分蘖期水稻分蘖数快速增加,蘖肥的施用均匀程度直接关系到分蘖的均匀度,而人工撒施处理的施肥均匀度较低,因此 CHF1 处理和 CHF2 处理的分蘖均匀度呈现出较为明显的降低,但 CAF1 处理和 CAF2 处理由于其较高的施肥均匀度,均保持稳步增长态势。

同样的规律也表现在穗肥施用的拔节孕穗期,CHF1 处理和 CHF2 处理在穗肥施用后其分蘖均匀度也表现出一定程度的降低,CAF1 处理和 CAF2 处理均保持小幅度增长态势,并最终趋于稳定。由于拔节孕穗期水稻分蘖速率显著减缓,因此人工撒施处理的分蘖均匀度降低幅度较低(1.78%~2.25%)。稳定后 4 个处理的分蘖均匀度 CU 由高到低依次为 CAF2>CAF1>CHF2>CHF1。由此可知,水稻分蘖均匀度对田间水层施肥均匀度的响应极强,即田间水层施肥均匀度越高,水稻分蘖均匀度也越高。

5.4.4.2　水稻株高动态变化及其分布均匀度

分析不同施肥处理下水稻全生育期植株高度的变化规律(见图 5-27)不难看出,各处理的株高变化规律整体较为一致:随着水稻生育期的不断扩展,水稻株高不断增加,直至达到峰值后趋于稳定。

由于各处理的基肥施用量与施用方式保持一致,因此在进入水稻分蘖期前,各处理的株高变化规律基本一致,均呈现出稳步增长的趋势。当水稻进入分蘖期施用蘖肥后,各处理水稻植株高度的增长速度表现出差异。在蘖肥施用后第 5 天,4 个处理中株高由高到低依次为 CAF1>CHF1>CAF2>CHF2,这是因为 CAF1 处理和 CHF1 处理为一次施入全部蘖肥,施肥量明显高于 CAF2 处理和 CHF2 处理,因此其株高增长速度显著高于后两种处理。进入水稻分蘖末期后,由于 CAF2 处理和 CHF2 处理第 2 次蘖肥的施入,分次施肥的优势逐渐显现出来,CAF2 处理比 CAF1 处理株高高出 6.28%,CHF2 处理比 CHF1 处理株高高出 7.00%,各处理间差异并不显著。

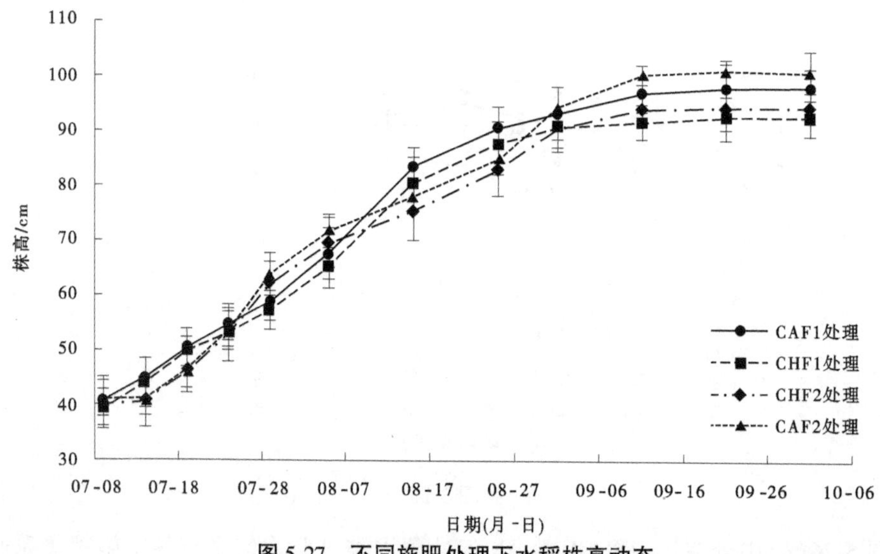

图 5-27 不同施肥处理下水稻株高动态

分蘖末期至水稻拔节孕穗前期,水稻植株高度的增加速度最快。由于穗肥的施用也分为一次施入和两次施入,因此在拔节孕穗前期,CAF1 处理和 CHF1 处理的株高均高于 CAF2 处理和 CHF2 处理,待后两种处理的第 2 次穗肥追施完成后,其株高逐渐快速增长,并反超前两种处理。至拔节孕穗末期,CAF2 处理的株高比 CAF1 处理的高出 3.55%,CHF2 处理的株高比 CHF1 处理的高出 2.18%,各处理间差异并不显著。4 个处理株高由高到低依次为 CAF2>CAF1>CHF2>CHF1,其中 CAF2 处理的株高高达 101.12 cm。在进入抽穗开花期后,各处理水稻株高基本稳定,不再发生变化。

结合上述分析可以看出:相较于单次追肥一次施入,单次追肥分次施入处理单次追肥量较低,因此在短期内株高增长速度较慢,但经过后续分次追施,单次追肥分次施入处理在一定程度上表现出了生长补偿能力,并最终实现株高的反超。这一结果说明,追肥分次施入能够保证稻田养分在较长时期内保持较为适宜的水稻吸收、生长的浓度范围,进而实现水稻在较长时期内的连续有效生长。

分析不同施肥处理下水稻全生育期株高均匀度动态变化(见图 5-28)可以看出,各处理水稻株高均匀度变化规律基本一致:随着水稻生育期的进行,株高均匀度呈现出阶段性下降、总体增大的变化趋势,并最终达到稳定状态。稳定后 4 个处理株高均匀度由高到低依次为 CAF2>CAF1>CHF2>CHF1。

4 个处理的基肥施用方式与施用量一致,因此在蘖肥施用前,4 个处理的株高均匀度基本没有明显差异。以图 5-28(a)4 个均匀度指标中的株高均匀度 CU 为例,进入分蘖期前,CAF1、CAF2、CHF1 和 CHF2 4 个处理的株高均匀度 CU 分别为 92.75%、93.62%、92.76%和 93.03%,有所区别,但差异不显著。各处理水稻株高均匀度与各次施肥关系密切。在蘖肥施用后一周内,CHF1 处理和 CHF2 处理的株高均匀度呈现出下降趋势,下降幅度分别为 1.66%和 0.59%,而后逐渐增长并达到稳定。

同样的规律也表现在穗肥施用的拔节孕穗期,CHF1 处理和 CHF2 处理在穗肥施用后其分蘖均匀度也表现出一定程度的降低,CAF1 处理和 CAF2 处理均保持细微增长态势,

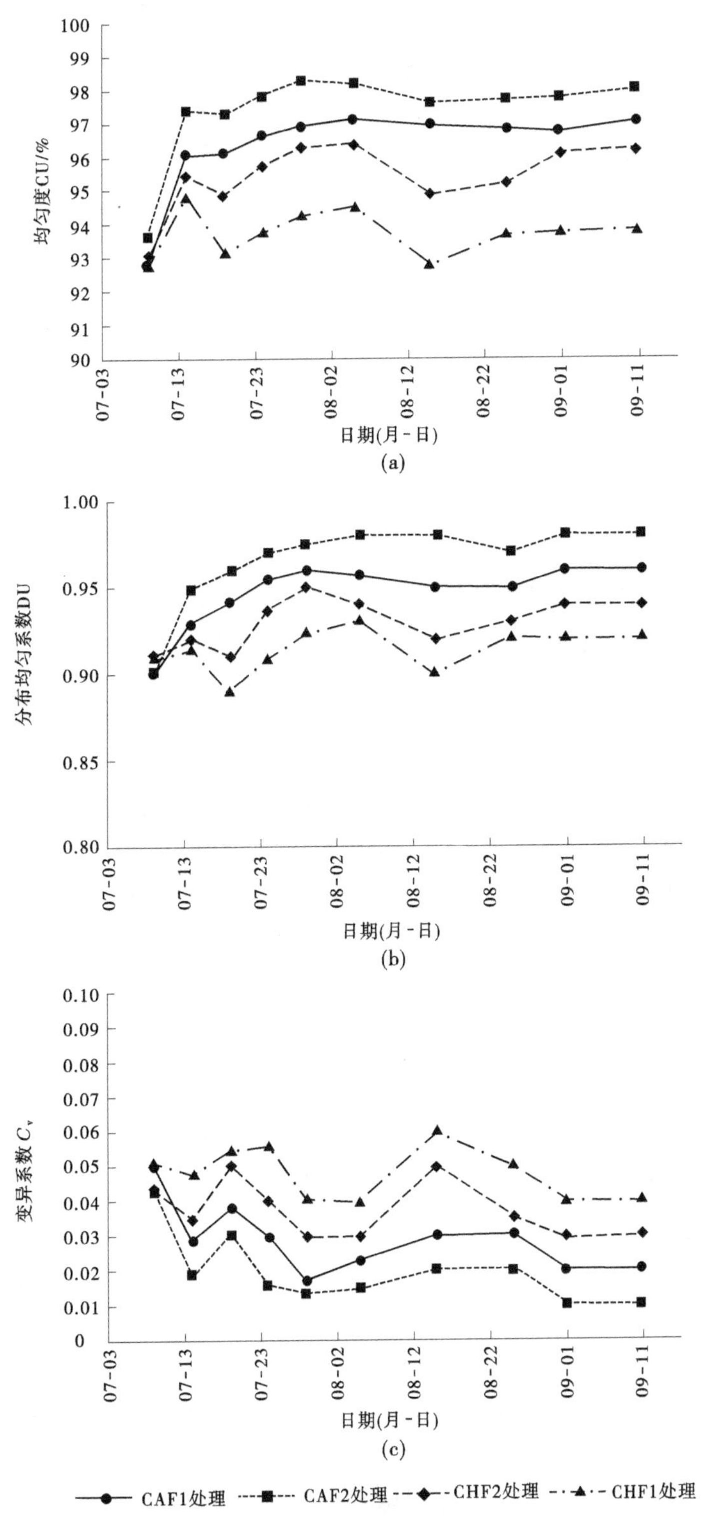

图 5-28　不同施肥处理下水稻全生育期株高均匀度指标

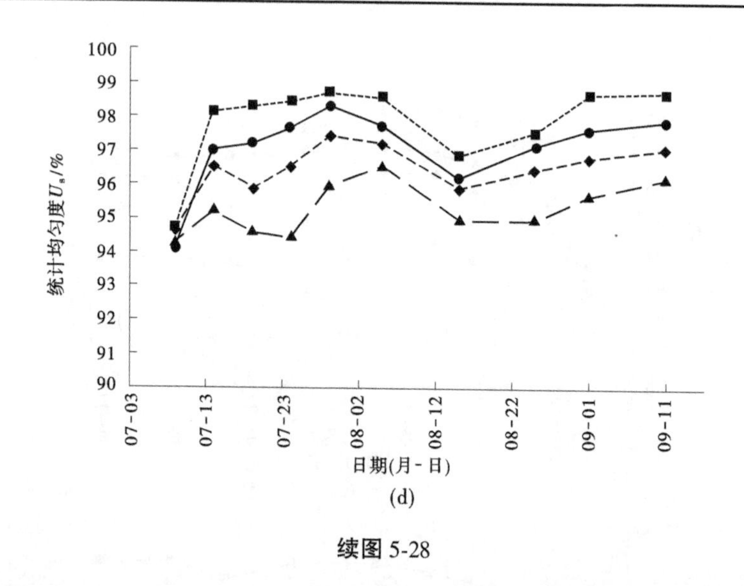

(d)

续图 5-28

并最终趋于稳定。由于拔节孕穗期水稻株高生长速率极快,因此传统人工撒施处理的株高均匀度降低幅度较大(1.55%~1.75%)。稳定后4个处理的株高均匀度CU由高到低依次为CAF2>CAF1>CHF2>CHF1。这是由于拔节孕穗期水稻株高快速增长,穗肥的施用均匀度直接关系到田内水稻株高的均匀度,而人工撒施处理的施肥均匀度较低,因此CHF1处理和CHF2处理的株高均匀度呈现出较为明显的降低,但CAF1处理和CAF2处理由于其较高的施肥均匀度,均保持稳步增长态势。由此可知,水稻株高均匀度对穗肥施用后田间水层施肥均匀度的响应极强,即田间水层施肥均匀度越高,水稻株高均匀度也越高。

5.4.4.3 不同施肥处理对水稻SPAD含量及其分布均匀度的影响

图5-29为不同施肥处理下水稻叶片全生育期叶绿素含量SPAD的变化规律。

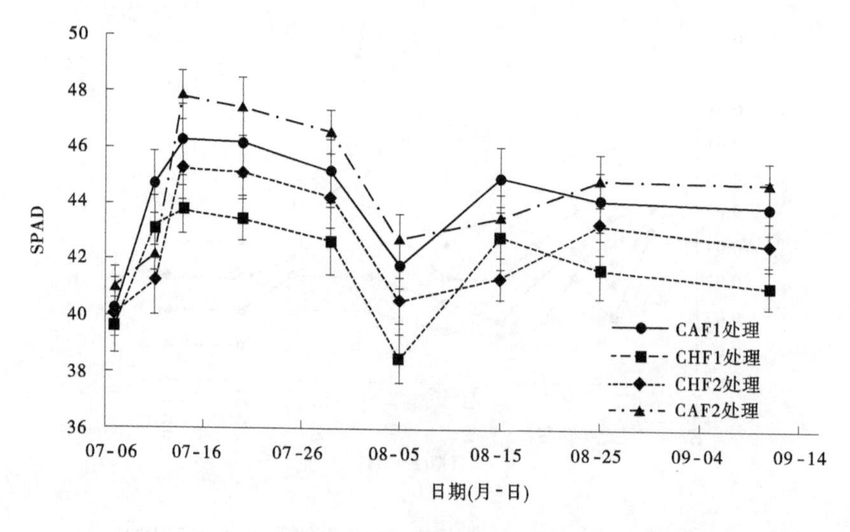

图 5-29 不同施肥处理水稻叶片SPAD变化规律

分析可得,水肥一体化施肥处理和传统人工撒施处理的水稻叶片 SPAD 含量变化规律基本一致,此外,SPAD 值的变化规律与各次追肥的关系较为密切。水肥一体化施肥处理全生育期水稻叶片 SPAD 含量的均值为 44.37,比传统人工撒施处理提高了 2.12,差异显著。由于蘖肥、穗肥首次施入时,CAF2 处理和 CHF2 处理施肥量分别为 CAF1 处理和 CHF2 处理的一半,因此前两种处理水稻叶片 SPAD 含量在分蘖前期及拔节孕穗前期小于后两种处理,随着 CAF2 处理和 CHF2 处理第 2 次蘖肥和穗肥的施入,两种处理水稻叶片的 SPAD 值实现了反超。至穗肥施用结束后,传统人工撒施处理(CHF1、CHF2)水稻叶片 SPAD 值逐渐降低,而水肥一体化施肥处理水稻叶片 SPAD 值则略有降低,这表明水肥一体化施肥方式能够有效延缓水稻叶片在生育后期的衰老速度,有助于维持水稻叶片 SPAD 值的稳定,对水稻植株光合产物的积累具有明显的促进作用。

分析不同施肥处理水稻叶片 SPAD 含量分布均匀度指标变化规律(见图 5-30)可以看出,水稻叶片 SPAD 含量分布均匀程度与各次追肥关系密切。以图 5-30(a)中的均匀度 CU 为例,各处理在水稻秧苗移栽后 SPAD 含量的分布均匀度基本相同,随着水稻生育期的进行,蘖肥开始施用后,各处理水稻叶片 SPAD 含量分布均匀度逐渐出现差异。在分蘖前期施用蘖肥后,水肥一体化处理水稻叶片 SPAD 含量均匀度 CU 逐渐上升,再逐渐回落直至稳定,而传统人工撒施处理水稻叶片 SPAD 含量均匀度有所降低,再逐渐回升并趋于稳定。拔节孕穗期施用穗肥后,各处理也表现出同样的规律,但水肥一体化处理水稻叶片 SPAD 含量均匀度 CU 上升幅度不如蘖肥施用后的增幅,达到最终稳定状态时,各处理水稻叶片 SPAD 含量均匀度 CU 由高到低依次为 CAF2>CAF1>CHF2>CHF1。

综上所述,采用水肥一体化施肥方式能够有效促进水稻对于外供氮源的吸收,从而保证较高的叶片 SPAD 含量及其分布均匀度,有助于水稻光合产物的积累,对于水稻产量具有积极的促进作用。

5.4.4.4　不同施肥处理对水稻干物质量及其分布均匀度的影响

图 5-31 为不同施肥处理下水稻不同生育时期地上部分干物质含量。分析可得,随着水稻生育期的不断推进,各处理水稻干物质含量均呈现出逐渐增长的态势,但是不同处理间的干物质含量增长速率有所区别。

从图 5-31 中可以看出,各处理干物质含量增长最快的时期为拔节孕穗期至抽穗开花期,即水稻生育中期,由拔节孕穗期的 31.92~35.55 g/株增长至抽穗开花期的 61.20~73.22 g/株,增长幅度为 90.25%~112.70%。这是因为水稻进入拔节孕穗期后,分蘖数与株高快速增长,因此干物质含量增加速度极快。进入乳熟期和黄熟期后,水稻养分通过茎秆的运输逐渐向穗部集中,同时水稻株高、分蘖停止增长,因此其干物质含量增加速度减缓,并在收割期达到干物质含量的最大值,各处理干物质累积量由大到小为 CAF2>CAF1>CHF2>CHF1,具体干物质含量分别为 91.78 g/株、85.09 g/株、81.06 g/株、76.89 g/株。

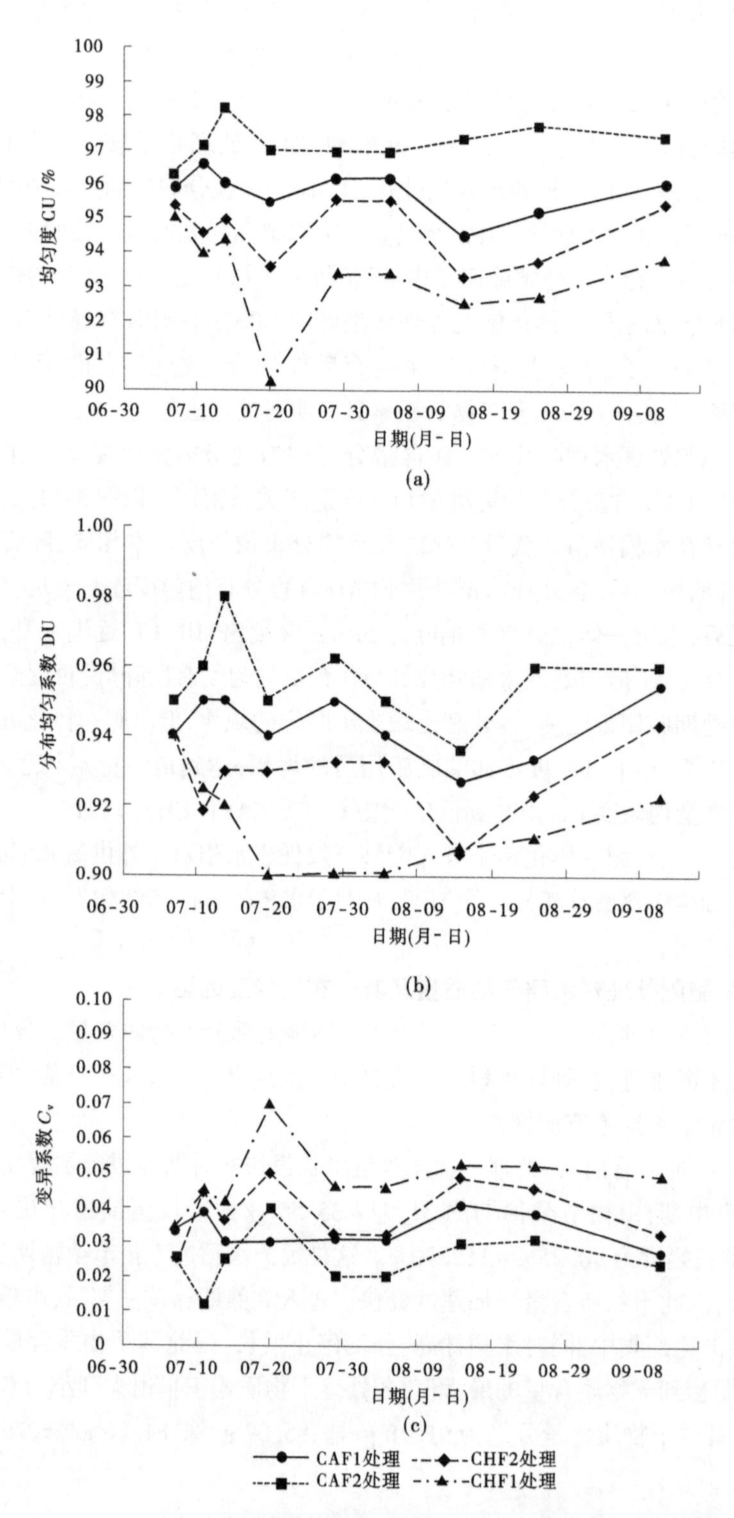

图 5-30　不同施肥处理水稻叶片 SPAD 均匀度指标

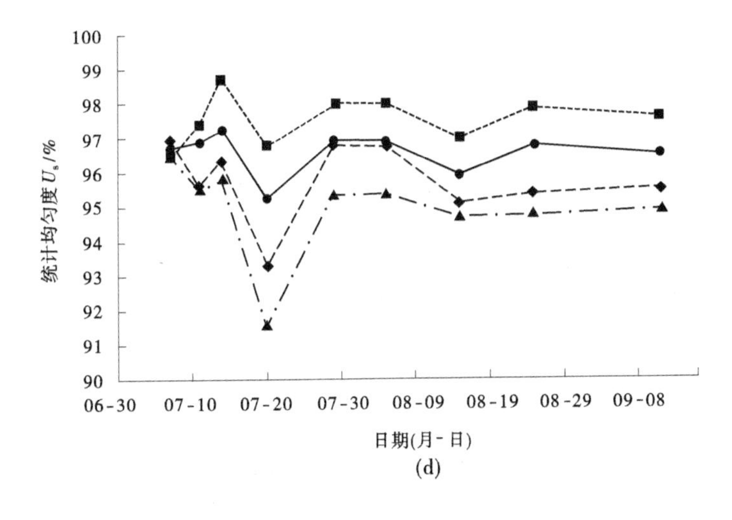

(d)

续图 5-30

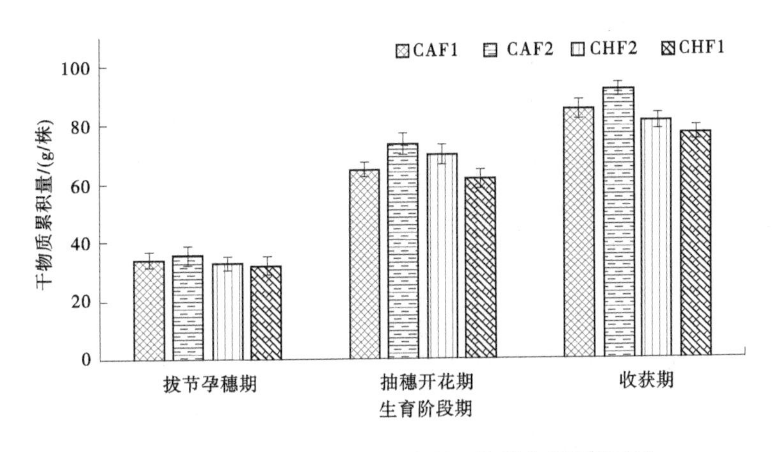

图 5-31　不同施肥处理水稻干物质含量累积变化

1. 拔节孕穗期水稻不同器官干物质量及其均匀度

分析不同施肥处理下拔节孕穗期干物质含量(见图 5-32)可得,在拔节孕穗期不同处理间干物质含量有所差异,但差异不显著。4 个处理干物质含量由高到低依次为 CAF2>CAF1>CHF2>CHF1。此外,各处理茎鞘部位的干物质含量均高于叶片的干物质含量。

图 5-33 为不同施肥处理拔节孕穗期水稻干物质含量分布均匀度指标,可以看出同一处理间叶片、茎鞘的干物质含量分布均匀度基本一致,但不同处理间干物质含量分布均匀度存在差异。

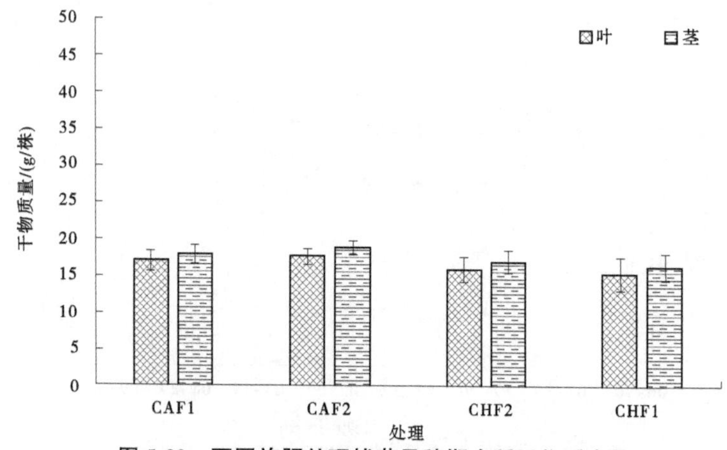

图 5-32　不同施肥处理拔节孕穗期水稻干物质含量

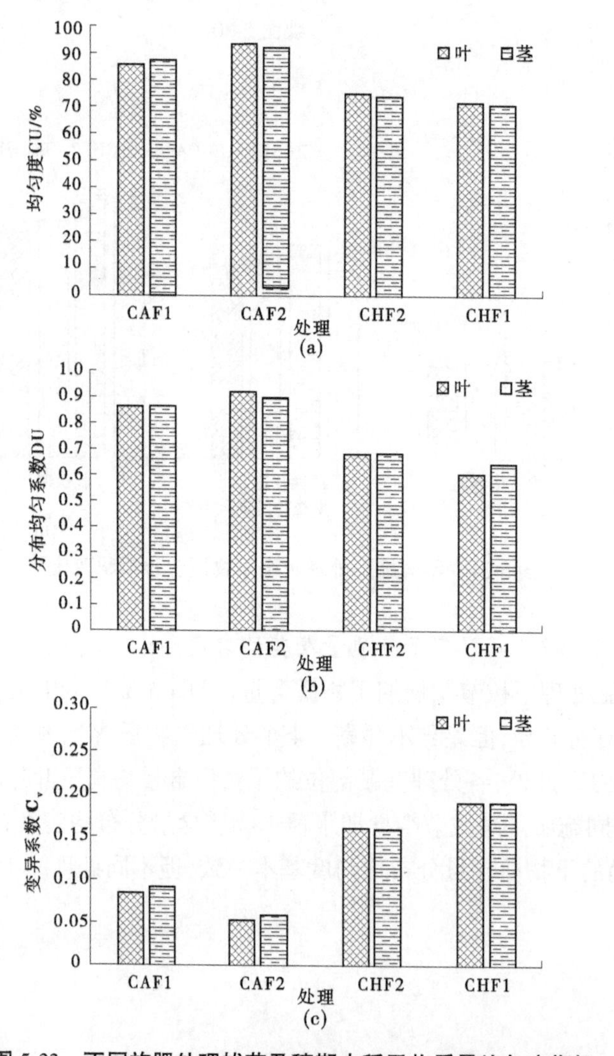

图 5-33　不同施肥处理拔节孕穗期水稻干物质量均匀度指标

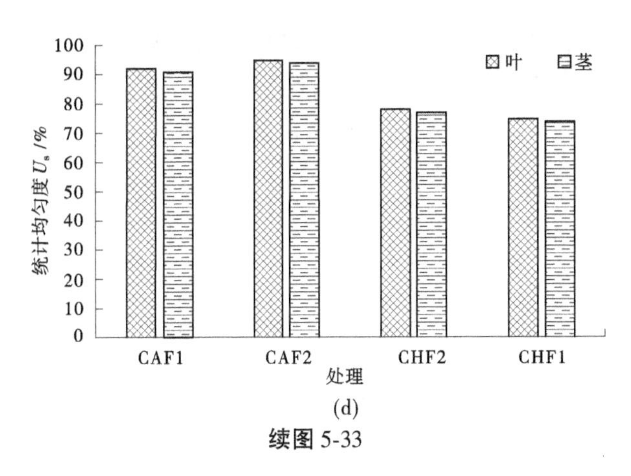

(d)

续图 5-33

以图 5-33(a)中的均匀度 CU 为例,取茎鞘的均匀度 CU 指标做分析,拔节孕穗期 CAF1 处理、CAF2 处理、CHF1 处理和 CHF2 处理的干物质含量均匀度 CU 分别为 87.38%、91.95%、74.24%和 70.55%。由于各处理蘖肥的施用模式不同,水肥一体化施肥处理(CAF1、CAF2)的施肥均匀度更高,因此其水稻干物质含量的分布均匀度也随之增加,且显著高于传统人工撒施处理(CHF1、CHF2),高出 13.14%~21.40%。此外,单次追肥分次施入处理(CAF2、CHF2)能在一定程度上提升施肥均匀度,因此其干物质含量的分布均匀度也得到了一定的提升,具体表现为:CAF2 处理干物质分布均匀度比 CAF1 处理提升了 4.58%,CHF2 处理干物质分布均匀度比 CHF1 处理提升了 3.69%。

2. 抽穗开花期水稻不同器官干物质量及其均匀度

分析不同施肥处理下拔节孕穗期干物质含量(见图 5-34)可得,在抽穗开花期不同处理间干物质含量有所差异。相较于拔节孕穗期,抽穗开花期各处理的水稻叶片、茎鞘部位的干物质含量得到了较大提升,增长幅度分别为 15%~23%、87%~106%,这是因为从拔节孕穗期至抽穗开花期,水稻拔节速度加快、植株茎秆生长迅速。此外,拔节孕穗期水稻的穗开始逐渐生长,在水稻干物质全重占比逐渐增大。

图 5-35 为各处理抽穗开花期水稻干物质含量分布均匀度指标,可以看出不同处理间干物质含量分布均匀度存在差异。

以图 5-35(a)中的均匀度 CU 为例,取茎鞘的均匀度指标做分析,拔节孕穗期 CAF1 处理、CAF2 处理、CHF1 处理和 CHF2 处理的干物质含量均匀度 CU 分别为 89.31%、92.59%、73.21%和 78.59%,相比于拔节孕穗期的干物质含量均匀度有所提升,以 CHF2 处理的提升最为明显,提升幅度为 4.35%。在经过蘖肥、穗肥两次追肥的双重作用下,不同处理间的干物质含量差异更为明显,尽管不同施肥处理的干物质均匀度均有所上升,但水肥一体化施肥处理(CAF1、CAF2)的上升幅度更为明显,并逐渐与传统人工撒施处理的干物质均匀度拉开较大差异。

3. 收获期水稻不同器官干物质量及其均匀度

分析不同施肥处理下收获期干物质含量(见图 5-36)可得,在收获期不同处理间穗部干物质含量差异显著。随着穗肥效用的逐渐发挥,相较于抽穗开花期,收获期各处理的穗部的干物质含量得到了极大提升，以 CAF2 处理的提升幅度最大，为 102.80%，其余处理的提升幅度为 70.10%～85.42%。总的来说，同一施肥方式下，增加追肥的施用次数，有助于水稻养分向穗部的运移，促进穗部干物质含量的增加。

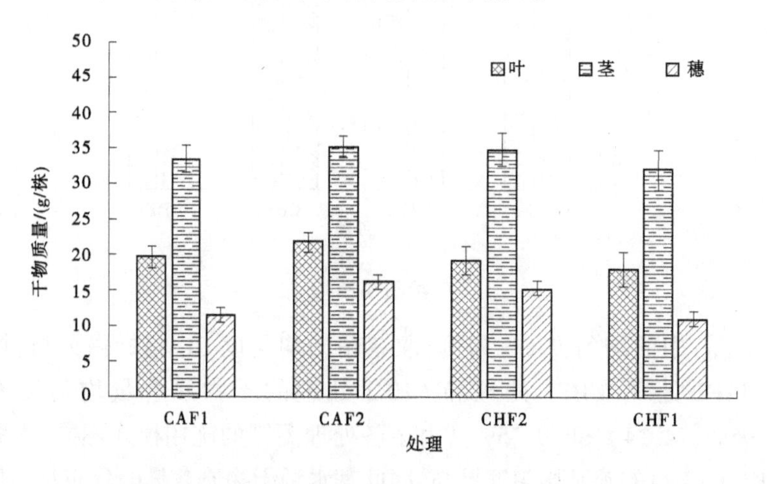

图 5-34　不同施肥处理抽穗开花期水稻干物质含量

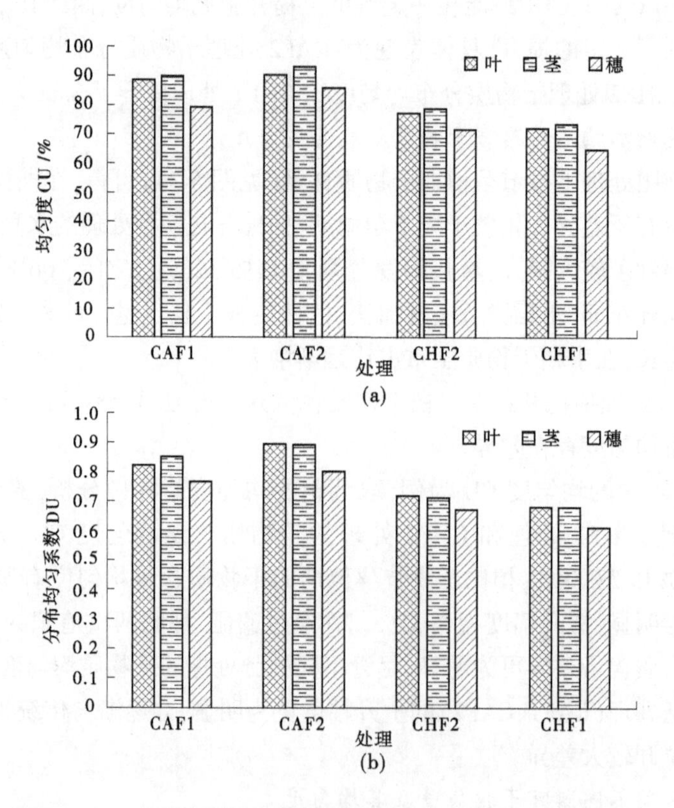

图 5-35　不同施肥处理抽穗开花期水稻干物质量均匀度指标

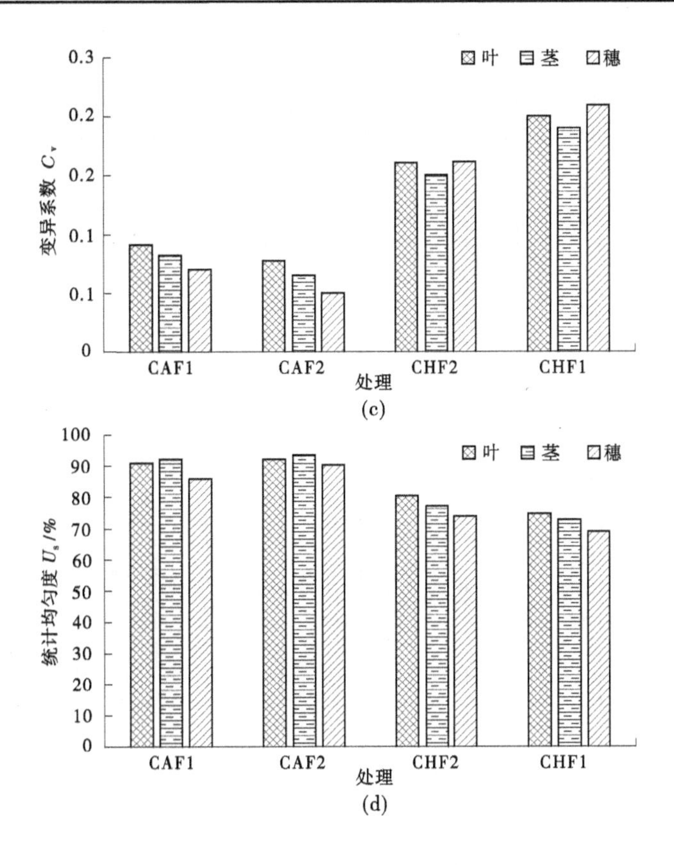

续图 5-35

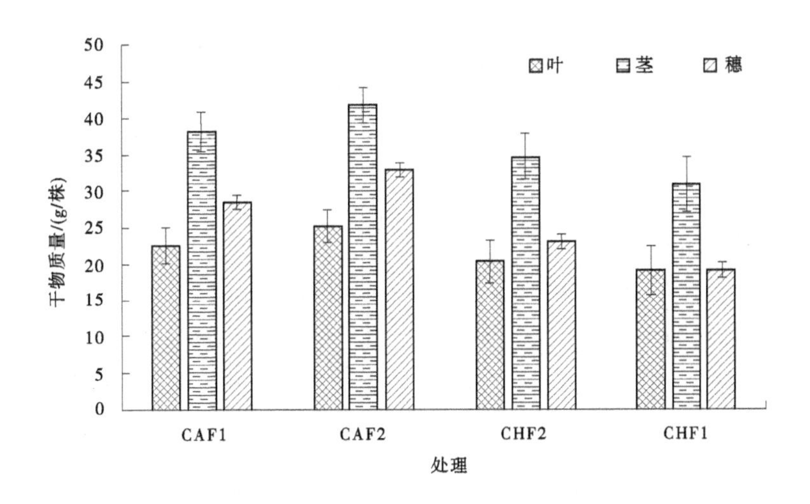

图 5-36　不同施肥处理下收获期水稻地上部分干物质含量

图 5-37 为各处理收获期水稻干物质含量分布均匀度指标,可以看出在水稻收获期,不同处理间干物质含量差异更大,且各处理穗的干物质均匀度高于叶和茎鞘。

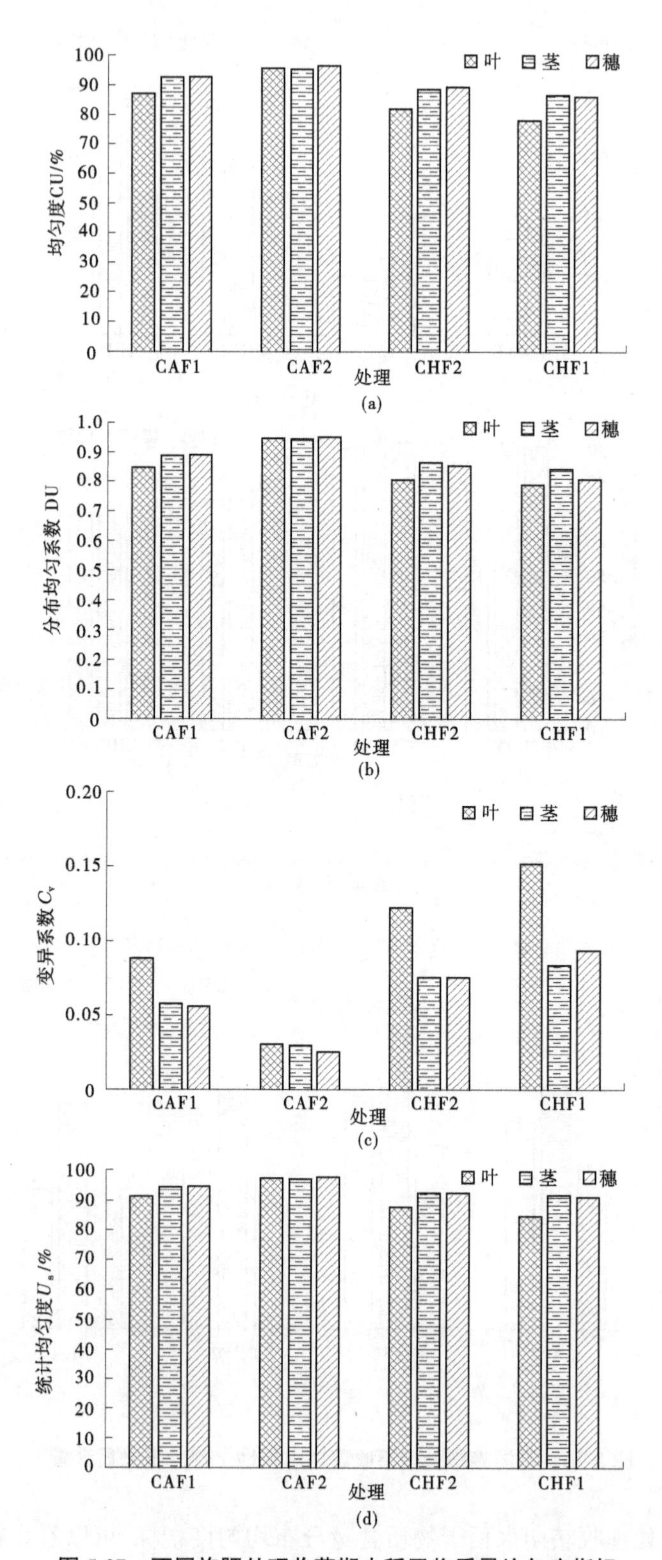

图 5-37　不同施肥处理收获期水稻干物质量均匀度指标

以图 5-37(a)中的均匀度 CU 为例,取穗的均匀度指标作以分析,收获期 CAF1 处理、CAF2 处理、CHF1 处理和 CHF2 处理的干物质含量均匀度 CU 分别为 92.49%、96.39%、80.25%和 85.51%,相比于拔节孕穗期穗的干物质含量均匀度提升幅度极为明显。总的来看,就施肥方式对水稻干物质分布均匀度的影响来看,水肥一体化施肥处理的水稻干物质分布均匀度最高;就追肥次数对水稻干物质分布均匀度的影响来看,单次追肥分次施入处理的水稻干物质分布均匀度最高。

5.4.4.5　不同施肥处理的水稻产量及其分布均匀度

不同处理水稻产量及其构成因素如表 5-14 所示,可以看出除结实率外,水肥一体化处理的产量、千粒质量、每穗实粒数、有效穗数和穗长均高于传统人工撒施处理($p<0.05$)。

表 5-14　不同施肥处理下水稻产量及其构成因素

处理	穗长	有效穗数/(个/穴)	实粒数/(粒/穗)	结实率/%	千粒质量/g	产量/(kg/hm^2)
CAF1	15.1±0.6 b	23.6±1.6 b	127.4±5.6 a	80.2±0.1 c	23.7±0.4 b	8 335.4±57.8 b
CAF2	16.6±0.9 a	24.1±1.6 a	130.2±4.9 c	84.9±0.3 b	25.5±0.2 a	8 446.6±56.7 a
CHF1	14.2±1.0 c	22.3±3.4 c	121.7±3.8 c	82.5±0.2 c	22.0±0.1 c	8 024.5±36.5 d
CHF2	14.9±2.2 c	23.0±3.4 c	124.8±7.1 b	90.5±5.3 a	22.6±0.6 c	8 126.6±23.5 c

注:不同施肥处理水稻产量及其构成因素后面的不同小写母表示差异达 0.05 显著水平。

从整体来看,各处理水稻产量之间的大小关系为:CAF2>CAF1>CHF1>CHF2($P<0.05$),其中 CAF2 处理的产量最高,为 8 746.6 kg/hm^2,分别较 CAF1 处理、CHF2 处理和 CHF1 处理提高了 1.3%、4.0%和 5.3%,其他处理产量在 8 024.5~8 635.4 kg/hm^2。在不同施肥方式下,水肥一体化处理(CAF1、CAF2)的产量较传统人工撒施处理(CHF1、CHF2)产量分别提高了 3.9%(追肥一次施用)和 4.0%(追肥分次施用);而在不同追肥施用次数条件下,追肥分次施用处理(CAF2、CHF2)的产量比追肥一次施用处理(CAF1、CHF1)的产量分别高 1.3%(水肥一体化施肥)和 1.3%(传统人工撒施)。

分析不同施肥处理水稻产量分布均匀度(见图 5-38),可以直观看出 4 个处理水稻产量分布均匀度由高到低依次为 CAF2>CAF1>CHF2>CHF1,水肥一体化处理田内产量分布基本均匀,不存在产量过高或过低的区域,而 CHF1 处理田块周边产量较高,CHF2 处理田块中央处产量较高,周边产量相对而言较低。从整体来看,水肥一体化施肥处理的产量分布更加均匀,传统人工撒施处理的产量高低分布则存在较大的随机性。

不同施肥处理水稻产量分布均匀度指标如表 5-15 所示,以产量的分布均匀度 CU 为例,4 个处理中 CHF1 处理的产量分布均匀度最低,均匀度 CU 为 95.53%,其余各处理产量分布均匀度 CU 为 96.29%~99.64%。相较于 CHF1 处理,CAF1 处理产量分布均匀度 CU 提升了 2.60%,CAF2 处理提升了 4.10%,CHF2 处理提升了 0.75%。总的来说,水肥一体化施肥方式经过全生育期各次追肥对水稻不断产生影响,最终促使小区内水稻产量分布均匀度得到有效提升,促使了水稻长势的均一与产量的提升。

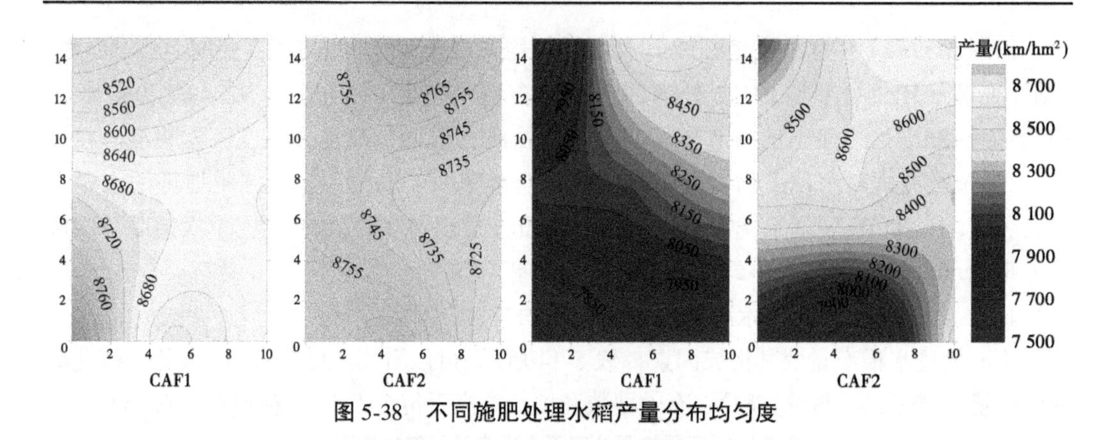

图 5-38　不同施肥处理水稻产量分布均匀度

表 5-15　不同施肥处理水稻产量及产量构成要素分布均匀度

类别	均匀度指标	CAF1	CAF2	CHF1	CHF2
产量	CU/%	98.14	99.64	95.53	96.29
	DU	0.97	0.99	0.94	0.94
	C_v	0.01	0	0.03	0.03
	U_s/%	98.66	99.72	96.69	97.21
穗长	CU/%	90.08	95.32	83.88	86.99
	DU	0.87	0.93	0.79	0.84
	C_v	0.08	0.04	0.12	0.10
	U_s/%	92.36	96.20	88.32	90.25
有效穗数	CU/%	90.81	93.69	85.90	88.22
	DU	0.87	0.97	0.90	0.89
	C_v	0.07	0.04	0.10	0.09
	U_s/%	93.18	95.78	89.82	91.44
实粒数	CU/%	93.81	97.13	87.33	91.33
	DU	0.91	0.96	0.84	0.89
	C_v	0.04	0.02	0.09	0.06
	U_s/%	95.73	97.92	91.44	94.16
结实率	CU/%	91.74	94.61	87.72	89.90
	DU	1.02	0.95	0.89	0.94
	C_v	0.06	0.04	0.09	0.07
	U_s/%	94.28	96.26	91.36	93.28
千粒重	CU/%	85.67	90.90	79.58	82.22
	DU	0.84	0.88	0.72	0.73
	C_v	0.10	0.07	0.15	0.13
	U_s/%	89.51	92.94	85.11	87.42

综上所述，随着水肥一体化施肥方式的使用，水稻产量及其分布均匀度也随之增加，穗长、结实率、有效穗数等指标的均匀度变化规律也相一致。采用水肥一体化施肥方式结合追肥分次施用，可以作为水稻节水稻田的一种新型灌溉施肥技术模式进行推广应用。

5.4.5　肥料分布均匀度与产量均匀度的关系

图 5-39～图 5-42 为不同施肥处理下，施肥均匀度与产量均匀度之间作用规律的 3D 对比视图。由于各处理施肥均匀度采样点为 16 个，而土壤氮素、产量均匀度采样点为 9 个，因此部分图中肥料浓度与产量对应关系不够明显，但能够表现出总体作用规律：即较高的施肥均匀度、土壤氮素均匀度可以获得较高的产量均匀度。

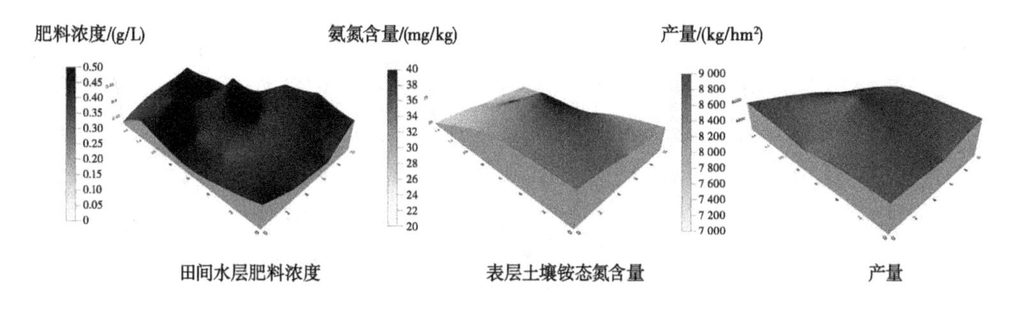

图 5-39　CAF1 处理肥料分布与产量分布

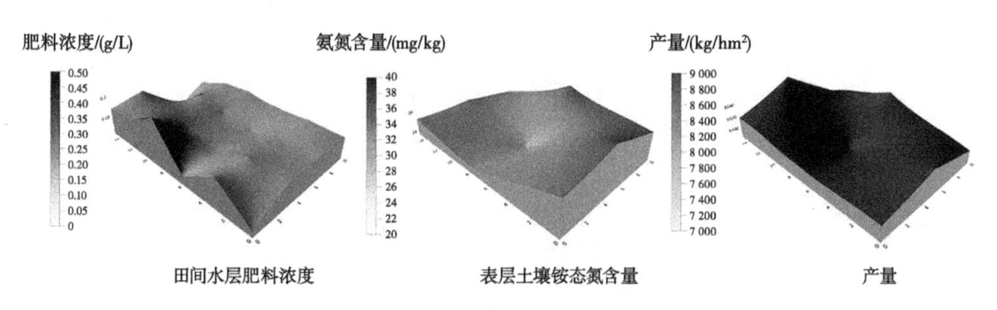

图 5-40　CAF2 处理肥料分布与产量分布

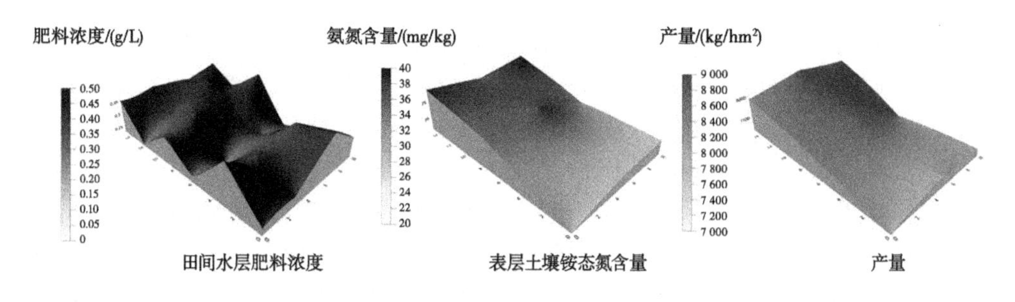

图 5-41　CHF1 处理肥料分布与产量分布

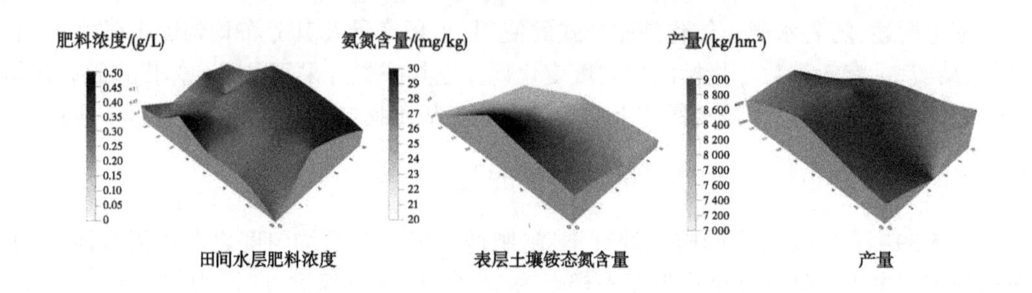

图 5-42 CHF2 处理肥料分布与产量分布

各图中肥料分布特征取自各处理最后一次穗肥施用后的肥料分布特征,土壤铵氮分布特征取于穗肥施用 7 d 后各处理表层土壤(0~10 cm)。可以看出肥料浓度、土壤铵氮含量与水稻产量关系呈正比,即施肥后肥料浓度越高、土壤铵氮含量越高,水稻产量就越高。这一现象在 CHF1 处理(见图 5-41)中表现最为明显,CHF1 处理田首区域水稻肥料浓度显著低于其他区域,因此其田首区域产量显著低于田尾水稻产量。总体来看,水肥一体化施肥处理(CAF1、CAF2)的施肥均匀度与产量均匀度均显著高于传统人工撒施处理(CHF1、CHF2)。

水稻产量的分布均匀程度受到多重因素的共同作用,如水稻移栽后秧苗均匀度、施肥均匀度、土壤氮素含量均匀度、田间微地势、田块深层渗漏等因素,而这其中,施肥均匀度与土壤氮素含量均匀度对产量分布均匀程度的影响最为明显,研究结果表明更高的施肥均匀度与土壤氮素均匀度有助于小区内水稻整体长势的同步增长,进而促进水稻产量的增加。

5.5 小 结

(1)水肥一体化施肥方式结合追肥分次施入能够有效促进水稻生长指标增长的同步性,促进水稻长势不断趋于一致。

相较于传统人工撒施处理,水肥一体化施肥处理田块内的水稻分蘖、株高更为均匀,分蘖均匀度 CU 比传统人工撒施处理平均高出 7.47%,株高均匀度 CU 平均高出 2.53%,这一差距贯穿于水稻生育全期。

(2)水稻干物质含量与水稻叶片 SPAD 值对施肥方式的响应规律极为明显,两者在水肥一体化施肥处理下能够获得更高值,有助于水稻干物质量的积累,促进产量的提高。

水肥一体化施肥处理在拔节孕穗期、抽穗开花期和收获期的干物质量始终高于传统人工撒施处理。经过整个生育期的作用,水肥一体化处理的干物质累积量比传统人工撒施处理平均高出 28.52%。而对水稻产量影响最为明显的穗部干物质含量则差异更大,收获期水肥一体化处理穗部干物质量比传统人工撒施处理平均高出 46.00%。SPAD 值的变化规律与干物质含量相一致。因此,采用水肥一体化施肥方式能够有效提高水稻叶片 SPAD 值和干物质量,进而实现增产的目标。

(3)采用水肥一体化施肥方式能够明显提高水稻产量、有效穗数和结实率,尤其结合追肥分次施肥管理模式,对水稻产量具有明显的提升作用。

4个处理中,CHF1处理产量最低,为7 836.70 kg/hm^2,CAF1处理、CAF2处理、CHF2处理相较于CHF1处理的产量增幅分别为10.20%、18.00%和6.25%。对构成产量的5个要素进行分析发现,除结实率外,水肥一体化施肥处理的穗长、有效穗数、实粒数和千粒重分别比传统人工撒施处理平均高出18.47%、21.90%、12.15%和21.36%,产量提高了10.63%。说明水肥一体化施肥处理的产量指标普遍优于传统人工撒施,满足了稻田稳产、增产的目标。此外,水肥一体化和传统人工撒施两种施肥方式在追肥分次施用模式下,产量分别提高了7.08%和6.25%,其余产量构成要素也均有明显提升。因此,可以尝试将水肥一体化施肥技术结合追肥分次施用的氮肥管理模式向水稻灌区进行推广应用。

(4)相较于传统人工撒施施肥,采用水肥一体化施肥方式能够有效提高稻田土壤NH_4^+-N、NO_3^--N含量的分布均匀度。

蘖肥、穗肥施用后的稻田土壤氮素分布均匀程度明确表明,水肥一体化施肥技术能够有效提高稻田土壤NH_4^+-N分布均匀度,尤其是在表层土壤(0~10 cm)中NH_4^+-N分布均匀度≥85%,而这一深度的土壤也是水稻根系的主要分布范围。

(5)针对水稻追肥(蘖肥、穗肥),采取分为两次追施能够获得更高的土壤氮素均匀度,有助于在较长时间尺度上,为水稻生长提供适度且均匀的养分供给。

相较于相同施肥量一次追施的处理,分为两次追施时,可以有效提高施肥均匀度。两次追施比一次追施处理的施肥均匀度高出4.54%~9.27%。虽然两次追肥处理在施肥后NH_4^+-N峰值低于一次追肥处理,但在较长的时间尺度下,两次追肥能够保证稻田土壤在NH_4^+-N含量在适值附近保持较长时间的稳定,有助于水稻对于氮肥的吸收利用。

(6)在相同施肥量下,相较于传统人工撒施处理,采用水肥一体化方式施肥能够提高土壤NH_4^+-N的含量,并在一定程度上降低了土壤NH_4^+-N向NO_3^--N的转化速率。

以穗肥施用后的各处理稻田土壤氮素为例,水肥一体化施肥处理的稻田土壤NH_4^+-N含量较传统人工撒施处理高2.95~10.53 mg/kg,增幅为11.14%~42.65%;而NO_3-N含量则低2.04~4.30 mg/kg,降幅为31.20%~81.28%。同样的规律也表现在蘖肥施用后。这说明水肥一体化施肥技术能够保证外供氮源(硫酸铵)充分溶解为NH_4^+-N,有助于水稻对于外供氮源的吸收利用,同时也降低了土壤NH_4^+-N向NO_3^--N的转化速率,原因在于水肥一体化会改变土壤水分和氮素含量,进而影响土壤中铵氮、硝氮的运移转化。

第 6 章　主要结论与建议

6.1　主要结论

(1)合理施用氨基酸水溶肥能延缓水稻植株的衰老,促进干物质积累,提高水稻的结实率和千粒重,在一定程度上提高水稻产量;施用氨基酸水溶肥还增加了水稻籽粒吸氮量,提高了氮肥吸收利用率,降低了施肥的环境成本。

水稻植株生理生长对氨基酸水溶肥和农民习惯施肥的响应有一定差异。氨基酸水溶肥处理籽粒吸氮量占总吸氮量的比值较农民习惯施肥处理增长幅度达 7.03%~9.07%,提高了氮素运转效率。施用氨基酸水溶肥提高了氮肥吸收利用率,增长幅度达 7.08%~12.80%,环境成本较农民习惯施肥降低了 150.73~243.10 元/hm^2。

(2)施用氨基酸水溶肥显著降低控制灌溉稻田的氨挥发损失量,减少了稻田的氮素淋溶损失。

随灌溉水施用氨基酸水溶肥时,将集中施肥改为分若干次施入稻田,降低了一次性施肥产生的稻田氨挥发通量峰值,3 次追肥后氨挥发通量峰值较农民习惯施肥降低幅度达 44.4%~88.8%。施用氨基酸水溶肥的控制灌溉稻田氨挥发损失量较农民习惯施肥显著降低,降低幅度达 34.4%~55.4%。相比传统施肥,施用氨基酸水溶肥显著降低了稻田不同深度土壤溶液氮素浓度峰值、稻田渗漏水全生育期氮素浓度平均值和稻田氮素淋溶损失。

(3)ORYZA v3 模型可以很好地模拟氨基酸水溶肥施用下节水灌溉水稻生长发育和氮素利用,模拟结果发现适当地前氮后移、增施穗肥可以在较高水氮利用率的状态下提高水稻产量。根据对不同土壤水分阈值下边际产量和边际氮素损失量规律的模拟,获得了不同水文年型高产节水节肥的稻田液态有机肥施用水氮调控方案。

适当地降低水稻生育前期氮肥施用量,增加生育后期施氮量,可以提高氮素利用效率和产量。较高的土壤水分阈值情况下,施肥比例的变化对水分生产率影响不明显。在低施氮量、高土壤水分阈值的情况下,氮素吸收利用率随前氮后移的比例增大而增加;在高施氮量、低土壤水分阈值的情况下,增加并不明显。水稻的边际产量随施氮量的提高不断降低,边际氮素损失量随施氮总量的提高不断增加。对于不同的水文年型,施用氨基酸水溶肥达到较高水稻产量、较低氮素损失的理想施氮量区间为 211.3~256.1 kg/hm^2。平水年当土壤水分达到饱和含水 70%时进行灌溉,全生育期施氮总量为 235.5 kg/hm^2;丰水年当土壤水分达到饱和含水率 70%时进行灌溉,全生育期施氮总量为 234.0 kg/hm^2;枯水年当土壤水分达到饱和含水率 75%时进行灌溉,水稻全生育期施氮总量为 236.4 kg/hm^2。采用基肥:返青肥:蘖肥:穗肥=0.3:0.1:0.4:0.2 的施肥比例,返青肥分 2 次施用,2 次浓度保持一致;蘖肥分 3 次施用,3 次浓度保持一致;穗肥分 3 次施用,3 次浓度为 2:1:1。

(4) 开发了适用于渠道、低压管道输水的水稻灌区的水肥一体化施肥装备，提供了一种节约劳动力、提高施肥均匀度的稻田水肥管理技术方案。

针对稻田灌溉施肥的特点与环境，研发了适用于渠道、低压管道灌溉的水稻灌区智能水肥一体化灌溉施肥器。施肥器可根据用户输入的稻田灌水定额与单次施肥总量，计算得出施肥过程中需要保持的水与肥液的体积比；在灌溉过程中，由测流系统实时高频监测灌溉流量，控制系统根据测得的灌溉流量实时计算每个周期的液态肥施肥量，并控制蠕动泵/隔膜泵泵送相应体积的液态肥到农田灌水口中。由于液态肥施肥流量与灌溉流量始终保持固定的比例，从而保证进入农田的水中肥料浓度不变，因此水肥一体化灌溉施肥结束后，能够显著提高田间肥料浓度分布均匀度。

(5) 水肥一体化施肥方式能够显著提高田间肥料分布均匀度，提高了施肥效果；其优施肥条件为：田间具有一定淹没水层、遵循“少量多次”施肥原则。

在达到稳定状态后，5 个情景中，$AFD_{2.0}$ 情景的施肥均匀度 CU 最高，$HFW_{5.5}$ 情景最低。5 个情景肥料分布均匀度由大到小依次为：$AFD_{2.0}>AFD_{5.5}>AFW_{5.5}>HFW_{2.0}>HFW_{5.5}$。但 AFD 情景存在较为严重的渗漏损失，如 $AFD_{2.0}$ 情景存在约占该次总施肥量 21%的渗漏损失，$AFD_{5.5}$ 情景存在约占该次总施肥量 33%的渗漏损失。因此，需要合理看待田间初始含水状况对于施肥效果的影响。相较于传统人工撒施，水肥一体化施肥方式能够显著提高施肥均匀度；遵循“少量多次”施肥原则，则可以有效提高施肥均匀度；田间初始含水率对于施肥均匀度影响较大，但需要考虑其综合影响力，因为田间干涸有裂缝条件下，会存在较为严重的肥料渗漏损失。综合考虑田间初始含水状况对于施肥效果的影响，水肥一体化最优施肥条件为：田间具有一定的初始水层，同时施肥过程遵循“少量多次”的施肥原则。

6.2 建　议

(1) 本书针对稻田肥料类型、施肥方法、水肥一体施肥装备研发和应用开展了为期 4 年的稻田小区试验研究，结合田间试验数据和模型模拟，获得了优化的施肥策略和施肥设备参数。但从应用推广的角度，还需要在更大面积的田块开展更长时间的应用效果研究，以验证本书提出的节水灌溉稻田水肥一体化技术及装备的应用效果和可靠性。

(2) 限于研究时间和精力，本书仅针对一种液态有机肥和一种可溶性化肥开展了田间试验和装备开发，未来应综合考虑稻田主流肥料类型和性质，并紧跟未来稻田肥料研发的方向进行技术改进和设备优化，以匹配水稻农业现代化发展的需求。

(3) 在施肥制度上，本书的研究主要考虑了稻田的追肥，而在很多水稻种植区，水稻施肥仅有一次或无追肥，基肥是稻田施肥的大头。因此，未来的研究应统筹考虑稻田全生育期的施肥制度，结合基肥和追肥施用特点和肥料性质，通过本书采用的田间试验和模型模拟结合的方式，探索适合我国水稻主产区的节水灌溉水肥一体的技术模式。

(4) 本书研发的节水灌溉稻田水肥一体化技术及装备，适合在田间灌排设施良好的灌区农田应用推广，才能保障良好的应用效果。因此，在应用本书所述的稻田水肥一体技术和装备时,应对项目区农田的灌溉排水设施进行评估,对于不符合基本条件的稻田,需要先进行基础设施改造升级。

(5)本书针对可溶性化学肥料研发了与稻田管道灌溉或渠道灌溉灌水口相匹配的稻田灌溉水肥一体设备,适用于具有完好的低压管道和渠道灌溉基础设施的稻田。未来的研究应结合我国稻田主流的灌溉系统,考虑在灌区灌溉系统的不同灌溉节点上,发展配套的水肥一体设施和装备。

参考文献

[1] Xia Y, Yan X. Ecologically optimal nitrogen application rates for rice cropping in the Taihu Lake region of China[J]. Sustainability science, 2012, 7(1): 33-44.

[2] 陈清,张强,常瑞雪,等.我国水溶性肥料产业发展趋势与挑战[J]. 植物营养与肥料学报, 2017,23(6):1542-1650.

[3] 中华人民共和国水利部,中国水资源公报(2021)[R].中华人民共和国水利部,2021.

[4] 康绍忠. 水安全与粮食安全[J]. 中国生态农业学报, 2014,22(8):880-885.

[5] 王浩, 汪林, 杨贵羽,等. 我国农业水资源形势与高效利用战略举措[J]. 中国工程科学, 2018, 20(5):9-15.

[6] 尹飞虎. 节水农业及滴灌水肥一体化技术的发展现状及应用前景[J]. 中国农垦, 2018,558(6):30-32.

[7] 中华人民共和国农业农村部,推进水肥一体化实施方案(2016—2020年)[R].中华人民共和国农业农村部,2017.

[8] 刘路广, 谭君位, 吴瑕,等. 鄂北地区水稻适宜节水模式与节水潜力[J]. 农业工程学报, 2017,33(4):169-177.

[9] 彭世彰, 徐俊增. 水稻控制灌溉理论与技术[M]. 南京:河海大学出版社, 2010.

[10] 彭世彰, 郝树荣, 刘文俊,等.宁夏引黄灌区应用水稻控灌技术节水增产效果分析[J]. 人民黄河, 2000,22(10): 43-45.

[11] 李荣超. 水稻覆膜旱作节水高产灌溉模式研究[D].南京:河海大学,2000.

[12] 茆智. 水稻节水灌溉[J].中国农村水利水电, 1997(4):45-47.

[13] 董斌. 水稻节水灌溉尺度效应研究[D].武汉:武汉大学,2002.

[14] 李亚龙. 水稻和旱稻水肥综合调控的田间试验及数值模拟研究 [D].武汉: 武汉大学, 2006.

[15] 张长虹. 黑龙江省水稻控灌面积达3000万亩 [N]. 黑龙江日报,2020年8月24日.

[16] 彭世彰,俞双恩,张汉松,等. 水稻节水灌溉技术[M]. 北京:中国水利水电出版社,1998.

[17] Uphoff N. Agroecological implications of the system of rice intensification (SRI) in Madagascar[J]. Environment, development and sustainability, 1999, 1(3):297-313.

[18] 王绍华,曹卫星,姜东,等.水稻强化栽培对植株生理与群体发育的影响[J].中国水稻科学,2003,17(1):31-36.

[19] 盖春荣. 北方半干旱地区应大力推广水稻覆膜节水灌溉技术[J]. 河北水利,1999(3):36.

[20] Bouman B A M, Tabbal D F, Lampayan R A, et al. Knowledge transfer for water-saving technologies in rice production in the Philippines[C]// proceedings of the Proceedings of the 52nd Philippine Agricultural Engineering Annual National Convention. 2002:22-26.

[21] Bouman B, Tuong T P. Field water management to save water and increase its productivity in irrigated lowland rice[J]. Agricultural water management, 2001, 49(1):11-30.

[22] 孙玉凤. 延寿县推广水稻节水控制灌溉技术综述[J]. 黑龙江水利科技, 2016(5):16-18.

[23] 金学泳, 金官植, 蔡承一,等. 寒地稻作高产灌溉技术研究[J]. 黑龙江大学工程学报,1996(2):36-39.

[24] 陈家坊, 程雲生, 刘藏宇. 陈永康的水稻高产措施和理论的初步总结[J].土壤,1961(8):6-16.

[25] 彭世彰.节水灌溉水稻需水新特点[J]. 农田水利与小水电,1992(11):7-11.

[26] 胡金忠,刘洪国. 寒地水稻节水控制灌溉技术研究与探讨[J]. 北方水稻,2012,42(6):47-49.

[27] 付久才. 寒地井水种稻叶龄模式灌溉技术[J]. 北方水稻,2009,39(6):51-52.

[28] Childs. The use of soil moisture characteristics in soil studies[J]. Soil science,1940,50(4):239-252.

[29] Richards L A,Weaver L R. Fifteen-atmosphere percentage as related to the permanent wilting percentage [J]. Soil science,1943,56(5):331-340.

[30] 杨建昌,王维,王志琴,等. 水稻旱秧大田期需水特性与节水灌溉指标研究[J]. 中国农业科学,2000 (2):37-45.

[31] 邱泽森,丁艳峰,童晓明,等. 土水势在水稻节水灌溉中的应用[J]. 江苏农业科学,1993(2):5-8.

[32] 匡迎春,沈岳,段建南,等. 模糊控制在水稻节水自动灌溉中的应用[J]. 农业工程学报,2011,27 (4):18-21.

[33] 王洁. 水稻土壤水分最适点及适宜控制范围试验研究[D]. 扬州:扬州大学, 2011.

[34] 路晶. 节水灌溉专家控制系统与土壤水分传感器的研究[D]. 青岛:山东科技大学,2003.

[35] 王友贞,袁先江,汤广民,等. 水稻旱作覆膜土壤水分控制指标的试验研究[J]. 灌溉排水,2001,20 (3):62-64.

[36] 茆智. 水稻节水灌溉及其对环境的影响[J]. 中国工程科学,2002,4(7):8-16.

[37] Wang H Y,Zhang D,Zhang Y. et al. Ammonia emissions from paddy fields are underestimated in China [J]. Environmental Pollution,2018(235):482-488.

[38] Ishii S, Ikeda S, Minamisawa K, et al. Nitrogen cycling in rice paddy environments: past achievements and future challenges[J]. Microbes and environments,2011,26(4): 282-292.

[39] Sun L, Wu Z, Ma Y,et al. Ammonia volatilization and atmospheric N deposition following straw and urea application from a rice-wheat rotation in southeastern China[J]. Atmospheric Environment,2018(181): 97-105.

[40] Wang S, Nan J, Shi C, et al. Atmospheric ammonia and its impacts on regional air quality over the megacity of Shanghai, China[J]. Scientific reports,2015,5(1):1-13.

[41] Guo J H, Liu X J, Zhang Y,et al. Significant acidification in major Chinese croplands[J]. Science, 2010,327(5968):1008-1010.

[42] Van der Weerden T, Moal J, Martinez J, et al. Evaluation of the wind-tunnel method for measurement of ammonia volatilization from land[J]. Journal of agricultural engineering research,1996,64(1):11-13.

[43] Sommer S,Mikkelsen H, Mellgvist J. Evaluation of meteorological techniques for measurements of ammonia loss from pig slurry[J]. Agricultural and forest meteorology, 1995, 74(3-4):169-179.

[44] Cao Y, Tian Y, Yin B, et al. Assessment of ammonia volatilization from paddy fields under crop management practices aimed to increase grain yield and N efficiency[J]. Field Crops Research, 2013(147): 23-31.

[45] Wang Z H, Liu X J, Ju X T,et al. Ammonia volatilization loss from surface-broadcast urea:comparison of vented-and closed-chamber methods and loss in winter wheat-summer maize rotation in North China Plain[J]. Communications in Soil Science and Plant Analysis,2004,35(19-20):2917-2939.

[46] Lin D X, Fan X H, Feng H U, et al. Ammonia Volatilization and Nitrogen Utilization Efficiency in Response to Urea Application in Rice Fields of the Taihu Lake Region, China[J]. Pedosphere: A Quarterly Journal of Soil Science,2007,17(5):639-645.

[47] Zhao X,Xie Y X,Xiong Z Q,et al. Nitrogen fate and environmental consequence in paddy soil under rice-wheat rotation in the Taihu lake region, China[J]. Plant and soil, 2009,319(1):225-234.

[48] Chen H,Yu C, Li C, et al. Modeling the impacts of water and fertilizer management on the ecosystem

service of rice rotated cropping systems in China[J]. Agriculture, Ecosystems & Environment, 2016(219):49-57.

[49] Bouwman A, Lee D, Asman W A, et al. A global high-resolution emission inventory for ammonia[J]. Global biogeochemical cycles,1997,11(4):561-587.

[50] Zhang M, Yao Y, Tian Y, et al. Increasing yield and N use efficiency with organic fertilizer in Chinese intensive rice cropping systems[J]. Field Crops Research, 2018,227:102-109.

[51] Shang Q, Gao C, Yang X, et al. Ammonia volatilization in Chinese double rice-cropping systems: a 3-year field measurement in long-term fertilizer experiments[J]. Biology and fertility of soils, 2014, 50(5):715-725.

[52] Liu X, Wang H, Zhou J, et al. Effect of N fertilization pattern on rice yield, N use efficiency and fertilizer-N fate in the Yangtze River Basin, China[J]. PloS one,2016,11(11):1-20.

[53] Xu J, Liu B, Wang H, et al. Ammonia volatilization and nitrogen leaching following top-dressing of urea from water-saving irrigated rice field: impact of two-split surge irrigation[J]. Paddy and Water Environment,2019,17(1):45-51.

[54] 彭世彰, 杨士红, 徐俊增. 节水灌溉稻田氨挥发损失及影响因素[J]. 农业工程学报,2009,25(8):35-39.

[55] Li P, Lu J, Wang Y, et al. Nitrogen losses, use efficiency, and productivity of early rice under controlled-release urea[J]. Agriculture, Ecosystems & Environment,2018,251:78-87.

[56] 余双,崔远来,王力,等. 水稻间歇灌溉对土壤肥力的影响[J]. 武汉大学学报:工学版,2016,49(1):46-53.

[57] Cameron K C, Di H J, Moir J L. Nitrogen losses from the soil/plant system: a review[J]. Annals of applied biology, 2013,162(2):145-173.

[58] 张启明,铁文霞,尹斌,等. 藻类在稻田生态系统中的作用及其对氨挥发损失的影响[J]. 土壤(Soils),2006,38(6):814-819.

[59] 朱兆良. 推荐氮肥适宜施用量的方法论刍议[J]. 植物营养与肥料学报,2006,12(1):1-4.

[60] 邓美华, 尹斌, 张绍林,等. 不同施氮量和施氮方式对稻田氨挥发损失的影响[J]. 土壤,2006,38(3):263-269.

[61] Xue L, Yu Y, Yang L. Maintaining yields and reducing nitrogen loss in rice-wheat rotation system in Taihu Lake region with proper fertilizer management[J]. Environmental Research Letters, 2014, 9(11): 115010.

[62] 李鹏飞. 控释尿素对双季稻产量,氮素损失及氮肥利用率的影响[D]. 武汉:华中农业大学,2018.

[63] 范会. 施用系列新型氮肥后农田土壤不同途径活性氮素损失对比研究[D]. 南京:南京农业大学,2016.

[64] Zaman M,Nguyen M L,Blennrhassett J D,et al. Reducing NH_3, N_2O and NO_3^--N losses from a pasture soil with urease or nitrification inhibitors and elemental S-amended nitrogenous fertilizers[J]. Biology and fertility of soils: Cooperating Journal of the International Society of Soil Science, 2008,44(5):693-705.

[65] Buresh R J,Datta S K D,Padilla J L,et al. Effect of two urease inhibitors on floodwater ammonia following urea application to lowland rice[J]. Soil Science Society of America Journal,1988,52(3):856-861.

[66] 庄舜尧. 表面分子膜降低氨挥发的 Logistic 模型研究[J]. 土壤与环境,2002,11(1):47-49.

[67] Peng S, He Y, Yang S, et al. Effect of controlled irrigation and drainage on nitrogen leaching losses from paddy fields[J]. Paddy and Water Environment, 2015, 13(4): 303-312.

[68] 邢光熹,施书莲,杜丽娟,等. 苏州地区水体氮污染状况[J]. 土壤学报,2001,38(4):540-546.

[69] 朱兆良. 农田中氮肥的损失与对策[J]. 土壤与环境,2000,9(1):1-6.

[70] Tian V H, Yin B, Yang L Z, et al. Nitrogen runoff and leaching losses during rice-wheat rotations in Taihu Lake region, China[J]. Pedosphere, 2007,17(4):445-456.

[71] Cao Y, Tian Y, Yin B, et al. Improving agronomic practices to reduce nitrate leaching from the rice-wheat rotation system[J]. Agriculture, Ecosystems & Environment, 2014, 195:61-67.

[72] 李娟. 不同施肥处理对稻田氮磷流失风险及水稻产量的影响[D]. 杭州: 浙江大学, 2016.

[73] Ji X H, Xian Z S, Shi L H, et al. Systematic studies of nitrogen loss from paddy soils through leaching in the Dongting Lake area of China[J]. Pedosphere, 2011,21(6):753-762.

[74] Qiao J, Yang L, Yan T, et al. Rice dry matter and nitrogen accumulation, soil mineral N around root and N leaching, with increasing application rates of fertilizer[J]. European Journal of Agronomy, 2013, 49:93-103.

[75] Tan X, Shao D, Liu H, et al. Effects of alternate wetting and drying irrigation on percolation and nitrogen leaching in paddy fields[J]. Paddy and Water Environment, 2013, 11(1):381-395.

[76] Peng S Z, Yang S H, Xu J Z, et al. Nitrogen and phosphorus leaching losses from paddy fields with different water and nitrogen managements[J]. Paddy and Water Environment, 2011, 9(3):333-342.

[77] 纪雄辉, 郑圣先, 聂军, 等. 稻田土壤上控释氮肥的氮素利用率与硝态氮的淋溶损失[J]. 土壤通报, 2007,38(3):467-471.

[78] Wang J, Wang D, Zhang G, et al. Nitrogen and phosphorus leaching losses from intensively managed paddy fields with straw retention[J]. Agricultural water management, 2014, 141:66-73.

[79] 李荣刚, 夏源陵, 吴安之, 等. 太湖地区水稻节水灌溉与氮素淋失[J]. 河海大学学报(自然科学版), 2001, 29(002): 21-25.

[80] Li H, Liang X, Chen Y, et al. Effect of nitrification inhibitor DMPP on nitrogen leaching, nitrifying organisms, and enzyme activities in a rice-oilseed rape cropping system[J]. Journal of environmental sciences (China), 20(2):149-155.

[81] 张子璐, 刘峰, 侯庭钰. 我国稻田氮磷流失现状及影响因素研究进展[J]. 应用生态学报, 2019,30(10):3292-3302.

[82] 李亚威, 徐俊增, 刘文豪, 等. 明沟-暗管组合控排下稻田水氮流失特征[J]. 农业工程学报, 2021,37(19):113-121.

[83] Darzi-Naftchali A, Shahnazari A, Karandish F. Nitrogen loss and its health risk in paddy fields under different drainage managements[J]. Paddy and Water Environment, 2017, 15(1): 145-157.

[84] 李志博, 王起超, 陈静. 农业生态系统的氮素循环研究进展[J]. 土壤与环境, 2002,(4):417-421.

[85] 朱兆良. 农田中氮肥的损失与对策[J]. 土壤与环境, 2000(1):1-6.

[86] 司友斌, 王慎强, 陈怀满. 农田氮、磷的流失与水体富营养化[J]. 土壤, 2000(4):188-193.

[87] 郭相平, 张展羽, 殷国玺. 稻田控制排水对减少氮磷损失的影响[J]. 上海交通大学学报(农业科学版), 2006(3):307-310.

[88] 朱兆良, 孙波, 杨林章, 等. 我国农业面源污染的控制政策和措施[J]. 科技导报, 2005(4): 47-51.

[89] 彭世彰, 郝树荣, 刘庆, 等. 节水灌溉水稻高产优质成因分析[J]. 灌溉排水, 2000(3):3-7.

[90] 陈晓东, 寇传和. 水田控制排水技术的环境效益初探[J]. 节水灌溉, 2006(4):32-33,36.

[91] 高焕芝, 彭世彰, 茆智, 等. 不同灌排模式稻田排水中氮磷流失规律[J]. 节水灌溉, 2009(9):1-3,7.

[92] 朱成立，郭相平，刘敏昊，等．水稻沟田协同控制灌排模式的节水减污效应[J]．农业工程学报，2016,32(3):86-91.

[93] 魏翠兰，曹秉帅，韩卉，等.施肥模式对中国稻田氮素径流损失和产量影响的 Meta 分析[J]．中国土壤与肥料，2022(7):190-196.

[94] 鲁艳红，纪雄辉，郑圣先，等．施用控释氮肥对减少稻田氮素径流损失和提高水稻氮素利用率的影响[J]．植物营养与肥料学报，2008(3)：490-495.

[95] Galbally I, Freney J, Muirhead W, et al. Emission of nitrogen oxides (NO x) from a flooded soil fertilized with urea: Relation to other nitrogen loss processes[J]. Journal of Atmospheric Chemistry, 1987, 5(3): 343-365.

[96] 秦红灵，陈安磊，盛荣，等.稻田生态系统氧化亚氮（N_2O）排放微生物调控机制研究进展及展望[J]．农业现代化研究，2018，39(6)：922-929.

[97] 郭丽芸，时飞，杨柳燕．反硝化菌功能基因及其分子生态学研究进展[J]．微生物学通报，2011，38(4):583-590.

[98] 贺纪正，张丽梅．土壤氮素转化的关键微生物过程及机制[J]．2013,40(1):98-108.

[99] 黄树辉，吕军．农田土壤 N_2O 排放研究进展[J]．土壤通报，2004(4):516-522.

[100] 徐华，邢光熹，蔡祖聪．土壤水分状况和氮肥施用及品种对稻田 N_2O 排放的影响[J]．应用生态学报，1999，10(2)：186-188.

[101] Hwang S, Hanaki K. Effects of oxygen concentration and moisture content of refuse on nitrification, denitrification and nitrous oxide production[J]. Bioresource Technology, 2000, 71(2): 159-165.

[102] Henderson S L, Dandie C E, Patten C L, et al. Changes in denitrifier abundance, denitrification gene mRNA levels, nitrous oxide emissions, and denitrification in anoxic soil microcosms amended with glucose and plant residues[J]. Applied and environmental microbiology, 2010, 76(7): 2155-2164.

[103] Miller M, Zebarth B, Dandie C, et al. Crop residue influence on denitrification, N_2O emissions and denitrifier community abundance in soil[J]. Soil Biology and Biochemistry, 2008, 40(10): 2553-2562.

[104] 李香兰，徐华，蔡祖聪．稻田 CH_4 和 N_2O 排放消长关系及其减排措施[J]．农业环境科学学报，2008,27(6):2123-2130.

[105] 陈卫卫，张友民，王毅勇，等．三江平原稻田 N_2O 通量特征[J]．农业环境科学学报，2007(1)：364-368.

[106] 梁巍，张颖，岳进，等．长效氮肥施用对黑土水旱田 CH_4 和 N_2O 排放的影响[J]．生态学杂志，2004(3):44-48.

[107] Majumdar D, Kumar S, Pathak H, et al. Reducing nitrous oxide emission from an irrigated rice field of North India with nitrification inhibitors[J]. Agriculture Ecosystems & Environment, 2000, 81(3): 163-169.

[108] 范晓晖，朱兆良．旱地土壤中的硝化-反硝化作用[J]．土壤通报，2002(5):385-391.

[109] Skiba U, Smith K. Nitrification and denitrification as sources of nitric oxide and nitrous oxide in a sandy loam soil[J]. Soil Biology and Biochemistry, 1993, 25(11): 1527-1536.

[110] Nägele W, Conrad R. Influence of soil pH on the nitrate-reducing microbial populations and their potential to reduce nitrate to NO and N_2O[J]. FEMS Microbiology Letters, 1990, 74(1): 49-57.

[111] Müller C, Sherlock R, Williams P. Field method to determine N_2O emission from nitrification and denitrification[J]. Biology and fertility of soils, 1998, 28(1): 51-55.

[112] Stevens R, Laughlin R, Malone J. Soil pH affects the processes reducing nitrate to nitrous oxide and di-

nitrogen[J]. Soil Biology and Biochemistry, 1998, 30(8-9): 1119-1126.

[113] Ju X T, Xing G X, Chen X P, et al. Reducing environmental risk by improving N management in intensive Chinese agricultural systems[J]. National Academy of Sciences, 2009(9): 3041-3046.

[114] Chen Y, Peng J, Wang J, et al. Crop management based on multi-split topdressing enhances grain yield and nitrogen use efficiency in irrigated rice in China[J]. Field Crops Research, 2015, 184: 50-57.

[115] 何佳芳, 肖厚军, 黄宪成, 等. 氮肥实时实地管理对水稻产量及氮素利用率的影响[J]. 西南农业学报, 2010, 23(4): 1132-1136.

[116] Ding W, Xu X, He P, et al. Improving yield and nitrogen use efficiency through alternative fertilization options for rice in China: A meta-analysis[J]. Field Crops Research, 2018, 227: 11-18.

[117] Marchesan E, Grohs M, Walter M, et al. Agronomic performance of rice to the use of urease inhibitor in two cropping systems[J]. Revista Ciência Agronômica, 2013, 44: 594-603.

[118] 陈清, 张强, 常瑞雪, 等. 我国水溶性肥料产业发展趋势与挑战[J]. 植物营养与肥料学报, 2017, 23(6): 1642-1650.

[119] Wang J, Liu Z, Wang Y, et al. Production of a water-soluble fertilizer containing amino acids by solid-state fermentation of soybean meal and evaluation of its efficacy on the rapeseed growth[J]. Journal of Biotechnology, 2014, 187: 34-42.

[120] 沈建华. 含氨基酸水溶肥在小麦抗逆高产栽培中的应用研究[J]. 现代农业科技, 2016(16): 16.

[121] 贾娟, 李硕, 高夕彤, 等. 氨基酸水溶肥与菌剂配施对松花菜生长及土壤生态特征的作用效果[J]. 河北农业大学学报, 2018, 41(1): 17-23.

[122] 王兰天. 含氨基酸水溶肥料在玉米和白菜上的应用效果研究[J]. 河南科学, 2013, 31(7): 972-974.

[123] Zhu Z, Zhang F, Wang C, et al. Treating fermentative residues as liquid fertilizer and its efficacy on the tomato growth[J]. Scientia Horticulturae, 2013, 164: 492-498.

[124] 许会会, 陈光, 王春夏, 等. 含氨基酸水溶肥对葡萄产量与质量及经济效益的影响[J]. 现代农业科技, 2018, 734(24): 57, 60.

[125] 石景. 氨基酸水溶肥料在水稻上应用效果试验[J]. 安徽农学通报, 2011, 17(13): 50, 65.

[126] 田雁飞, 马友华, 褚进华, 等. 水稻减量化施肥与氨基酸水溶性肥配施效果研究[J]. 中国农学通报, 2011, 27(15): 34-39.

[127] 柯伟. 有机水溶肥新美洲星在水稻上应用效果试验[J]. 安徽农学通报, 2014, 20(22): 75, 79.

[128] 邹朝晖, 张志元, 邓钢桥, 等. 喷施外源氨基酸对水稻干重及含氮量的影响[J]. 核农学报, 2016(7): 1435-1439.

[129] 陈锐浩. 肥水灌溉技术在水稻上的应用研究[D]. 广州: 华南农业大学, 2016.

[130] Nakamura M, Oritate F, Yuyama Y, et al. Ammonia volatilization from Vietnamese acid sulfate paddy soil following application of digested slurry from biogas digester[J]. Paddy and Water Environment, 2018, 16(1): 193-198.

[131] Sun H, Zhang H, Wu J, et al. Laboratory lysimeter analysis of NH_3 and N_2O emissions and leaching losses of nitrogen in a rice-wheat rotation system irrigated with nitrogen-rich wastewater[J]. Soil science, 2013, 178(6): 316-323.

[132] Win K T, Nonaka R, Toyota K, et al. Effects of option mitigating ammonia volatilization on CH_4 and N_2O emissions from a paddy field fertilized with anaerobically digested cattle slurry[J]. Biology and fertility of soils, 2010, 46(6): 589-595.

[133] Hou H, Zhou S, Hosomi M, et al. Ammonia emissions from anaerobically-digested slurry and chemical

fertilizer applied to flooded forage rice[J]. Water, air, and soil pollution, 2007, 183(1): 37-48.

[134] Colmer T, Pedersen O. Oxygen dynamics in submerged rice (Oryza sativa)[J]. New Phytologist, 2008, 178(2): 326-334.

[135] Marschner P. Processes in submerged soils-linking redox potential, soil organic matter turnover and plants to nutrient cycling[J]. Plant and soil, 2021, 464(1): 1-12.

[136] 崔远来, 李远华, 余峰. 水稻高效利用水肥试验研究[J]. 灌溉排水学报, 2001,20(1): 20-24.

[137] 迟道才, 佟延旭, 陈涛涛,等. 多生育期不同水分胁迫耦合对水稻产量及水分生产率的影响[J]. 沈阳农业大学学报, 2016(1):71-77.

[138] 陈新红, 徐国伟, 孙华山,等. 结实期土壤水分与氮素营养对水稻产量与米质的影响[J]. 扬州大学学报: 农业与生命科学版, 2003,24(3):37-41.

[139] Dong N M, Brandt K K, Sørensen J, et al. Effects of alternating wetting and drying versus continuous flooding on fertilizer nitrogen fate in rice fields in the Mekong Delta, Vietnam[J]. Soil Biology and Biochemistry, 2012,47:166-174.

[140] 姜萍, 袁永坤, 朱日恒,等. 节水灌溉条件下稻田氮素径流与渗漏流失特征研究[J]. 农业环境科学学报, 2013, 32(8): 1592-1596.

[141] 曹小闯, 刘晓霞, 马超,等. 干湿交替灌溉改善稻田根际氧环境进而促进氮素转化和水稻氮素吸收[J]. 植物营养与肥料学报, 2022:28(1):1-14.

[142] 庞桂斌, 杨士红, 徐俊增. 节水灌溉稻田水肥调控技术试验研究[J]. 节水灌溉, 2015(9): 44-47.

[143] 刘明, 杨士红, 徐俊增,等. 控释氮肥对节水灌溉水稻产量及水肥利用效率的影响[J]. 节水灌溉, 2014(5):7-10.

[144] 杨士红, 沙世伟, 何秋艳,等. 节水灌溉水稻生长及产量对秸秆还田的响应[J]. 中国农村水利水电, 2015(8):20-23.

[145] Yang S, Peng S, Xu J, et al. Nitrogen loss from paddy field with different water and nitrogen managements in Taihu Lake region of China[J]. Communications in Soil Science and Plant Analysis, 2013, 44(16):2393-2407.

[146] Jiao J, Shi K, Li P, et al. Assessing of an irrigation and fertilization practice for improving rice production in the Taihu Lake region (China)[J]. Agricultural Water Management, 2018, 201:91-98.

[147] Aziz, Omar, Hussain, et al. Increasing water productivity, nitrogen economy, and grain yield of rice by water saving irrigation and fertilizer-N management[J]. Environmental Science and Pollution Research, 2018, 25(17):16616-16619.

[148] Islam S M, Gaihre Y K, Biswas J C, et al. Different nitrogen rates and methods of application for dry season rice cultivation with alternate wetting and drying irrigation: Fate of nitrogen and grain yield[J]. Agricultural water management, 2018, 196:144-153.

[149] Cabangon R, Castillo E, Tuong T. Chlorophyll meter-based nitrogen management of rice grown under alternate wetting and drying irrigation[J]. Field Crops Research, 2011, 121(1):136-146.

[150] 叶玉适. 水肥耦合管理对稻田生源要素碳氮磷迁移转化的影响[D]. 杭州:浙江大学, 2014.

[151] 胡昕宇, 严海军, 陈鑫. 基于压差式施肥罐的均匀施肥方法[J]. 农业工程学报, 2020, 36(1): 119-127.

[152] 孔丽丽, 侯云鹏, 尹彩侠,等. 秸秆还田下寒地水稻实现高产高氮肥利用率的氮肥运筹模式[J]. 植物营养与肥料学报, 2021, 27(7):1282-1293.

[153] 刘仲秋, 吴浩, 朱文帅,等. 微喷补灌水肥一体化下水氮管理对夏玉米茎秆抗倒伏研究[J]. 灌溉

排水学报,2022,41(2):52-58.

[154] Liu K H, Jiao X Y, Guo W H, et al. Improving border irrigation performance with predesigned varied-discharge. PloS one[J]. 2020,15(5):1-12.

[155] 刘林, 李扬,杨坤,等. 大田移动式精量配肥灌溉施肥一体机设计与试验[J]. 农业机械学报, 2019,50(10):124-133.

[156] Anonymous. John Deere 2510 Nutrient Applicator with PitStop Pro tendering system[N]. Farm Industry News 2010.

[157] 东风井关. 东风井关 PZ60ADFL 侧深施肥机[J]. 农业机械,2020(9):33.

[158] 邓文军. 水稻侧深施肥技术的试验与分析——以洋马 2FC-6 型侧深施肥机为例[J]. 现代农机, 2019(6):40-42.

[159] 安龙哲, 李会荣, 徐峰. 2ZF-6 型水稻深施肥机的结构原理及推广试验[J]. 农机使用与维修, 2018(2):1-2.

[160] 于省元, 王静学, 马增奇. SSF-14 型水稻双层深施肥机的设计及试验情况[J]. 现代化农业,2020(6): 61-62.

[161] 张世科,周成,王静学,等. 水稻摆栽侧深施肥机研究与示范[M]. 黑龙江省农垦科学院农业工程研究所,2019.

[162] 董晓威. 垂直螺旋式水稻侧深施肥机理与装置参数研究[D]. 大庆:黑龙江八一农垦大学,2019.

[163] 杨立伟,陈龙胜,张俊逸,等. 离心圆盘式撒肥机撒肥均匀性试验 [J] 农业机械学报,2019,50(S1):108-114.

[164] May S, Kocabiyik H. Design and development of an electronic drive and control system for micro-granular fertilizer metering unit Computers and Electronics in Agriculture[J]. 2019,162:921-930.

[165] 董可宏, 孙喜巍, 张迪. SF-100 摆动式颗粒肥料抛撒肥机的研究设计[J]. 农机使用与维修,2018(5):8-9.

[166] 董可宏, 张柏阳, 张婷婷. SF-100 摆动式颗粒肥料抛撒肥机的工作原理与使用维护[J]. 农机使用与维修,2018(6):28-29.

[167] 陈书法, 张石平, 孙星钊,等. 水田高地隙自走式变量撒肥机设计与试验[J]. 农业工程学报, 2012, 28(11):16-21.

[168] 施印炎. 基于水稻光谱信息的离心式变量撒肥机的研制[D]. 南京:南京农业大学,2018.

[169] 施印炎, 陈满, 汪小旵,等. 离心匀肥罩式水稻地表变量撒肥机设计与试验[J]. 农业机械学报, 2018,49(3):86-93,113.

[170] 刘炳铄. 果园分布式水肥一体化系统设计与实现[D]. 泰安:山东农业大学, 2021.

[171] 尹飞虎. 节水农业及滴灌水肥一体化技术的发展现状及应用前景[J]. 中国农垦,2018(6):30-32.

[172] 陈广锋,杜森,江荣风,等. 我国水肥一体化技术应用及研究现状[J]. 中国农技推广,2013, 29(5):39-41.

[173] 马富裕,刘扬,崔静,等. 水肥一体化研究进展[J]. 新疆农业科学,2019,56(1):183-192.

[174] 张承林. 以色列的现代灌溉农业[J]. 中国农资. 2011(9): 53.

[175] 吴江. 中国是耐特菲姆的重要目标市场 耐特菲姆(中国)有限公司限公司 2015 中国年会圆满落幕[J]. 中国农资,2015(10): 22.

[176] Jimenez-Bello M A, Martínez F, Bou V, et al. Analysis, assessment, and improvement of fertilizer distribution in pressure irrigation systems[J]. Irrigation Science. 2011, 29(1):45-53.

[177] 李春志. 新疆棉田膜下滴灌水肥控制自适应系统的设计与研究[D]. 石河子:石河子大学,2021.

[178] 李茂权, 朱帮忠, 赵飞,等. "水肥一体化"技术试验示范与应用展望[J]. 安徽农学通报,2011,

17(7):100-101.

[179] 范军亮, 张富仓, 吴立峰,等. 滴灌压差施肥系统灌水与施肥均匀性综合评价[J]. 农业工程学报, 2016, 32(12): 96-101.

[180] 韩启彪, 冯绍元, 黄修桥,等. 滴灌压差施肥技术研究概况与发展趋势[J]. 中国农村水利水电, 2014(9):1-4.

[181] 田莉, 李家春, 赵先锋,等. 水肥一体化施肥机变量吸肥系统的设计与试验[J]. 农机化研究, 2019, 41(10): 74-79.

[182] 李凤芝. 基于农业物联网的水肥一体化系统设计与实现[D]. 郑州:郑州大学, 2018.

[183] 孟一斌, 李久生, 李蓓. 微灌系统压差式施肥罐施肥性能试验研究[J]. 农业工程学报,2007(3): 41-45.

[184] 严海军, 王志鹏, 马开. 圆形喷灌机注肥泵的设计与试验研究[J]. 排灌机械工程学报,2014,32(5):456-460.

[185] 夏华猛, 李红, 陈超,等. 溶解混施水肥一体化装置自动控制系统研制[J]. 排灌机械工程学报, 2019, 37(1):80-85.

[186] 汪小旵, 陈满, 孙国祥,等. 冬小麦变量施肥机控制系统的设计与试验[J]. 农业工程学报,2015, 31(S2):88-92.

[187] 李锐, 袁军, 谷海颖,等. 单片机实现自动灌溉及施肥系统[J]. 计算机应用,2001(S1):219-221.

[188] 严海军. 分层分布式计算机控制智能灌溉施肥系统[J]. 中国农业大学学报,2005(2):22.

[189] 段益星. PAC 技术在智能灌溉施肥系统中的应用研究[D]. 武汉:华中农业大学,2013.

[190] 郝明. 大田微喷灌水肥一体化技术研究与设备研制[D]. 泰安:山东农业大学,2018.

[191] 尤兰婷. 水肥一体化精准控制系统的设计与开发[D]. 武汉:华中农业大学, 2011.

[192] 张晓文. 设施农业的发展现状与展望[J]. 农机推广与安全, 2006(11): 6-8.

[193] 张凌飞, 马文杰, 马德新,等. 水肥一体化技术的应用现状与发展前景[J]. 农业网络信息,2016(8): 62-64.

[194] 赵吉红. 水肥一体化技术应用中存在的问题及解决对策[D]. 杨凌: 西北农林科技大学, 2015.

[195] 沈林晨, 刘霓红, 孔政. 丘陵地区光伏智能施肥灌溉系统设计[J]. 现代农业装备, 2017(4):44-50.

[196] 申兆亮, 李震, 马素超,等. 基于. NET 开发的水肥（药）一体化装置研发[J]. 山东农业工程学院学报, 2018, 35(11): 24-27.

[197] 中国统计. 国家统计局(2021 年第 2 号)[J]. 中国统计, 2021(10):1.

[198] Bechar A, Vigneault C. Agricultural robots for field operations: Concepts and components[J]. Biosystems Engineering, 2016, 149:94-111.

[199] 罗玉峰, 李思, 彭世彰,等. 灌区潜水蒸发有效性评价[J]. 水利水电科技进展, 2014, 34(4): 5-9.

[200] Artacho P, Meza F, Alcalde J A. Evaluation of the ORYZA2000 rice growth model under nitrogen-limited conditions in an irrigated Mediterranean environment[J]. Chilean journal of agricultural research, 2011, 71(1):23-33.

[201] 浩宇, 景元书, 马晓群,等. ORYZA2000 模型模拟安徽地区不同播期水稻的适应性分析[J]. 中国农业气象, 2013,34(4):425-433.

[202] 韩湘云,景元书,浩宇,等. 基于田间试验的水稻模型 ORYZA2000 区域参数比较[J]. 干旱气象, 2013,31(1):37-42.

[203] 莫志鸿,冯利平,邹海平,等. 水稻模型 ORYZA2000 在湖南双季稻区的验证与适应性评价[J]. 生

态学报,2011,31(16):4628-4637.

[204] 谢芳, 韩晓日,杨劲峰,等.不同施氮处理对水稻氮素吸收及产量的影响[J].中国土壤与肥料,2010(4):24-26,45.

[205] 钟旭华, 黄农荣, 郑海波,等. 不同时期施氮对华南双季杂交稻产量及氮素吸收和氮肥利用率的影响[J].杂交水稻,2007, 22(4): 62-66.

[206] 李木英,石庆华,黄才立,等.穗肥运筹对超级杂交稻淦鑫688源库特征和氮肥效益的影响[J].杂交水稻,2010,25(2):63-72.

[207] Graves P E. Environmental Economics[M]. CRC Press, London, 2014.

[208] Yu X, Li B. Release mechanism of a novel slow-release nitrogen fertilizer [J]. Particuology, 2019, 45: 124-130.

[209] 李帅,卫琦,徐俊增,等.水肥一体化条件下控灌稻田土壤氮素及水稻生长特性研究[J]. 灌溉排水学报,2021, 40(10):79-86.